普通高校"十四五"规划教材

C++程序设计基础与实践

牛园园　韩洁琼　李晓芳　吴成宇　编著

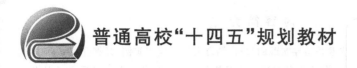

北京航空航天大学出版社

内容简介

本书是一本讲述C++编程技术并指导实践的教材，结合大量的应用实例，详细介绍C++的概念、特性以及基于C++语言的程序设计开发方法。全书共分为15章，内容主要包括C++的基本概念、C++新特性、类和对象、类的特殊成员、友元函数、函数重载、继承特性、多态特性、string以及C++特殊功能的用法等，将C++的经典使用方法融入项目开发中，提升读者对C++的认识和理解。

本书可作为高等院校信息类相关专业C++程序设计课程的教材，也可供C++技术爱好者和从事C++设计的开发人员参考使用。

图书在版编目(CIP)数据

C++程序设计基础与实践 / 牛园园等编著. -- 北京 ：北京航空航天大学出版社，2023.6

ISBN 978-7-5124-4087-6

Ⅰ. ①C… Ⅱ. ①牛… Ⅲ. ①C语言—程序设计—高等学校—教材 Ⅳ. ①TP312.8

中国国家版本馆CIP数据核字(2023)第079215号

C++程序设计基础与实践

牛园园 韩洁琼 李晓芳 吴成宇 编著

策划编辑 董立娟 责任编辑 孙兴芳

*

北京航空航天大学出版社出版发行

北京市海淀区学院路37号(邮编100191) http://www.buaapress.com.cn

发行部电话：(010)82317024 传真：(010)82328026

读者信箱：emsbook@buaacm.com.cn 邮购电话：(010)82316936

北京凌奇印刷有限责任公司印装 各地书店经销

*

开本：710×1 000 1/16 印张：27.5 字数：586千字

2023年9月第1版 2023年9月第1次印刷 印数：1 000册

ISBN 978-7-5124-4087-6 定价：89.00元

前　　言

C++是基于C语言产生的，具有良好的兼容性，既有C语言的过程化程序设计思想，也可以使用抽象数据类型的程序设计方法进行面向对象设计。

作者从事嵌入式应用开发多年，在利用C++进行开发的过程中，发现了C++的一些特点，其中比较核心的并不是C++的难度，而是C++的量度及其对应的宽度。实际上，可以认为C++由多个三方库组成，其中包含了对象编程、模板、继承原来C语言面向过程编程的方法。本书从C++最基础的部分开始，注重对C++基础知识的介绍，其中包含C++中实现各项功能的API函数，内容丰富。在使用过程中，不需要刻意地使用那些复杂的特性，针对自己项目中需要的功能去完善即可。

本书分为4个层次：

(1) 从最基础的C++代码开始锻炼读者的编码能力。通过不断地强化对C++基础知识的掌握，提升读者对C++代码的认知。

(2) 通过对C++程序代码的不断练习，使读者掌握C++的编程规范，让自己的代码更加规范和清晰。

(3) 在能够独立编写C++程序代码后，需要进一步了解C++代码底层布局的逻辑，能够深入理解对象编程模型，提升C++编程思维。

(4) 在经过大量的C++项目开发后，可以对C++源码进行研究和分析，在这个过程中，需要不断地总结。总结的过程就是迭代的过程，C++的知识点比较分散，一定要在学习完一个阶段后就进行总结，可以用绘制思维导图等方式。

本书特点如下：

遵循循序渐进的学习方式，由浅入深地给读者介绍C++的相关知识。首先，在介绍简单的知识点时会辅以一些较为有趣的案例，让读者在学习过程中不会感到枯燥无味；其次，将一些较难掌握的知识点放在靠后的位置，但在前面会先使用它，也就是先记住，后面再去理解，更为方便读者的理解。

本书的内容基本上都是以应用为主，在应用中不断去深化理解相关知识点，这样可以让读者在学习时不至于处于一个只知道理论知识而不知道怎么去应用的状态。对于书中暂时还不能理解的案例，读者可以先记录下来，后面遇到相同的情况直接应用即可，这样也是为了满足广大读者的工作需求。

本书提供的大量程序源码都是经过作者初步验证的，因为作者深知在学习过程中知道如何描述却没有实际代码进行效果验证的苦恼，所以本书给读者提供了大量的例子以便读者理解和使用。当然不同的平台，效果会有一定的差异，会有错漏问题，如发现，请读者能够积极给予作者相关的指导意见。

本书对重难点都进行了详细讲解并辅以图片，以帮助读者理解，而且所举的例子也都有相应的运行结果供读者参考，所以学习时可以检测自己的运行结果是否正确，这也是本书较为突出的一个优点。

在 C++代码实现的过程中，对各个知识点都进行了分析，可进一步加强对应用程序的理解，这为将来从事应用程序的开发奠定了良好基础。

嵌入式 C++应用技术更加符合社会对人才的实际需求，其以应用为中心，能够很好地解决实际问题。希望本书能够为大家的开发工作提供指导。

本书由广东信盈达技术有限公司、仲恺农业工程学院、常州工学院联合编写。由衷地感谢韩洁琼老师和李晓芳教授在本书的编写过程中所付出的巨大努力，并且非常感谢丁伟、胡智元、秦培良、范文豪、刘磊、李澳旗、伦砚波、霍文光、王俊玉以及许多高级工程师的大力支持和帮助；另外，在编写本书的过程中参考了一些文献资料，在此对这些文献资料的作者表示衷心的感谢！

鉴于作者水平有限，书中难免有错误和不妥之处，希望读者批评、指正。

最后关于如何寻找本书的软件与硬件：本书配套的开发软件、硬件资料、实例源程序、教学课件、实验指导、芯片资料等可从 http://www.edu118.cn/下载，相关的硬件环境信息及咨询方式也可从该网站获得。

作　者

2023 年 4 月 2 日

目　录

第1章 概论

1.1 认识 C++

C++是一种静态类型的、编译式的、通用的、大小写敏感的、不规则的编程语言，支持过程化编程、面向对象编程和泛型编程。使用 C++的目的之一是为了利用其面向对象的特性。如果想要利用这种特性，就需要掌握一定的标准 C 语言知识，因为 C 语言有丰富的基本类型和运算符、控制结构和语法规则。所以，拥有良好的 C 语言基础可以加快学习 C++的进度，但这并不是要学习更多的关键字和结构，而是从 C 到 C++要注重面向对象思维的培养。另外，如果先掌握了 C 语言，则在过渡到 C++时，需要重新养成一些编程习惯；相反，如果不了解 C 语言，则在学习 C++时需要学习一定的 C 语言知识、OOP 知识以及泛型编程知识，但无需摒弃任何编程习惯。

本书通过对 C 语言基础知识和 C++新增内容的讲述，带大家感受 C++的魅力，即使 C 语言基础较差，甚至没有，也不需要担心；而且，本章的学习对于 C 语言基础较好的读者来说，也是一次很好的复习。另外，本章还介绍了一些对后面的学习十分重要的概念，指出了 C++与 C 之间的区别。在牢固地掌握了 C 语言的基础知识后，就可以在此基础上学习 C++方面的知识了，届时将学习对象和类以及 C++是如何实现它们的，还有其他有趣的知识点。

1.2 C++的发展

世界上第一种计算机高级语言是诞生于 1954 年的 FORTRAN 语言，之后出现了多种计算机高级语言。

1970 年，AT&T 的 Bell 实验室的 D. Ritchie 和 K. Thompson 共同发明了 C 语言。研制 C 语言的初衷是用它编写 UNIX 系统程序，因此，它实际上是 UNIX 的“副

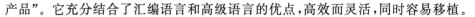

产品”。它充分结合了汇编语言和高级语言的优点，高效而灵活，同时容易移植。

1971 年，瑞士联邦技术学院 N. Wirth 教授发明了 Pascal 语言。Pascal 语言语法严谨，层次分明，程序易写，具有很强的可读性，是第一种结构化的编程语言。

20 世纪 70 年代中期，在剑桥大学计算机中心工作的 Bjarne Stroustrup 使用过 Simula 和 ALGOL，接触过 C 语言，他对 Simula 的类体系感受颇深，对 ALGOL 的结构也很有研究，深知运行效率的意义。既要编程简单、正确可靠，又要运行高效、可移植，是 Bjarne Stroustrup 发明新的计算机语言的初衷。以 C 语言为背景，以 Simula 思想为基础，正好符合他的设想。

1979 年，Bjame Stroustrup 到了 Bell 实验室，开始从事将 C 语言改良为带类的 C(C with classes)语言的工作。1983 年该语言被正式命名为 C++。自从 C++被发明以来，它经历了 3 次主要的修订，每一次修订都为 C++增加了一些新的特征并做了一些修改。第一次修订是在 1985 年，第二次修订是在 1990 年，而第三次修订则发生在 C++的标准化过程中。在 20 世纪 90 年代早期，人们开始为 C++建立标准，并成立了 ANSI 和国际标准化组织(International Standards Organization，ISO)的联合标准化委员会。该委员会在 1994 年 1 月 25 日提出了第一个标准化草案。在这个草案中，委员会在保留 Stroustrup 最初定义的所有特征的同时，还增加了一些新的特征。

在完成 C++标准化的第一个草案后不久发生了一件事情，使得 C++标准被极大地扩展：Alexander Stepanov 创建了标准模板库(Standard Template Library，STL)，其不仅功能强大，而且非常优雅。然而，它也是非常庞大的。在通过了第一个草案之后，委员会投票并通过了将 STL 包含到 C++标准中的提议。STL 对 C++的扩展超出了 C++的最初定义范围。虽然在标准中增加 STL 是个很重要的决定，但也因此延缓了 C++标准化的进程。

委员会于 1997 年 11 月 14 日通过了该标准的最终草案，1998 年，C++的 ANSI/ISO 标准被投入使用。通常，这个版本的 C++被认为是标准 C++。所有的主流 C++编译器都支持这个版本的 C++，包括微软的 Visual C++和 Borland 公司的 C++ Builder。

1.3　C 与 C++的区别

对于初学者来说，仅需要明白：C++是在扩充了 C 面向过程功能的基础上，又增加了面向对象的功能。

从机制上，C 是面向过程的，虽然 C 也可以编写面向对象的程序；而 C++是面向对象的，并且引入了类和对象。相比之下，C++编写面向对象的程序比 C 容易。

从适用的方向上，C 适合要求代码体积小的、效率高的场合，如嵌入式底层开发；C++适合更上层的、复杂的场合，如金山安全卫士、金山 WPS 等软件都是用 C++进行开发的。

与C相比,C++扩展了非常多的内容,所以就在C后面放上了两个+,成了C++;C是结构化编程语言,它的重点在于算法和数据结构;C++是面向对象编程语言,其侧重于对象而不是过程,侧重于类的设计而不是逻辑的设计。设计一个C语言程序,首先是考虑如何通过一个过程,通过输入获取内容,结合数据结构得到结果;而对于C++,首先是考虑如何构造一个对象模型,使这个模型能够契合与之对应的问题域,这样就可以通过获取对象的状态信息得到输出或实现过程(事务)控制。

简而言之,C与C++的最大区别在于它们用于解决问题的思想方法不一样。之所以说C++比C更先进,主要体现在“设计这个概念已经被融入C++之中”,但从语言本身出发,在C中更多的是算法的概念。那么是不是C就不重要了?并非如此,程序设计的基础就是算法,好的设计如果没有好的算法,一样不行;而且,“C加上好的设计”也能写出非常好的东西。

C++文件的扩展名如表1.1所列。

表1.1 C++文件的扩展名

C++实现	C++文件的扩展名
UNIX	C、cc、cxx、c
GNU C++	C、cc、cxx、cpp、c++
Digital Mars	cpp、cxx
Borland C++	cpp
Watcom	cpp
Microsoft Visual C++	cpp、cxx、cc
Freestyle Code Warrior	cp、cpp、cc、cxx、c++

C++还有许多新增的内容,例如:

① 新增关键字:class、friend、virtual、inline、private、public、protected、const、this和string;

② 新增运算符:new、delete和operator;

③ 作用域限定符:::。

1.4 面向对象编程——OOP

即使结构化编程的理念提高了程序的可读性和可靠性,但它在编写大型程序时,仍然存在不少问题。基于那些问题,OOP(Object Oriented Programming)提供了一种新方法,与强调算法的过程性编程不同,OOP强调的是数据。过程性编程主要是使问题满足语言要求的过程,而OOP是试图让语言来满足问题的要求,其理念是设计与问题的本质特性相对应的数据格式。

在 C++中,类是一种规范,阐述了新型数据格式,对象是根据这种规范构造的特定数据结构。例如,类可以描述一场活动的工作人员(如姓名、职位、工资等),而对象则代表特定的负责人(如张三、后勤、8 000 等)。通常,类规定了可用来表示对象的数据以及对这些数据可执行的操作。例如,假设正在开发一个能够绘制圆形的计算机绘图程序,则可定义一个描述圆形的类,定义的数据部分应包括圆心的位置、半径、圆的边线的颜色和样式、圆内部的填充颜色和图案等;定义的操作部分可以包括移动、改变半径大小、改变填充颜色等操作。这样,当使用该程序绘制圆形时,将根据定义的类创建一个对象,该对象保存了所有描述圆形的数据值,因此可以使用类方法来修改该圆形。

OOP 程序设计方法首先设计类,它们准确地表示了程序要处理的东西。类定义描述了对每个类可执行的操作,如移动圆或旋转直线,然后便可以设计一个使用这些类的对象的程序。从低级组织(如类)到高级组织(如程序)的处理过程叫作自下向上(bottom-up) 的编程。

但并不是说 OOP 编程就是将数据和方法合并为类定义。比如,使用 OOP 创建的可重复使用的代码减少了大量重复的工作;信息隐藏可以保护数据,避免遭受不适当的访问;多态能够为运算符和函数创建多个定义,根据实际需求来选择使用需要的定义;继承能够使用旧类派生出新类。OOP 引入了很多新理念,使用的编程方法不同于过程性编程,它的重点是如何表示概念,有时不一定使用自上向下的编程方法,而是使用自下向上的编程方法。

设计有效可用的类是重难点之一,幸运的是,OOP 语言为程序员在编程中使用已有的类提供了便利。厂商提供了大量有用的类库,包括设计用于简化 Windows 或 Macintosh 环境下编程的类库。

1.5 C++和泛型编程

C++还支持一种编程,就是泛型编程(generic programming)。虽然它与 OOP 的目标相同,但是两者的侧重点不同;OOP 强调的是编程的数据方面,而泛型编程强调的是独立于特定数据类型;OOP 是一个管理大型项目的工具,而泛型编程提供了执行常见任务的工具。C++有多种数据类型,比如整数,小数,字符,字符串,用户定义的、由多种类型构成的复合结构。假设,要对不同类型的数据进行算数运算,一般情况下,需要为每种类型定义一个运算函数,但泛型编程对语言进行了拓展,只编写一个泛型(即不是特定类型的)函数,就可以根据需求用于各种实际类型,因为 C++模板提供了完成这种任务的机制。

1.6 C++的应用

① 服务器端开发。很多游戏或者互联网公司的后台服务器程序都是基于C++开发的，而且大部分是Linux操作系统，所以，如果想做这样的工作，就需要熟悉Linux操作系统及其在上面的开发，熟悉数据库开发，精通网络编程。

② 游戏。当前也有很多游戏客户端是基于C++开发的，除了一些网页游戏外。如果想要在该领域有所建树，就需要掌握多学科知识，比如计算机图形学、多媒体处理。

③ 虚拟现实。该领域一直在蓬勃发展，如目前较火的VR眼镜，需要应用C++进行大量的开发。

④ 数字图像处理，比如AutoCAD的系统开发、OpenCV的视觉识别等。

⑤ 科学计算。在科学计算领域，FORTRAN是使用最多的语言之一。但是近年来，C++凭借其先进的数值计算库、泛型编程等优势在该领域也应用颇多。

⑥ 网络软件。C++拥有很多成熟的用于网络通信的库，其中最具有代表性的是跨平台的、重量级的ACE库，该库可以说是C++最重要的成果之一，在许多重要的企业、部门甚至是军方都有应用。比如GOOGLE的chrome浏览器，就是使用C++开发的。

⑦ 分布式应用。

⑧ 操作系统。在该领域，C语言是主要使用的编程语言，但是C++凭借其对C语言的兼容性，其面向对象性质也开始在该领域崭露头角。

⑨ 设备驱动程序。

⑩ 移动(手持)设备。

⑪ 嵌入式系统。

1.7 C++的优缺点

1. 与C语言相比

(1) C++的优点

① 在C语言的基础上进行扩充和完善，使C++兼容C语言的面向过程特点，又成为一种面向对象的程序设计语言；

② 可以使用抽象数据类型进行基于对象的编程；

③ 可以使用多继承、多态进行面向对象的编程；

④ 可以担负起以模板为特征的泛型化编程。

(2) C++的缺点

① 由于语言本身过度复杂，没有C语言效率高；

② 缺乏成熟的包管理系统；

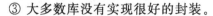

③ 大多数库没有实现很好的封装。

2. 与 Java 相比

(1) C++的优点

① Java 比 C/C++慢，Java 1.0 比 C++慢 20 倍，现在的 Java 1.6 运行速度也仅有 C++的一半；

② C++在继承和派生上比 Java 灵活；

③ C++中可以直接插入汇编，能直接操控底层硬件，所以操作系统还是得用 C++写；

④ Java 能实现的，C++一定能实现；然而 C++能实现的，Java 则不一定能实现。

(2) C++的缺点

① Java 比 C、C++简单，学起来比 C、C++容易。

② Java 完全对象化，比如在 Java 中数组是一个对象，含有属性 length，而不像 C++中数组是一个指针。所以访问数组时，Java 会进行边界检查，更安全，但牺牲了速度。与此同时，Java 中所有类都会继承 Object 这个基类，所以可以把几个毫无关联的类用基类联系起来，如放在同一个数组里。

③ Java 中没有指针这样不安全(虽然指针速度快)的概念。

④ Java 中有完善的内存管理机制，能自动进行垃圾回收，最大可能地降低内存溢出，同时提高编程效率。

⑤ Java 中有比标准 C++更完善的异常机制。

⑥ Java 中保存数据时对象本身是在堆里，同时依赖在栈里的句柄与之连接，这个设计更合理。

第 2 章

C++新特性

2.1 C++入门程序分析

下面将介绍一个 C++的入门程序。

【例 2.1】C++的入门程序。

代码如下：

```
#include <iostream>
using namespace std;
int main(void)
{
    cout <<"hello world" <<endl;
    return 0;
}
```

2.1.1 C++预处理器与 iostream 文件

如果程序中使用 C++的输入或输出工具，则需要提供以下代码：

```
#include <iostream>
using namespace std;
```

第 2 行也可被替换成其他代码，主要为了简化该程序。

C++也使用一种预处理器，该程序在进行主编译之前处理源文件(有些 C++使用翻译器程序将 C++程序转换为 C 程序。虽然翻译器也是一种预处理器，但这里讨论处理名称以＃开头的编译指令)。它将在编译程序时自动运行，无需执行任何特殊的操作来调用该预处理器。

例 2.1 中使用了“＃include”编译指令：

```
#include <iostream>
```

这是一种典型的预处理操作，在源代码被编译之前，将 iostream 文件的内容添加到程序中。

这就引发了一个思考，为什么要将 iostream 文件的内容添加到程序中？其实这涉及程序与外部世界之间的通信。iostream 中的 i 代表 input(输入)，o 代表 output(输出)。C++的输入/输出使用了 iostream 文件中的多个定义，如果使用 cout 来显示消息，则程序需要这些定义。“#include”编译指令将 iostream 文件的内容随源代码文件的内容一起被发送给编译器。实际上，iostream 文件的内容将替换程序中的“#include <iostream>”。

注意： 使用 cin 和 cout 进行输入和输出的程序必须包含文件 iostream。

2.1.2 头文件

像 iostream 这样的文件叫作包含文件(include file)，因为它们被包含在其他文件中，同时也叫作头文件(header file)，因为它们被包含在文件起始处。C++编译器有很多系统头文件，每个头文件都支持一组特定的工具。C 语言习惯头文件使用扩展名.h，通过名称标识文件类型。例如，头文件 math.h 支持各种 C 语言数学函数，如 pow 函数、sin 函数等，但 C++的使用方式有所不同；对于一些旧式风格的 C 语言的头文件保留了扩展名.h(C++程序仍可以使用这种文件)，而 C++的头文件则抛弃了扩展名；还有一些 C 语言的头文件转变成 C++的头文件，它们有了新的命名方式，去掉了扩展名.h，变得符合 C++的风格，并在文件名称前面加上前缀 c，以显示来自 C 语言。例如，C++版本的 math.h 为 cmath。对于纯粹的 C++的头文件（如 iostream)，去掉 h 不只是形式上的变化，因为没有 h 的头文件也可以包含名称空间。对头文件的命名约定如表 2.1 所列。

表 2.1 头文件命名的约定

头文件类型	约 定	示 例	说 明
C++旧式风格	约定	iostream.h	C++程序可以使用
C 旧式风格	约定	math.h	C++程序可以使用
C++新式风格	没有扩展名	iostream	C++程序可以使用 namespace std
转换后的 C 语言	加上前缀 c，没有扩展名	cmath	C++程序可以使用

无论是 C 语言的头文件还是 C++的头文件，都是用来存放声明的，但是 C 语言的头文件主要存放一类相关函数的声明，而 C++的头文件主要存放类声明，通常一个 C++的头文件表示一个类型的声明。

2.1.3 名称空间

2.1.3.1 名称空间的理解

如果不使用 iostream.h，而是选择 iostream，则需要使用名称空间编译指令来使

iostream 中的定义合法：

```
using namespace std;
```

这是 using 编译指令。C++中引入 namespace 的最终目的是避免污染全局名称空间，简单地说，就是为了降低或避免命名相同造成的恶劣影响。一个多文件、代码量大的程序其实很难避免重名，尤其是在多人合作的情况下。之前 C 语言中只有靠人为注意，或者加长名字来避免重名。但是，这种做法使一些名称看上去没有意义或者难以理解，而程序员在写程序时也受这个问题的限制，不能自由地命名。为了避免这种情况，C++提出了名称空间，引入了 namespace，解决了"相同的函数名或变量名，或者两个不同的库里面有相同的函数名所引起的混乱，不是连接不上就是造成程序死掉"的问题。使用不同的名称空间，就可以使用相同的函数名和变量名。

按照这种方式，类、函数和变量是 C++编译器的标准组件，现在将它们全部置于 std 名称空间中，但这种情况仅在头文件没有扩展名.h 时才会发生。这等价于 iostream 中定义的用于输出的 cout 变量实际上是"std::cout"，endl 实际上是"std::end"。因此，可以省略编译指令 using，编码情况如下：

```
std::cout <<"hello world" <<std::endl;
```

该 using 编译指令保证了 std 名称空间中的所有名称都可用。这是一种偷懒的做法，偶尔也会有隐患。更好的方法是，只使所需的名称可用，这需要通过使用 using 声明来实现：

```
using std::cout;                //使 cout 可用
using std::cin;                 //使 cin 可用
using std::endl;                //使 endl 可用
```

用下述代码替换上述编译指令后，便可以使用 cin 和 cout，而不必加上"std::"前缀：

```
using namespace std; //限定用户名，所有用户均可使用
```

然而，要使用 iostream 中的其他名称，则必须将它们分别加到 using 列表中。这里首先采用这种偷懒的方法。

2.1.3.2 名称空间的定义方式

定义格式如下：

```
namespace 空间名
{
    全局名称：变量名、函数名、类名等
}
```

例如：

```
namespace mylife
{
    int age = 20;
    void add(int a, int b);
    typedef unsigned char uchar;
}
```

2.1.3.3 引用名称空间中的名称

1. 空间名::名称(最好的习惯)

代码如下：

```
mylife::age = 100; //::  作用域限定符
```

2. 部分引用

代码如下：

```
mylife::age = 100;
```

3. 全部引用

代码如下：

```
using namespace mylife;
age = 100;
```

【例 2.2】名称空间。

代码如下：

```
#include <iostream>
#include <conio.h>
using namespace std;
namespace person
{
    int age = 20;
    float score;
    typedef unsigned int uint;
}
using namespace person;                    //全部引用
int age = 50;                              //全局变量
int main(void)
{
    uint x = 15;
    cout <<x <<endl;
    cout <<person::age <<endl;             //部分引用
    cout <<score <<endl;
    _getch();
    return 0;
}
```

2.1.4 输入/输出流对象

2.1.4.1 输入/输出流认知

输入/输出又称为 I/O 操作，输入/输出都是相对于程序而言的。输入是指在程序运行时由输入设备(常指键盘)向程序提供数据；输出是指将程序的运行结果在输出设备(常指显示器)上显示。那么什么是流呢？“流”就是“流动”，是物质从一处向另一处流动的过程。C++流是指信息从外部输入设备(如键盘和磁盘)向计算机内部(即内存)输入和从内存向外部输出设备(如显示器和磁盘)输出的过程，这种输入/输出过程被形象地比喻为“流”。

2.1.4.2　使用 cout 对 C++进行输出

现在看如何显示消息。例 2.1 中使用了下面的 C++语句：

```
cout <<"hello world" <<endl;
```

双引号括起的部分是要打印的消息。在 C++中，字符串使用双引号包含，由多个字符组合而成。“<<”符号表示该语句将把这个字符串发送给 cout，该符号指出了信息流动的路径。cout 是一个预定义的对象，知道如何显示不同的内容。

现阶段就使用对象可能有点困难，实际上，这只是演示了对象的其中一个优点，即不用了解对象的内部情况，就可以使用它。cout 对象有一个简单的接口，如果 string 是一个字符串，则下面的代码将显示该字符串：

```
cout <<string;
```

目前只需要知道如何显示字符串。然而，从概念上看，输出是一个流，即从程序流出的一系列字符。cout 对象表示这种流，其属性是在 iostream 文件中定义的。cout 的对象属性包括一个插入运算符(<<)，它可以将其右侧的信息插入到流中。请看下面的语句(注意结尾的分号)：

```
cout <<"hello world";
```

它将字符串“hello world”插入到输出流中。因此，与其说程序显示了一条消息，不如说它将一个字符串插入到了输出流中，如图 2.1 所示。

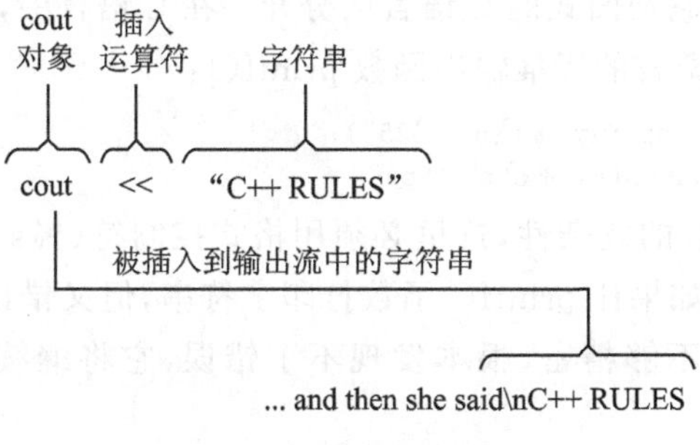

图 2.1　输出流

2.1.4.3　cout 的新花样

例 2.3 所示是一个简单的程序。

【例 2.3】cout 输出。

代码如下：

```
#include <iostream>
#include <conio.h>
using namespace std;
```

```
int main(void)
{
    int x;
    x = 10;
    cout <<x <<endl;
    x--;
    cout <<"x = " <<x <<endl;
    _getch();
    return 0;
}
```

截至目前,都是使用 cout 来打印字符串。例 2.3 使用 cout 来打印变量,该变量的值是一个整数,如:

```
cout <<x;
```

程序没有打印“x”,而是打印存储在 x 中的整数值,即 10。实际上,cout 先将 x 替换为其当前值 10。

如上所述,cout 可用于数字和字符串。这似乎没有什么不同寻常的地方,但注意,整数 10 与字符串“10”有天壤之别。字符串存储的是书写该数字时使用的字符,即字符 1 和 0,程序在内部存储的是字符 1 和 0 的编码。要打印字符串,cout 只需打印字符串中的各个字符即可。但在内存中存储整数 10 时,计算机不是单独存储数值,而是将其转换为二进制数再进行存储。这里的要点是,在打印之前,cout 需要将整数形式的数值转换成字符串形式。另外,cout 非常智能,知道 x 是一个需要转换的整数。

cout 的智能化将它与旧式的 C 语言区分开。在 C 语言中,要打印字符串“25”和整数 25,可以使用 C 语言的标准输出函数 printf():

```
printf ("Printing a string: %s\n", "25");
printf ("Printing an data: %d\n", 25) ;
```

抛开 printf()函数的复杂性,这里必须用格式控制符(%s 和%d)来指出是要打印字符串还是整数。如果让 printf()函数打印字符串,但又错误地提供了一个整数,则由于 printf()函数不够精密,根本发现不了错误,它将继续处理,最终显示一堆乱码。

C++面向对象的特性为 cout 的这种智能行为提供了保障。其实,C++插入运算符(<<)后会自动根据其后的数据类型做出相应的调整,这就是一个运算符重载的实例。在后面章节的学习中,将带领大家去实现这种智能操作。

2.1.4.4 cout 输出控制

C++提供了控制符用于控制输出的格式,使用时需要包含头文件 iomanip:

dec	转换为十进制数输入/输出
hex	转换为十六进制数输入/输出
oct	转换为八进制数输入/输出

setw(int)　　设置输出的宽度
setprecision(int)　　设置浮点数输出的有效数字位数
setfill(char)　　设置填充字符

【例 2.4】cout 输出控制。

代码如下：

```
#include <iostream>
#include <iomanip>
#include <conio.h>
using namespace std;
int main(void)
{
    cout <<dec <<74 <<endl;
    cout <<hex <<69 <<endl;
    cout <<setw(5) <<4 <<endl;
    cout <<setfill('*') <<setw(5) <<16 <<endl;
    cout <<'u' <<'\n';
    cout <<"10/29" <<'\n';
    _getch();
    return 0;
}
```

2.1.4.5　使用 cin 对 C++进行输入

接下来看一看如何输入消息。

【例 2.5】cin 输入(1)。

代码如下：

```
#include <iostream>
#include <conio.h>
#include <string>
using namespace std;
int main(void)
{
    int n;
    float m;
    string x;
    cin >> n >> m >> x;
    cout <<n <<endl;
    cout <<m <<endl;
    cout <<x <<endl;
    while(cin >> x)
    {
        if (x == "exit")
        {
            break;
        }
        cout <<x <<endl;
```

```
    }
    _getch();
    return 0;
}
```

cin 是 C++中的标准输入流对象，是 istream 类的对象。cin 主要用于从标准输入读取数据，这里的标准输入是指终端的键盘。此外，cout 是标准输出流的对象，也就是 ostream 类的对象；cerr 是标准错误输出流的对象，也是 ostream 类的对象。

在学习 cin 的功能时，需要考虑缓冲区的问题。当从键盘输入字符串时需要按一下回车键才能将这个字符串送入缓冲区，那么按的这个回车键(\r)将被转换为一个换行符(\n)，该换行符也将被存储在 cin 的缓冲区中并被当成一个字符来计算！比如在键盘上输入"123456"这个字符串，然后按一下回车键(\r)将该字符串送入缓冲区，那么此时缓冲区中的字节个数是 7，而不是 6。

cin 同样从缓冲区获取数据，如果缓冲区无内容，则 cin 的成员函数会阻塞，直到有数据到来。一旦缓冲区中有数据，就触发 cin 的成员函数读取数据。

2.1.4.6 cin 的常见用法

使用 cin 从标准输入读取数据时，通常用到的方法有：cin >> ，cin. get，cin. getline(主要使用第一个)。cin 可以连续从键盘读取需要的数据，使用空格、tab 或者换行将数据隔开。

注意：

① cin >> 等价于 cin. operator >> ()，即调用成员函数 operator >> ()进行读取数据。

② 当 cin >> 从缓冲区中读取数据时，若缓冲区中第一个字符是空格、tab 或换行这些分隔符，那么 cin >> 会将其忽略并清除，继续读取下一个字符；若缓冲区为空，则继续等待。但是，如果读取成功，则字符后面的分隔符将残留在缓冲区，cin >> 不做处理。

③ 若不想略过空白字符，就使用 noskipws 流控制。比如，"cin >> noskipws >> input;"。

【例 2.6】cin 输入(2)。

代码如下：

```
#include <string>
#include <iostream>
#include <conio.h>
using namespace std;
int main()
{
    char a;
    int b;
```

```
    float c;
    string str;
    cin >> a >> b >> c >> str;
    cout <<a <<" " <<b <<" " <<c <<" " <<str <<endl;
    string test;
    getline(cin, test);                    //不阻塞
    cout <<"test:" <<test <<endl;
    _getch();
    return 0;
}
```

从键盘输入:[回车][回车][回车]a[回车]5[回车]2.33[回车]hello[回车],输出结果如图 2.2 所示。

从结果可以看出,cin >> 对缓冲区中的第一个换行符视而不见,采取的措施是忽略清除,继续阻塞等待缓冲区有效数据的到来。但是,getline()读取数据时,不像 cin >> 一样忽略第一个换行符,它发现 cin 的缓冲区中有一个残留的换行符,不阻塞请求键盘输入,直接读取,送入目标字符串后,再将换行符替换为空字符“\0”,因此程序中的 test 为空串。

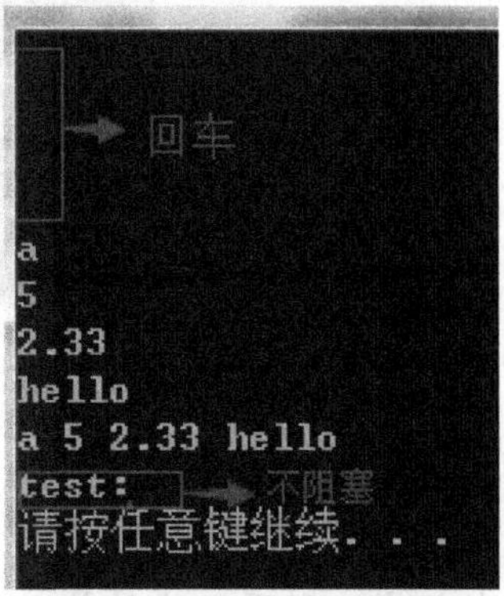

图 2.2　cin 输入结果

2.1.4.7　cin 清空输入缓冲区

从之前的学习中可知,上一次的输入操作很有可能是输入缓冲区中残留的数据,从而影响下一次的输入。那么,如果想要避免出现这个问题,就需要在输入时对输入缓冲区进行清空和状态条件的复位。状态条件的复位使用 clear(),清空输入缓冲区应使用如下函数:

函数原型:

```
istream &ignore( streamsize num = 1, int delim = EOF);
```

函数作用:跳过输入流中 num 个字符,或在遇到指定的终止字符时提前结束(此时跳过包括终止字符在内的若干字符)。

【例 2.7】cin 清空缓冲区。

代码如下:

```
#include <iostream>
#include <conio.h>
using namespace std;
int main()
{
    char str1[20] = { NULL }, str2[20] = { NULL };
    cin.getline(str1, 5);
```

```
    cin.clear();                                                    //清除错误标志
    cin.ignore(numeric_limits<std::streamsize>::max(), '\n');  //清除缓冲区的当前行
    cin.getline(str2, 20);
    cout <<"str1:" <<str1 <<endl;
    cout <<"str2:" <<str2 <<endl;
    _getch();
    return 0;
}
```

程序输入：12345[回车]success[回车]，程序输出如图 2.3 所示。

图 2.3 cin 清空缓冲区输出结果

注意：

① 程序中使用 cin.ignore()清空了输入缓冲区的当前行，避免了上次输入残留下的数据影响到下一次的输入，这就是 ignore()函数的主要作用。其中，numeric_limits::max()表示头文件定义的流使用的最大值，也能用一个足够大的整数代替它。如果想清空输入缓冲区，就去掉换行符，代码如下：

```
cin.ignore(numeric_limits<std::streamsize>::max());  //清除 cin 里的所有内容
```

② "cin.ignore();"：当输入缓冲区没有数据时，也会阻塞等待数据的到来。

③ 清空标准输入缓冲区可使用以下函数：

```
rewind(stdin);        //推荐使用本函数
fflush(stdin);
```

2.1.5 控制符 endl

endl 是一个特殊的 C++符号，表示一个重要的概念：重起一行。在输出流中插入 endl 将导致屏幕光标移到下一行开头。像 endl 等对于 cout 来说有特殊含义的符号被称为控制符(manipulator)。与 cout 一样，endl 也是在头文件 iostream 中定义，且位于名称空间 std 中。

打印字符串时，cout 不会自动移到下一行，假设有如下代码：

```
cout <<."Tomorrow ";
cout <<"will be ";
cout <<"better";
cout <<endl;
```

其输出将如下：

```
Tomorrow will be better
```

每个字符串紧接在前一个字符串的后面。如果要在两个字符串之间留一个空格，则必须将空格包含在字符串中。

C++还提供了另一种在输出中指示换行的旧式方法——C 语言符号“\n”：

```
cout <<"Tomorrow will be better\n";
```

“\n”被视为一个字符，名为换行符。

显示字符串时，在字符串中包含换行符，而不是在末尾加上 endl，可减少输入量：

```
cout <<"Tomorrow will be better \n";
cout <<"Tomorrow will be better" <<endl;
//均可实现换行
```

“\n”和 endl 的区别之一是，endl 确保程序继续运行前刷新输出（将其立即显示在屏幕上）；而使用“\n”不能提供这样的保证，这意味着在有些系统中，有时可能在输入信息后才会出现提示。

2.2　C++变量的新用法

2.2.1　C++中的基本数据类型

使用编程语言进行编程时，需要用到不同种类的变量来存储各种信息。变量保留的是它所存储的值的内存位置。这意味着，创建一个变量，就会在内存中保留一定的空间。程序员可能需要存储不同数据类型（比如字符型、宽字符型、整型、浮点型、双浮点型、布尔型等）的信息，而操作系统会根据变量的数据类型来为变量分配内存以及决定该段内存中的存储内容。

C++为程序员提供了种类丰富的内置数据类型和用户自定义的数据类型。表 2.2 列出了 7 种 C++基本的数据类型。

表 2.2　C++基本的数据类型

类　型	关键字	字节/B
布尔型	bool	1
字符型	char	1
整型	int	4
浮点型	float	4
双浮点型	double	8
无类型	void	—
宽字符型	wchar_t	2 或 4

2.2.2 变量声明

变量声明向编译器保证变量以给定的类型和名称存在，这样编译器在不知道变量细节的情况下也能进行下一步编译。变量声明只在编译时有意义，在程序链接时编译器需要实际的变量声明。C++与C语言不同，C语言中变量的声明必须在所有函数调用之前，但是C++中变量的声明更加自由，只要在使用之前有声明即可。

当使用多个文件且只在其中一个文件中定义变量时（定义变量的文件在程序链接时是可用的），变量声明就显得非常有用。程序员可以使用 extern 关键字在任何地方声明一个变量。虽然可以在 C++ 程序中多次声明一个变量，但变量只能在某个文件、函数或代码块中被定义一次。

在例 2.8 中，虽然变量在头部就已经被声明，但它们是在主函数中被定义和初始化的。

【例 2.8】变量的声明：定义和初始化。

代码如下：

```
#include <iostream>
#include <cmath>
#include <conio.h>
using namespace std;
//变量声明
extern int a, b;
extern int c;
extern float f;
int main()
{
    //变量定义
    int a, b;
    int c;
    //实际初始化
    a = 10;
    b = 20;
    c = a + b;
    cout <<c <<endl;
    float f;
    f = sqrt(c);
    cout <<f <<endl;
    _getch();
    return 0;
}
```

2.2.3 作用域

作用域是程序的一个区域，一般来说有 3 个地方可以定义变量：

① 在函数或一个代码块内部声明变量，该变量称为局部变量；

② 在函数参数的定义中声明变量,该变量称为形式参数;

③ 在所有函数外部声明变量,该变量称为全局变量。

作用域规则告诉我们一个变量的有效范围,它在哪儿创建,在哪儿销毁(也就是说超出了作用域)。变量的有效作用域从它的定义点开始,到和定义变量之前最邻近的开括号配对的第一个闭括号结束。也就是说,作用域由变量所在的最近一对花括号确定。

2.2.4　使用方式

2.2.4.1　变量的初始化

C++中可以使用构造函数对变量进行初始化,如例 2.9 所示。

【例 2.9】变量初始化。

代码如下:

```
#include <iostream>
#include <string>
#include <conio.h>
using namespace std;
int main()
{
    int age(20);
    string name;
    cout <<"please input you name:";
    getline(cin, name); //可以读入带有空格的用户输入
    cout <<name <<"今年" <<age <<"岁" <<endl;
    _getch();
    return 0;
}
```

2.2.4.2　类型转换

C++的类型转换支持另一种写法,如例 2.10 所示。

【例 2.10】类型转换。

代码如下:

```
#include <iostream>
#include <conio.h>
using namespace std;
int main()
{
    double a(12.96);                    //构造函数
    int b;
    int c;
    b = (int)a;
    c = int(a);                         //类型转换函数
    printf("b = %d\n", b);
```

```
    printf("c = %d\n", c);
    _getch();
    return 0;
}
```

关于构造函数和类型转换函数在之后的章节中会有详细介绍。

2.3 C++的新增特性

- 输入/输出流；
- 引用；
- const；
- 函数的默认参数；
- 内联函数；
- 函数重载；
- 强制类型转换；
- string 类型；
- new 与 delete；
- bool 类型。

2.3.1 输入/输出流

流是字符集合或数据流的源或目的地。

有两种流：

① 输出流，在类库里称为 ostream；

② 输入流，在类库里称为 istream。

由 istream 和 ostream 派生的双向流 iostream 能够同时处理输入和输出，如表 2.3 所列。

表 2.3 C++的输入/输出流

C++名字	对应设备	C 对应名字	默认设备
cin	标准输入流	stdin	键盘
cout	标准输出流	stdout	屏幕
cerr	标准错误流(非缓冲)	stderr	屏幕
clog	标准错误流(缓冲)	stdprn	打印机

输入/输出流的用法如例 2.11 所示。

【例 2.11】输入/输出流的用法。

代码如下：

```
#include <iostream>
#include <conio.h>
using namespace std;
int main()
{
    int a, b;
    cout <<"输入数据：";
    cin >> a >> b;   //输入 2 个整型数据
    cout <<"a = " <<a <<"  b = " <<b <<endl;
    cout <<"a + b = " <<a + b <<endl;
    _getch();
    return 0;
}
```

2.3.2 认识引用

2.3.2.1 引用的诞生

引用就是变量的别名，对引用的操作等价于对变量直接操作。这就好比一个人的昵称和本名，无论别人叫的是昵称还是本名指的都是同一个人。

引用的声明格式：

数据类型 &引用名 = 初始值；（初始值是变量名，因为引用相当于是某个变量的别名）

【例 2.12】引用的声明。

代码如下：

```
#include <iostream>
#include <conio.h>
using namespace std;
int main()
{
    int a;
    int &pa = a;                       //此时 pa 是变量 a 的引用(pa 是变量 a 的别名)
    //printf("a = %p\n",&a);
    //printf("pa = %p\n",&pa);         //打印出的 pa 的地址与 a 是同一个地址单元
    cout <<&a <<endl;
    cout <<"&pa:" <<&pa <<endl;
    _getch();
    return 0;
}
```

引用必须要在定义时初始化。注意此处的 & 并不是取地址符，而是“引用声明符”。声明一个引用并不是定义了一个新的变量，而只是给变量取了一个别名，不能再把该引用名作为其他变量名的别名。编译器会给它分配内存空间，因此引用本身占据存储单元。但是，引用表现出来给用户看到的，不是引用自身的地址，而是目标变量的地址。也就是说，对引用取地址就是目标变量的内存地址。

C++的函数允许利用引用进行参数传递,这具有高效性和安全性。

2.3.2.2 引用对象

我们也可以定义一个对象的别名,如:

```
Human Mike;                //定义一个 Human 类的对象 Mike
Human &rMike = Mike;       //定义对象 Mike 的别名 rMike
```

但是我们不能定义一个类的别名,如:

```
Human &rHuman = Human;
```

因为 Human 是一个类型,它没有具体的内存地址。

我们定义了一个对象的别名后,就可以使用该别名了。它的使用方法与对象一样,用类成员运算符(.)来访问成员数据和方法,如例 2.13 所示。

【例 2.13】引用的使用。

代码如下:

```
#include <iostream>
using namespace std;
class A
{
public:
    int get()
    {
        return i;
    }
    void setx(int x)
    {
        i = x;
    }
private:
    int i;
};
int main()
{
    A a;                 //类 A 的对象 a
    A &ra = a;           //对象 a 的引用
    ra.setx(45);         //以别名的方式来访问 a 的成员函数 set 和 get
    cout <<ra.get() <<endl;
    return 0;
}
```

输出如图 2.4 所示。

图 2.4 引用的使用

注意：定义引用时一定要同时对该引用进行初始化，如：

```
int a;
int &ra = a;
```

而不能写成：

```
int a;
int &ra;
ra = a;
```

这样是错误的。引用就如同常量，只能对其初始化，不能赋值。

2.3.2.3 空引用

指针被删除后，需要将它们赋为空，引用却不需要这么做，因为引用是原来对象的别名。假如该对象存放在栈中，那么在对象超出作用域时别名会和对象一起消失。假如该对象存放在堆中，由于堆中内存空间必须使用指针来访问，因此用不着别名，即使定义一个该指针的别名，那么在将指针删除并赋空后，该指针别名中的地址也会相应赋空。

2.3.2.4 函数的参数传递

1. 通过值来传递函数参数

普通参数的传递，由实参单向传递给形参；数值传递，形参改变，实参不会发生变化。

2. 通过指针来传递函数参数

地址传递，将实参的地址传递给形参，形参的类型为指针类型，此时形参改变，实参也会发生变化。

3. 通过引用来传递函数参数

在进行实参和形参的结合时，将形参作为实参的一个别名。通过引用传递函数的参数，在内存中并没有产生实参的副本，它是直接对实参操作；而通过一般变量传递函数的参数，当发生函数调用时，需要给形参分配存储单元，形参变量是实参变量的副本。因此，当参数传递的数据较大时，用引用比用一般变量传递函数的参数的效率和所占空间都好。

用引用，能收到和指针传递同样的效果，函数内对形参的操作相当于直接对实参的操作，即形参的变化会影响实参。但是，当利用指针传递时，在被调函数中同样要给形参分配存储单元，而且需要重复使用"*指针变量名"的形式进行运算，这很容易产生错误，会使程序的阅读性变差；另外，在主调函数的调用处，必须用变量的地址作为实参。而应用引用却没有上述问题。因此通常使用别名这种直接引用方式来替换指针传递。

通过引用来传递函数参数的例程如例 2.14 所示。

【例 2.14】通过引用传递函数参数。

代码如下：

```
#include <iostream>
using namespace std;
void swap(int &a, int &b)//int &a = x,int &b = y
{
    int temp;
    temp = a;
    a = b;
    b = temp;
}
int main()
{
    int x = 3;
    int y = 4;
    cout <<"交换前" <<"x = " <<x <<"y = " <<y <<endl;
    swap(x, y);
    cout <<"交换后" <<"x = " <<x <<"y = " <<y <<endl;
    return 0;
}
```

程序说明：

```
void swap(int &a,int &b)//int &a = x,int &b = y
```

定义的 swap()的接收参数为 x 和 y 的引用，也就是将 x 和 y 的别名 a 和 b 作为函数的接收参数。调用 swap()函数，并将 x 和 y 作为函数的参数，则程序跳转到 swap()函数，该函数的 a 和 b 以 x 和 y 的别名方式来接收这两个参数，因为别名只是对 a 和 b 的引用。

它类似于指针的传递方式，仅仅是将 x 和 y 的内存地址以直接引用的方式传递到函数体中，因此不会复制 a 和 b 的数据到栈中，这样在函数内的操作就是对 a 和 b 的别名 x 和 y 的操作。我们知道对象的别名与其内存地址相同，因此对 x 和 y 的操作就是对 a 和 b 的操作。

由上述内容可知，使用别名的方式传递参数比使用指针传递更加方便和清晰，并且具有指针的功能。

注意：

指针是间接访问，比如它要用“*”来读取“*”后面地址处的数据；而引用则是直接访问，它是某个对象的别名，因此不用任何符号就可以直接读取该对象的数据。因此，将指针作为函数的接收参数是以间接引用方式来接收参数，而将别名作为函数的接收参数是以直接引用方式来接收参数。

2.3.2.5 引用作为函数的返回值

引用作为函数的返回值时，需要注意引用的本质。由于引用是目标变量的别名，因此当目标变量的空间被释放后，引用也是无效的。按常理，此时通过引用是不能输出数据的，因为此时引用所对应的空间已经被释放。

在这种情况下，使用 C++编译器，程序运行会崩溃，如例 2.15 所示。

【例 2.15】引用作为函数的返回值将引起程序异常。

代码如下：

```
#include <iostream>
using namespace std;
int &fn(int num)
{
    return (num);
}
int main()
{
    int n2 = 5;
    int &n1 = fn(n2);
    cout <<n1 <<endl;
    return 0;
}
```

但是，如果在例 2.15 中子函数的形参是引用的，则可以取出数据，因为形参对应的目标变量是主函数中的变量，此时变量的空间没有被释放，空间中的数据是可以正常取出的，如例 2.16 所示。

【例 2.16】引用作为函数参数和返回值。

代码如下：

```
#include <iostream>
using namespace std;
int &fn(int &num)
{
    return num;
}
int main()
{
    int n2 = 5;
    int &n1 = fn(n2);
    cout <<n1 <<endl;
    return 0;
}
```

2.3.2.6　引用小结

1. 引用定义的格式

引用定义的格式如下：

类型 & 引用名 = 变量名；

① 引用一旦确定了，就固定了；

② 引用必须在初始化时明确；

③ 引用的本质是一种固定指向的指针，是一种指针常量；

④ 引用确定之后，任何对引用的操作，都相当于对其对象的操作。

2. 引用的特点

① 写法简单,好理解,避免使用"* &";

② 节省空间,节省时间(类引用);

③ 更安全;

④ 引用用得最多的就是函数的参数。

3. 引用的场合

引用的作用与指针的作用相同。能够使用指针的场合,同样也可以使用引用。

① 动态分配:可以使用指针存储动态分配空间的地址,同样也可以使用引用。

② 地址传递:一个函数可以访问另一个函数的内部空间。

在进行地址传递时一般遵循以下规则:

- 能用引用就使用引用;
- 如果需要改变指向,则使用一般的指针变量。

4. 引用的使用格式

引用的使用格式如下:

const 数据类型 & 引用名=变量

2.3.3 const

C++中使用 const 来定义常量,与 C 语言中的 #define 类似。常量值是不能改变的,对常量进行初始化后就不能再对其进行赋值,如:

```
const double PI = 3.1415926
```

该语句定义了一个 double 型常量并将它的值初始化为 3.141 592 6,这样,PI 的值就不能再改变了。如:"PI = 0;"语句试图将 PI 的值赋为 0,但是由于 PI 已经被定义为常量,因此赋值失败,如例 2.17 所示。

【例 2.17】const 定义常量。

代码如下:

```
#include <iostream>
using namespace std;
int main()
{
    const int x = 11;
    int m = x;
    cout <<m <<endl;            //可以通过 x 为其他变量赋值
    cout <<x <<endl;            //可以输出变量 x 的值
    x = 21;  ////此语句是错误的,因为变量 x 是被 const 所修饰的,是常量,其值不能被改变
    cout <<x <<endl;
    return 0;
}
```

2.3.4　函数的默认参数

定义的函数是可以设置默认参数的,这样当在调用函数时可以根据函数所设置的默认参数来进行参数传递。如果有些数据在使用过程中与设置好的参数相同,那么就可以不用为函数传递实参,此时将使用函数默认的参数。例如:

```
void func(int num1,int num2 = 3,char ch = '*'){}
void func(int num1 = 2,int num2,char ch = '+');  //错误
```

如果有一个参数设置默认值,那么其后面的所有参数都要设置默认值,例如:

```
void func(int num1,int num2 = 1,char ch = '+');  //此形式是合法的
```

注意:

① 一旦给一个参数赋了默认值,则它后面的所有参数也都必须有默认值;

② 默认值的类型必须正确;

③ 默认值在函数声明中给出。

优点:

① 如果要使用的参数在函数中几乎总是采用相同的值,则默认参数非常方便;

② 当通过添加参数来增加函数的功能时,默认参数非常有用。

【例 2.18】函数默认参数。

代码如下:

```
#include <iostream>
#include <conio.h>
using namespace std;
void func1(int num1 = 1, int num2 = 1, char str = '+');
void func2(int num1, int num2 = 1, char str = '+');
int main()
{
    func1(2, 13, '9');              //都不采用默认值
    func1(1);                       //第二个和第三个参数采用默认值
    func1(2, 25);                   //第三个参数采用默认值
    func1();                        //所有这三个参数都采用默认值
    func2(2, '0');                  //第三个参数采用默认值
    //func(2,,'o');                 //错误
    func2(1);
    _getch();
    return 0;
}
void func1(int num1, int num2, char str)
{
    cout <<"num1 = " <<num1 <<" " <<"num2 = " <<num2 <<"  " <<"str = " <<str <<
endl;
}
void func2(int num1, int num2, char str)
```

```
    {
        cout <<"num1 = " <<num1 <<" " <<"num2 = " <<num2 <<"  " <<"str = " <<str <<
endl;
    }
```

2.3.5 初用内联函数

2.3.5.1 内联函数认知

内联函数是指用 inline 关键字修饰的函数，在类内定义的函数被默认成内联函数，其特点是节省短函数的执行时间。

对于 C++的内联函数，编译器将使用相应的函数代码来替换函数调用；对于内联函数的代码，程序无需跳到另一个位置处执行代码然后再跳回来。因此，内联函数的执行速度比常规函数稍快，但缺点是需要占用更多的内存，所以应该有选择地使用内联函数。

内联函数从源代码层看，有函数的结构，而在编译后，并不具备函数的性质。内联函数不是在调用时发生跳转，而是在编译时将函数体嵌入在每一个调用处，类似宏替换，使用函数体代替调用处的函数名。但是能否形成内联函数，需要看编译器对该函数定义的具体处理。

在函数定义前面加上关键字 inline，如：

```
inline int Max (int a, int b)
{
    if(a > b)
        return a;
    return b;
}
```

2.3.5.2 使用内联函数应注意的事项

使用内联函数时应注意如下几点：

① 在内联函数内不允许用循环语句和递归语句。如果内联函数有上述语句，那么编译器将把该函数作为普通函数使用。例如，递归函数（自己调用自己的函数）是不能被用来做内联函数的。内联函数只适合于只有 1～5 行的小函数。对于一个包含多条语句的大函数，函数调用和返回的消耗相对来说非常小，所以没有必要用内联函数来实现。

② 内联函数只能是代码很少很简单的函数，因为即使将一个很大很复杂的函数设为内联，编译器也将自动设置该函数为非内联。

③ 引入内联函数的目的是解决程序中函数调用的效率问题。简单来说，程序在编译器编译时，编译器将程序中出现的内联函数的调用表达式用内联函数的函数体进行替换，而对于其他的函数，都是在运行时才被替代。

2.3.5.3 内联函数和宏定义的区别

宏是由预处理器对其进行替代，而内联函数则是通过编译器控制来实现。另外，内联函数的本质仍然是函数，只是在使用时，内联函数像宏一样展开，所以取消了函数参数的压栈，减少了调用的开销，函数怎么调用，内联函数就怎么调用。比较内联函数与带参数的宏定义时就会发现，它们的代码效率是一样的，但是内联函数要优于宏定义，因为内联函数遵循类型和作用域规则，它更接近于一般函数。在一些编译器中，如果涉及内联扩展，那么内联函数将像一般函数一样进行调用，比较方便。

另外，宏定义在使用时只是简单的文本替换，并没有做严格的参数检查，也就不能享受C++编译器严格类型检查的好处；而且它的返回值也不能被强制转换为需要的类型，也就是说，它的使用本身就存在着一系列的隐患和局限性。

C++提出内联函数的目的之一就是完全取代宏定义，因为内联函数避免了宏定义的缺点，又很好地继承了宏定义的优点，所以我们一定要学会合理使用内联函数。

2.3.5.4 内联函数小结

① 优点：执行效率高。

② 缺点：如果代码量很大，会浪费空间。

③ 建议：代码量较小的代码用内联函数。

④ 特性：不是所有的函数都能变成内联函数，例如以下几种情况：

- 当函数代码量非常大时，系统不会将其设置成内联函数；
- 递归函数不能修饰成内联函数；
- 内联函数中不允许包含结构控制语句。

2.3.6 函数重载实践

2.3.6.1 函数重载介绍

叫张三的人很多，但是我们不能把他们看作一个人，因为他们除了名字相同之外，其他都是不同的。同理，我们可以定义一些具有相同名字的函数，却让它们处理不同的事情。

函数重载指的是"一个函数名，有多个函数体"，这些函数体可能因为操作对象的不同而不同，但是整体的功能是相同的，所以使用相同的函数名。

构成函数重载的条件如下：

① 函数名相同。

② 这些同名函数的形式参数（如参数的个数、类型或者顺序）必须不同，即参数列表不同。需要注意的是，函数重载的关键是函数的参数列表，若参数列表不同，则可看成重载，否则不是重载，跟函数的返回值类型是否一致无关。

2.3.6.2 普通函数的重载

我们可以将一个名字相同但类型不同的函数重复调用多次，来处理不同类型的数据，如例 2.19 所示。

【例 2.19】普通函数重载_1。

代码如下：

```
#include <iostream>
using namespace std;
void func(int);         //声明一个无返回值并带有一个整型参数的 func() 函数
void func(long);        //声明一个无返回值并带有一个长整型参数的 func() 函数
//void func(float);     //声明一个无返回值并带有一个浮点型参数的 func() 函数
float func(float);      //声明一个返回浮点型并带有一个浮点型参数的 func() 函数
void func(double);      //声明一个无返回值并带有一个双精度型参数的 func() 函数
    int main()
{
    int a = 1;
    long b = 100000;
    float c = 1.5;
    double d = 6.45679;
    cout <<"a:" <<a <<endl;              //输出整型变量 a 的值
    cout <<"b:" <<b <<endl;              //输出长整型变量 b 的值
    cout <<"c:" <<c <<endl;              //输出浮点型变量 c 的值
    cout <<"d:" <<d <<endl;              //输出双精度型变量 d 的值
    func(a);//调用 func() 并将整型变量 a 传递给它，编译器会根据参数 a 的类型自动
            //判断调用哪个函数
    func(b);//调用 func() 并将长整型变量 b 传递给它，编译器会根据参数 b 的类型自动
            //判断调用哪个函数
    func(c);//调用 func() 并将浮点型变量 c 传递给它，编译器会根据参数 c 的类型自动
            //判断调用哪个函数
    func(d);//调用 func() 并将双精度型变量 d 传递给它，编译器会根据参数 d 的类型自
            //动判断调用哪个函数
return 0;
}
void func(int a)
{
    cout <<"a 的平方为：" <<a * a <<endl;
}
void func(long b)
{
    cout <<"b 的平方为：" <<b * b <<endl;
}
/* void func(float c)
{
    cout <<"c 的平方为："<<c * c <<endl;
} */
```

```
float func(float c)
{
    cout <<"c 的平方为：" <<c * c <<endl; return c * c;
}
void func(double d)
{
    cout <<"d 的平方为：" <<d * d <<endl;
}
```

输出如图 2.5 所示。

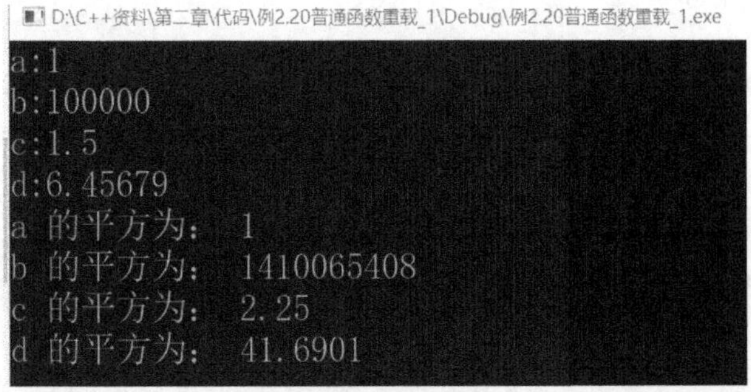

图 2.5　普通函数重载_1

分析：

第 18～21 行调用的都是 func()函数，只是参数不同，编译器将根据函数的参数类型，输出不同的结果。这里要注意的是，被屏蔽的第 5 行和第 32～35 行，与第 6 行和第 36～39 行重复，假如去掉它们的注释，那么编译器将不知道该执行哪个带浮点型参数的 func()函数了，从而导致编译出错。也就是说，即使函数的返回值类型不一样，但函数的参数一样，编译器也无法识别去执行哪个函数，函数返回值类型对函数重载没有影响。

【例 2.20】普通函数重载_2。

代码如下：

```
//功能：相加的功能——函数重载功能相同
#include <iostream>
#include <string>
#include <conio.h>
using namespace std;
int add(int a, int b);
double add(double a, double b);
string add(string a, string b);
int add(char *a, char *b);
int main()
{
    char str1[] = "helloworld";
    char str2[] = "good";
```

```
    add(2.5,5.2);
    int length = add(str1, str2);
    cout <<length <<endl;
    _getch();
    return 0;
}
double add(double a, double b)
{
    cout <<"double + double " <<endl;
    return a + b;
}
int add(int a, int b)
{
    cout <<"int + int " <<endl;
    return a + b;
}
string add(string a, string b)
{
    return a + b;
}
int add(char *a, char *b)
{
    int len = strlen(a) + strlen(b) + 1;
    return len;
}
```

2.3.6.3　函数重载小结

1. 概　念

一个函数名,有多个函数体,这些函数体可能因为操作对象的不同而不同,但是整体的功能是相同的,所以使用相同的函数名。

2. 重载前提条件

功能相同。

3. 函数声明

函数返回值类型 函数名(参数列表);

4. 构成重载的因素

① 函数名必须相同。

② 仅仅通过函数返回值类型无法构成函数重载。

③ 返回值不能决定调用哪个函数体,返回值不是函数重载的因素。

④ 形参列表的不同是决定是否重载的因素:

- 形参的个数;
- 形参的类型。

5. 函数重载

函数名相同，形参不同，编译器将根据实参的类型、个数、位置找到一个对应的（匹配的）函数体来调用：

- 从合法的角度，只要形参列表不同，就可以使用相同的函数名；
- 从合理的角度，函数的功能必须相同，才能使用相同的函数名。

利用一个函数名，管理一组功能相近的函数，能够减少命名的困难，方便使用。

6. 注　意

函数重载：函数名相同，函数体不同。

参数默认值：每次调用都是同一个函数体，若函数中的某个参数值使用率很高，则设置成默认值。代码如下：

```
int add(int a,int b = 10);
int add(int a);//两种写法
```

2.3.7　强制类型转换

C++的强制类型转换与 C 语言相比略有不同。

C 语言中的强制类型转换常常采用：

```
int b;
float a = (float)b;
```

C++中的强制类型转换常常采用：

```
int b;
float a = float(b); //这种方式类似于函数
```

C 语言的强制类型转换方法也可以用在 C++中，但是一定要明确，一个是 C 语言的写法，一个是 C++的写法，如例 2.21 所示。

【例 2.21】C++的强制类型转换。

代码如下：

```
#include <iostream>
#include <conio.h>
using namespace std;
int main()
{
    int a = 12;
    float c = 3.456;
    a = (int)c;  //C 语言的写法
    cout <<a <<endl;
    a = int(c);  //C++ 的写法
    cout <<a <<endl;
    _getch();
    return 0;
}
```

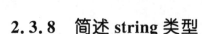

2.3.8 简述 string 类型

在 C 语言中定义字符串要用字符数组或者字符指针，如：

```
char szStr[10] = "hello"; //或   char * szStr = "hello";
```

但是，做字符串的相关运算时，如复制、比较等，要用到字符串相关的函数。

在 C++开发中操作字符串有两种方法：

① 添加字符串头文件，才能调用 strcpy()和 strcat()函数，如：

```
#include <cstring>
```

或

```
#include <string.h>
```

② 使用 C++中的 string 类，即字符串类。

如：

```
string szStr1 = "hello";
string szStr2 = "world";
string szStr = szStr1 + szStr2;      //可以直接相加，而不用借助 strcat()或 strcpy()
                                     //等函数
```

后面会详细讲解 string，并介绍用户如何自己实现 string 类。现阶段只需简单了解，使用如例 2.22 所示。

【例 2.22】string 类。

代码如下：

```
#include <iostream>
#include <string>
using namespace std;
int main()
{
    string a = "hello world";        //字符串变量
    cout <<a <<endl;
    string b("welcome");
    cout <<b <<endl;
    cout <<a + b <<endl;             //字符串连接
    a += b;
    cout <<a <<endl;
    int i = 0;
    while (a[i] != '\0')
    {
        cout <<a[i] <<" ";
        i++;
    }
    cout <<"\n";
    a = "zello";
    b = "hello";
```

```
    if (a <= b)
    {
        cout <<"true" <<endl;
    }
    else
    {
        cout <<"false" <<endl;
    }
}
```

2.3.9　new 和 delete 的应用

2.3.9.1　new 和 delete 的认知

C 语言的内存管理函数 malloc 和 free 用于动态开辟空间和释放空间；C++使用关键字 new 和 delete 来分配内存空间和释放内存空间。

在 C 语言中，空间存储什么类型的数据，由程序员自己定义：

```
int *p=(int *)malloc(4);
//重心：空间的大小、空间的类型不明确，就看使用什么样的指针去操作
```

而在 C++中，分配存储一个数据的空间的格式为

new 类型

比如：

```
int *p = new int;    //返回值为 int *类型
```

分配存储多个数据的空间(数组空间)的格式为

new 类型[数目]

比如：

```
char *p = new char[40];    //返回值为 char 型
```

如果是类类型，比如：

```
string *p = new string("hello");
```

则 new 会调用类的构造函数，而 malloc 不会调用类的构造函数。

在 C++中，free 函数释放空间只需要一个地址即可；而 C 语言中，delete 会调用类的析构函数。

释放一块空间的格式：

delete 变量名

比如：

```
int *q = new int;
delete q;
q= NULL;    //让指针无指向，避免野指针
```

如果是数组，则

```
int *q = new int[10];
delete []q;
```

在 C++中，基本使用 new 和 delete 关键字，malloc 和 free 只能满足基本的需求，如例 2.23 所示。

【例 2.23】new 和 delete 的使用。

```
#include <iostream>
#include <string>
#include <stdlib.h>
using namespace std;
int main()
{
    int *p;
    p = (int *)malloc(sizeof(int));      //申请一块 4 字节的内存空间，存储
                                         //int 类型的数据
    free(p);
    p = NULL;
    //==================================================
        //1) 申请单个变量的内存空间
    p = new int;     //申请一块 int 类型大小的内存空间，存储 int 类型的数据
    *p = 18;
    cout << *p << endl;
    //释放单个变量的内存空间
    delete p;
    p = NULL;
    string *ps = new string;
    *ps = "XYD";
    cout << *ps << endl;
    delete ps;
    ps = NULL;
    //==================================================
        //2)申请一块连续的内存空间
    int *pt = new int[3];    //表示申请 3 个存储 int 类型数据的内存空间
    //指针指向一块连续的内存空间，指针名可以当作数组名使用
    *pt = 123;
    *(pt + 1) = 456;
    *(pt + 2) = 789;
    int i;
    for (i = 0; i <3; i++)
    {
        cout <<pt[i] <<" ";
    }
    cout <<endl;
    //释放一块连续的内存空间
    delete[] pt;
    pt = NULL;
    //=================================
}
```

2.3.9.2　new/delete 与 malloc/free 的比较

① malloc 和 new 都表示动态申请一块内存空间，空间都是在堆区，返回的是堆区的地址（返回值类型为指针类型）；但使用 new 可以创建对象，因为在申请空间的同时可以调用构造函数，C++常用 new；而使用 malloc 无法创建对象，因为其不会调用构造函数，仅仅表示申请一块内存空间。

② malloc/free 表示动态申请一块内存空间/动态释放一块内存空间，是 C 语言内存管理函数，它们的本质都是函数；而 new/delete 动态申请一块内存空间/动态释放一块内存空间，它们的本质是运算符（函数）。

2.3.10　巧用 bool 类型

① bool 类型在内存中所占空间只有一个字节，bool 类型的变量在内存存储的值为 0 或 1：

```
bool a = true; //------->内存值为 1
bool a = false;//------->内存值为 0
```

② 给 bool 变量赋任意一个非零值在内存中的存储都是 1，一般用于检测类的函数的返回值，例如判断一个年份是否为闰年，如例 2.24 所示。

【例 2.24】判断闰年。

代码如下：

```
#include <iostream>
#include <conio.h>
using namespace std;
bool Leap_year(int year);
int main()
{
    bool a;
    cout <<sizeof(a) <<endl;
    cout <<sizeof(bool) <<endl;   //在内存中所占的空间只有一个字节
    a = true;  //bool 类型变量的值只有两个,true ----->内存 1,  false---->内存 0
    cout <<a <<endl;
    a = false;
    cout <<a <<endl;
    a = 10;   //给 bool 类型的变量赋一个非零值,在内存中存储的都是 1
    cout <<a <<endl;
    int year;
    cout <<"请输入年份：" <<endl;
    cin >> year;
    if (Leap_year(year) == 1)
    {
        cout <<year <<"是闰年" <<endl;
    }
    else
    {
```

```
            cout << year << "是平年" << endl;
        }
        _getch();
        return 0;
    }
    bool Leap_year(int year)
    {
        if ((year % 4 == 0 && year % 100 != 0) || (year % 400 == 0))
        {
            return true;
        }
        return false;
    }
```

第3章 类和对象

3.1 面向对象的思想

3.1.1 面向对象的基础思想

在学习C++时，我们使用类定义自己的数据类型。定义新的类型可以反映待解决的问题中的各种概念，有利于程序员编写、调试和修改程序。本章开始学习面向对象程序设计，具体讲述类和对象的概念，并且从本章开始就要编写由对象组成的程序。在此之前主要学习结构化面向过程的编程方法，所写的程序都是由一个个函数组成的。当然，面向对象程序设计也是以函数等前面所述知识点为基础的。

1. 过程性编程和面向对象编程

面向对象的程序与结构化程序有所不同，由C语言编写的结构化的程序是由一个个函数组成的，而由C++编写的面向对象的程序是由一个个对象组成的，对象之间通过消息相互作用。在结构化的程序设计中，要解决某一个问题，主要是确定这个问题可以分解成哪些函数，数据能够分解为哪些基本的类型，如int、double等。简单来说，结构化的程序设计其思考方式是面向机器结构，而不是面向问题结构，需要在问题结构和机器结构之间建立联系。

面向对象程序设计方法的思考方式是面向问题的结构，它认为现实世界是由对象组成的。利用面向对象的程序设计方法解决某个问题时，需要确定该问题是由哪些对象组成的，对象间的相互关系是什么。

2. 面向对象的基本概念

面向对象编程是一种特殊的设计程序的概念性方法。C++通过一些特性改进了C语言，使得应用这种方法更容易。

C++的四大特性为：抽象、封装、继承和多态。其源文件后缀由.c改成.cpp

(CPP=C Plus Plus=C++)。

“对象”(object)是个抽象的概念,现实世界中的任何事物都可以看成是对象,包括人、动物、汽车等。对象之间有很大的差异,例如动物和汽车。但是,有的对象之间也有相似之处,例如自行车和面包车,它们有共同的特征,如同样的功能。类似的结构也有不同的特征,如轮子的个数、载人的数量等。如果把能“作为人的交通工具”抽象成一个类别(class),则可称之为“车”类,面包车和自行车就是该类别的对象。

类的提取往往是从两方面考虑的:一方面是特征(C++中常称为“属性”),另一方面是功能(C++中常称为“行为”)。具备类中定义的“属性”和“行为”的对象都是该类的对象。因此,我们可以说,电动车也是“车”类的对象。

3.1.2 类的概念

C++用类来描述对象,类是对现实世界中相似事物的抽象,同是“四轮车”的面包车和跑车,有共同点,也有许多不同点。“车”类是对摩托车、自行车、跑车等相同点和不同点的提取与抽象。类的定义分为两个部分:数据(相当于“属性”)和对数据的操作(相当于“行为”)。从程序设计的角度出发,类就是数据类型,是用户定义的数据类型,对象可以看成某个类的实例(某个类的变量),类和对象的关系与前面学习的“结构体类型”和“结构体变量”的关系相似,但又有不同。

3.1.3 C++的四大特性

1. 抽　象

面向对象思想要求程序员将程序的每一部分都看作是一个抽象的对象,也就是说,程序是由一组对象组成的,更进一步地,这些对象根据相同的特征形成了一个类。例如,张三是一个人,我们把他看作是一个对象;李四也是一个人,我们也把他看作是一个对象;还有王五、孙李等,他们都是具体的对象。但是,我们可以发现,他们都具备几个共有的特征,那就是能够直立行走和会使用工具。所以把他们归纳在一起,并抽象地看作是一个类——人类。

2. 封　装

对于早期的软件,由于数据和程序没有区分开,导致程序可读性很差,而且非常不好修改。许多数据都混在一起,而这些数据又被多个模块互相调用,因此,在某个模块中改动某个数据时经常会对整个程序产生无法预料的影响。面向对象针对上述问题提出了数据封装的解决办法,它将每个数据都封装在各自的类中,同时设置多种访问权限,其他类可以在被允许的情况下访问该类的数据;如果不被允许,则无法访问该数据,从而减少了非法操作所带来的不利影响。

3. 继　承

正如前面所说,开发人员在研制一种新式启动马达时,并不需要重新制作一辆汽车,此时就不得不提到继承这个概念了。我们可以将该车定义为一个类,声明后将该车的所有对象都继承过来，其中自然包括启动马达，然后在旧式启动马达的基础上进行改造，这样，一辆车就生产出来了。

4. 多　态

作为一名足球运动员，他在射门后可能会产生多种结果，例如：

① 球射在门框上；

② 球射到了观众席上；

③ 球打中了守门员的头；

④ 球被守门员接住了；

⑤ 球进了。

我们把这种不同的对象（不同的足球运动员）调用相同名称的函数（射门）却导致不同的行为或者结果的现象称为多态性。这在编程中经常使用，例如，设计一个打怪游戏，那么定义的多个角色在打怪时，通常会有多种行为反馈：击杀了怪物、被怪物击杀、同时掉血等。

3.1.4 面向对象软件的开发步骤

1. 面向对象分析（OOA）

系统分析阶段应扼要精确地抽象出系统必须做什么，但不关心如何实现。面向对象的系统分析，直接用问题域中客观存在的事物建立模型中的对象，对单个事物及事物之间的关系都保留它们的原貌，不做转换，也不打破原有界限而重新组合，因此能够很好地映射客观事物。

2. 面向对象设计（OOD）

针对系统的一个具体实现，运用面向对象的方法。其中包括两个方面的工作：把 OOA 模型直接搬到 OOD 模型中，作为 OOD 模型的一部分；针对具体实现中的人机界面、数据存储、任务管理等因素补充一些与实现有关的内容。

3. 面向对象编程（OOP）

OOP 工作就是用一种面向对象的编程语言把 OOD 模型中的每个成分都书写出来，是面向对象软件开发最终落实的重要阶段。

4. 面向对象的测试（OOT）

测试的任务是发现软件中的错误。在面向对象的软件测试中继续运用面向对象的概念与原则来组织测试，以对象的类作为基本测试单位，可以更准确地发现程序错误并提高测试效率。

5. 面向对象的软件维护（OOSM）

将软件交付使用后，工作并没有完结，还要根据软件的情况和用户的需求，不断改进系统。使用面向对象的方法开发的软件，其程序与问题域是一致的，因此，在维护阶段运用面向对象的方法可以大大提高软件维护的效率。

3.2 类的认知

3.2.1 特 性

C程序是由函数组成的，问题由函数来解决；C++程序是由对象组成的，问题由对象来解决(对象调用函数)。

C++解决问题的步骤：

① 设计类；

② 创建对象；

③ 用对象解决问题。

C++的四大特性：

① 抽象：提取很多类似事物的共同特征，然后抽象成一个类；

② 封装：设置访问权限，对数据做保护；

③ 继承：在现有类的基础上，派生出一个新的类；

④ 多态：不同类对象对同一事物的不同形态。

什么是类？从一些关联的对象中，基于它们相似的功能、属性，抽象出一种数据类型，我们称之为类。然后，利用该类定义出一个具体的、有确定功能的、确定属性的变量，我们称之为对象。

人类就是一个类，它包含很多对象，如张三、李四等人都可算作人类的对象，这些对象都拥有人类共同的功能和数据(成员)，如身高、臂长、肩宽、体重、年龄、性别等；另外，他们还会说话、吃饭、喝水、睡觉、运动、思考问题等。我们可将这些特点看作类共有的方法或者函数，可将具体化的人类身高、臂长这些数据看作是人类的成员变量。这样我们就可以进一步了解到，类是由若干个变量和相关的函数组成的，而对象可拥有这些变量和函数。

3.2.2 由 来

1. C语言中的 struct

① 只支持数据成员；

② 成员没有访问权限，外部可以直接访问；

③ 使用函数指针模拟函数成员，不直接支持函数成员；

④ 使用“struct+类型名”表示结构体类型；

⑤ 使用成员运算符“.”来访问成员。

2. C++中的 struct

① 支持数据成员，也支持函数成员；

② 在C++中，可以直接使用结构体名，通常首字母大写表示结构体类型，不需

要加 struct；

③ 成员没有访问权限,外部可以直接访问,数据应有安全监测；

④ 使用成员运算符“.”来访问成员。

【例 3.1】C++结构体的使用。

代码如下：

```
#include <iostream>
#include <conio.h>
using namespace std;
struct Rectangle
{
    int xpoint;
    int ypoint;                      //成员变量
    void SetPoint(int x, int y)      //成员函数
    {
        if (x <0 || y <0)            //安全监测
        {
            return;
        }
        xpoint = x;
        ypoint = y;
        cout <<"(" <<xpoint <<"," <<ypoint <<")" <<endl;
    }
};
int main()
{
    Rectangle a = { 10,20 };
    a.SetPoint(11, 12);
    struct Rectangle  B;
    B.xpoint = 10;
    B.ypoint = 11;
    B.SetPoint(6, 9);
    _getch();
    return 0;
}
```

3. C++中的 class

① 支持数据成员,支持函数成员。

② 将 C++中的 struct 改成 class,不同的是,成员有访问权限,如下：

public　　　公共的

protected　受保护的

private　　私有的

注意：当未加权限声明时,默认为私有的。

③ 使用成员运算符“.”来访问成员。

④ 使用“类型名”表示类类型,一般首字母大写。

所以,class 的定义看上去很像 struct 定义的扩展。事实上,类定义时的关键字

class 完全可以替换成 struct，结构体变量也可以有成员函数。class 和 struct 的唯一区别是：struct 的默认访问方式是 public，而 class 的默认访问方式是 private。在类开始定义时，未加声明表示为私有的。

提示：通常使用 class 来定义类，而把 struct 用于只表示数据对象、没有成员函数的类。

【例 3.2】类的使用。

代码如下：

```
#include <iostream>
#include <conio.h>
using namespace std;
class rectangle
{
private:
    int xpoint;
    int ypoint;
public:
    void SetPoint(int x, int y)
    {
        xpoint = x;
        ypoint = y;
    }
    void show(void)
    {
        cout <<"(" <<xpoint <<"," <<ypoint <<")" <<endl;
    }
};
int main()
{
    rectangle a;
    a.SetPoint(4, 5);
    a.show();
    //无法引用其数据成员
    _getch();
    return 0;
}
```

3.2.3 声明方式

一个类声明后我们才能使用它，这就好像给某人取名字一样，有了名字我们才能称呼他。下面来看一下如何声明一个类，C++中使用关键字 class 定义一个类。

3.2.3.1 声明格式

声明格式如下：

```
class 类名
{
private:
```

```
    私有成员变量和函数
protected:
    保护成员变量和函数
public:
    公共成员变量和函数
};  //不要漏写了这个分号
```

下面为一个简单定义的格式：

```
class 人类
{
public:
    void 获得身高();
    void 获得体重();
private:
    int 身高;
    int 体重;
};
```

第 1 行使用关键字 class 声明了一个“人类”，第 2 行是一个左花括号，然后是该类的成员，到最后一行的右花括号结束。声明这个类并没有为“人类”分配内存，它只是告诉编译器：“人类”是什么，它包含了哪些类型的数据(最后两行是该类的数据)，功能是什么(第 4～5 行是该类的方法)。同时，它还告诉编译器该类有多大，类的大小是根据类的变量来决定的。该类有两个成员变量：一个是身高，一个是体重，它们都是 int 型。我们知道，int 型占用 4 个字节的内存，因此该类的大小是 2×4=8 个字节。该类的方法不占用内存，因为我们没有方法为“获得身高()”和“获得体重()”声明类型，因为它们的返回值是 void。该类第 3 行的 public 表示它后面的成员方法都是公有的，而第 6 行的 private 表示它后面的数据成员都要被各个对象封装，都是各个对象私有的，不能共享。关于公有和私有的概念，后面还要详解，这里只需要了解即可。

3.2.3.2　命名习惯

在“3.2.3.1　声明格式”中使用汉字来命名成员和类，只是为了便于我们看懂代码的意思，其实那是错误的，因为 C++编译器内不允许使用中文来命名类、变量和成员函数，因此“3.2.3.1　声明格式”中的代码应改写为

```
class Human
{
public:
    void GetStature();
    void GetWeight();
private:
    int stature;
    int weight;
};
```

我们来看一下类名 Human，其首字母为大写，其他字母小写，也有人喜欢将它全部用大写或者小写来表示；第 7 行和第 8 行的成员变量 stature 和 weight 全部为小

写，用来表示它们是变量；而第 4 行和第 5 行的成员函数由于是两个单词，因此每个单词的第 1 个字母大写，也可以加下划线分区，如：

```
void get_stature();
```

这主要取决于个人习惯，不过你一定要选定某一种习惯，并在整个程序中都使用这一种习惯来表示，这样会增强你的程序的可读性。另外，一些软件公司也会有自己内部的命名标准，这可以保证内部所有人都可以读懂别人所编写的代码。

3.2.4 定义与使用

在类中的成员可以分为数据成员（又称为“属性”）和函数成员（又称为“行为”）。通常，程序员会将数据设置为私有化，该函数成员设置为公有化。

类的实现就是定义其成员函数的过程，有以下两种方式：

1. 在类定义的同时完成成员函数的定义

定义格式：

```
class 类名
{
public:
    函数返回值类型 函数名(参数列表)
    {
        //函数体
    }
};
```

前面介绍成员函数的声明和定义时将二者合并在一起了，其实每个成员函数都有它自己的声明部分与定义部分。声明部分仅仅是说明该函数的参数类型及返回值类型，如：

```
void set(int);
```

该语句声明了一个返回 void 值，并且有一个 int 型参数的 set 函数。再如：

```
float set();
```

该语句声明了一个返回 float 值，并且有一个无参数的 set 函数。前面我们所编写的类的函数接口，就是在类的内部实现的定义。

2. 在类定义的外部完成成员函数的定义

在类定义的外部定义成员函数时，应使用作用域操作符（::）来标识函数所属的类，定义格式：

```
class 类名
{
public:
    函数返回值类型 函数名(参数列表);  //在类的内部声明
};
int main()
{
}
```

```
函数返回值类型 类名::函数名(参数列表)
{
    //函数体
}
```

其中,函数返回值类型、函数名和参数列表必须与类定义时的函数原型一致。成员函数的定义只是在函数名前加类名和双冒号(作用域操作符),其他则保持不变。

3. 说　明

① 通常数据成员私有化,函数成员公有化;通过公有化的函数去间接访问私有化的数据成员,在类中,成员的位置和使用的顺序没有关系。

② 函数成员默认为内联函数,建议将成员函数写在类外。

根据上述规则,我们将例 3.2 所示的程序修改为例 3.3 所示的程序。

【例 3.3】成员函数定义在类的外部。

代码如下:

```
#include <iostream>
using namespace std;
class rectangle                              //类定义,起到接口作用
{
private:
    int xpoint;
    int ypoint;
public:
    //public 成员函数的类型声明
    void setPoint(int x, int y);             //类函数声明
    void point_print();
};
int main()
{
    rectangle A;                             //声明创建一个类对象
    A.setPoint(11, 22);                      //调用 public 成员函数
    A.point_print();
    rectangle B;
    B.setPoint(33, 44);
    B.point_print();
}
void rectangle::setPoint(int x, int y)       //成员函数的实现,注意作用限定符的使用
{
    xpoint = x;
    ypoint = y;
}
void rectangle::point_print()
{
    cout <<"(" <<xpoint <<"," <<ypoint <<")" <<endl;
}
```

3.2.5　实例:设计学生类

学生应该包含个人信息,如姓名、学号和成绩等,能够实现的功能如输入个人信

息、显示个人信息以及获取平均分等。

【例 3.4】学生类。

代码如下：

```
#include <iostream>
#include <string>
using namespace std;
class Stu
{
private:
    string name;
    long num;
    int math;
    int chinese;
public:
    void setStuInfo(string xm, long xh, int sx, int yw);
    void showStuInfo(void);
    double getAverage(void);
};
int main(void)
{
    return 0;
}
void Stu::setStuInfo(string xm, long xh, int sx, int yw)
{
    name = xm;
    num = xh;
    math = sx;
    chinese = yw;
}
void Stu::showStuInfo(void)
{
    cout <<"姓名：" <<name <<endl;
    cout <<"学号：" <<num <<endl;
    cout <<"数学：" <<math <<endl;
    cout <<"语文：" <<chinese <<"分" <<endl;
}
double Stu::getAverage(void)
{
    return double(math + chinese) / 2;
}
```

3.3 成员访问权限

3.3.1 权限的理解

1. 为什么设置权限？

答：为了类内部成员的安全。

2. 权限针对谁？

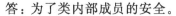

答：权限是针对类的外部设置的访问权限，类内部自己访问自己的不需要权限。

3. 权限的区别是什么？

答：权限可以分为3种，即public、protected和private。其中，

public：公共的。若目标成员具有public权限，则程序员可以在该类的内部或外部访问目标成员。

protected：受保护的。若目标成员具有protected权限，则程序员仅可以在类的内部或该类的派生类中访问目标成员。

private：私有的。若目标成员具有private权限，则程序员仅可以在类的内部访问目标成员。

4. 权限的作用范围是什么？

答：通俗来说，从“aaa:”开始到下一个“bbb:”之间就是权限aaa的范围。

5. 权限如何设置？

答：目前，暂时不考虑protected（后续讲解继承时会讲到），通常数据成员私有化，函数成员公有化（但不是绝对的）。

6. 总结：① 只要是从类的外部进来访问类内部的成员，就需要权限；② 从类内部访问，就不需要权限。

3.3.2 权限的使用

对于一台计算机来说，它有如下特征：

属性：品牌、价格；

方法：输出计算机的属性。

下述代码实现了computer类的定义：

```
class computer
{
private:                //私有成员列表，这里的private可以省略
    char brand[20];
    float price;        //不能在这里初始化，如float price = 0是错误的
public:                 //公共成员列表(接口)
    void print();
    void SetBrand(char * sz);
    void SetPrice(float pr);
};
```

注意：

① C++规定，类成员的访问权限默认是private，不加声明的成员默认是private，因此上述代码中的第一个private可以省略，后面出现的需要加声明；

② 数据成员的类型前面不可使用auto、extern和register等，也不能在定义时对

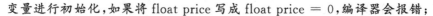

变量进行初始化，如果将 float price 写成 float price = 0，编译器会报错；

③ 类定义中提供的成员函数是函数的原型声明；

④ private 数据成员只能由本类的函数访问，protected 数据成员能在派生类中访问，而 public 数据成员在派生类和类外均可访问；

⑤ 关键字 private 和 public 出现的顺序和次数可以是任意的，如上述代码也可以写成如下形式：

```
class computer
{
    char brand[20];          //默认为 private 类型
public:
    void print();
private:                     //这里的 private 不能省略，因为不是在类定义的开始位置
    float price;
public:
    void SetBrand(char * sz);
    void SetPrice(float pr);
};
```

3.3.3 公有和私有的应用

3.3.3.1 公　有

关键字 public 可以将类的成员说明为公有，即可以被该类的所有成员访问，具体示例如例 3.5 所示。

【例 3.5】公有成员。

代码如下：

```
#include <iostream>
using namespace std;
class rectangle
{
public:
    int xpoint;
    int ypoint;
};
int main()
{
    rectangle A;
    A.xpoint = 12;
    A.ypoint = 14;
    cout <<"(" <<A.xpoint <<"," <<A.ypoint <<")" <<endl;
    rectangle B;
    B.xpoint = 22;
    B.ypoint = 44;
    cout <<"(" <<B.xpoint <<"," <<B.ypoint <<")" <<endl;
}
```

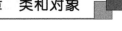

从输出可以看到，每个对象都可以访问并修改 rectangle 类的成员，因为这个类中的成员是公有的。

3.3.3.2 私 有

将例 3.5 中的 public 去掉，程序如例 3.6 所示。

【例 3.6】私有成员。

代码如下：

```
#include <iostream>
using namespace std;
class rectangle
{
    //public:
    int xpoint;
    int ypoint;
};
int main()
{
    rectangle A;
    A.xpoint = 12;
    A.ypoint = 14;
    cout <<"(" <<A.xpoint <<"," <<A.ypoint <<")" <<endl;
    rectangle B;
    B.xpoint = 22;
    B.ypoint = 44;
    cout <<"(" <<B.xpoint <<"," <<B.ypoint <<")" <<endl;
}
```

这里将第 5 行的 public 注释起来，然后再编译，结果编译出错。这是因为类的成员默认为私有，私有成员不能被对象直接访问，只能通过在类中设置的接口函数来访问，而程序的 A 对象和 B 对象都试图访问 xpoint 成员和 ypoint 成员，从而导致出现错误。

要解决这个问题，就需要在类中设置一个公有的接口函数，类的对象通过这个接口函数才能访问私有成员，如例 3.7 所示。

【例 3.7】接口函数。

代码如下：

```
#include <iostream>
using namespace std;
class rectangle
{
private:
    int xpoint;
    int ypoint;
public:
    void setPoint(int x, int y)
```

```
    {
        xpoint = x;
        ypoint = y;
    }
    void point_print()
    {
        cout <<"(" <<xpoint <<"," <<ypoint <<")" <<endl;
    }
};
int main()
{
    rectangle A;
    A.setPoint(11, 22);
    A.point_print();
    rectangle B;
    B.setPoint(33, 44);
    B.point_print();
}
```

3.4 对　象

定义了一个类之后，便可以如同用 int、double 等类型符声明简单变量一样，创建该类的对象，我们称其为类的实例化。由此看来，类的定义实际上是定义了一种类型，类不接收或存储具体的值，只作为生成具体对象的“蓝图”，只有将类实例化，创建对象(声明类的变量)后，系统才为对象分配存储空间，然后使用类定义声明一个对象，并利用对象名实现 public 成员函数的调用。

类的声明如下：

```
class Human
{
public:
    void GetStature();
    void GetWeight();
private:
    int satature;
    int weight;
};
```

类的声明完成之后，就可以使用该类定义对象了，然后利用对象去访问类的成员。

3.4.1 对象的定义

定义一个对象非常简单，只需要写下类名，空一格，然后输入要定义的对象名即可，如：

```
Human Mike;
```

这样便定义了一个 Human 类的对象 Mike。

【例 3.8】定义对象。

代码如下：

```
#include <iostream>
using namespace std;
//点类
//数据：横坐标，纵坐标
//函数：显示坐标位置，设置坐标
class Point
{
private:                                //private 可以不用写，因为默认是私有的
    int x;
    int y;
public:
    void setPoint(int xp, int yp);      //在类的内部声明成员函数
    void showPoint()                    //在类的内部定义成员函数
    {
        cout <<"(" <<x <<"," <<y <<")" <<endl;
    }
};
int main()
{
    Point pa;           //创建 Point 类的对象 pa
                        //Point 类型------>数据类型
                        //pa    对象------>变量，具有全局变量、局部变量之分
    pa.setPoint(12, 55);
    pa.showPoint();
}

//在类的外部定义成员函数
void Point::setPoint(int xp, int yp)
{
    if (xp <0 || yp <0)
    {
        x = 0;
        y = 0;
        return;
    }
    x = xp;
    y = yp;
}
```

3.4.2　类与对象的区别

类只是个抽象的名词，而对象则是实际的个体。例如，人类是泛指所有的人，而张三却是一个具体的人，而且你绝对不会把张三跟李四混淆，因为他们的数据有着本质的不同，张三是个男性，李四是个女性，张三身高 180 cm，而李四身高只有 165 cm。

3.4.3 对象与成员的关系

假设定义了一个人类 Tom：

```
Human Tom;
```

那么就可以用点运算符“.”来访问该对象的数据成员，如下：

```
Tom.weight;
```

也可以在访问的同时进行赋值，如：

```
Tom.weight = 100;
```

要访问成员函数时，也是如此操作，如：

```
Tom.GetWeight();
```

3.4.4 对象的作用域、可见域和生存周期

对象的作用域、可见域和生存周期与普通变量，如 int 型变量的作用域、可见域和生存周期并无不同，对象同样有局部、全局和类内（稍后就将对对象成员进行介绍）之分。对于在代码块中声明的局部对象，在代码块执行结束退出时，对象会被自动撤销，对应的内存会自动释放（当然，如果对象的成员函数中使用 new 或 malloc 申请了动态内存，却没有使用 delete 或 free 命令释放，那么在对象撤销时，这部分动态内存不会自动释放，从而造成内存泄漏）。

根据调试，查看同一个类的不同对象的数据成员和函数成员在内存中的地址分配情况。

结论：成员变量占据不同的内存区域（堆、栈）；成员函数共用同一内存区域（代码段）。

【例 3.9】成员的内存区域。

代码如下：

```
#include <iostream>
using namespace std;
class rectangle
{
public:
    int xpoint;
    int ypoint;
public:
    void setPoint(int x, int y);
    void point_print();
};
int main()
{
    rectangle A;
```

```
    cout <<"A: " <<&A.xpoint <<" " <<&A.ypoint <<endl;      //成员变量地址
    A.setPoint(11, 22);
    A.point_print();
    cout <<"-----------------------------------" <<endl;
    rectangle B;
    cout <<"B: " <<&B.xpoint <<" " <<&B.ypoint <<endl;      //成员变量地址
    B.setPoint(33, 44);
    B.point_print();
}
void rectangle::setPoint(int x, int y)
{
    xpoint = x;
    ypoint = y;
}
void rectangle::point_print()
{
    cout <<"(" <<xpoint <<"," <<ypoint <<")" <<endl;
}
```

3.4.5　学生类对象使用演示

在例 3.4 中实现了学生类的设计，在例 3.4 的基础上引入学生类对象的使用，代码如下：

```
int main(void)
{
    Stu s1;
    s1.setStuInfo("Tom", 123456, 96, 85);
    s1.showStuInfo();
    cout <<"平均分为" <<s1.getAverage() <<endl;
    Stu s2;
    s2.setStuInfo("张三", 123457, 102, 88);
    s2.showStuInfo();
    cout <<"平均分为" <<s2.getAverage() <<endl;
    return 0;
}
```

3.5　探索成员函数

成员函数：类中声明的函数就表示是该类的成员，称为成员函数。在成员函数中普通函数占主体，占了主要的一部分。

3.5.1　定义位置

① 在类的内部定义中，函数的声明与定义是一体的。在类内部定义的成员函数，此时默认为内联函数，即使该函数没有加 inline 关键字，也会被默认为内联函数；如果成员函数内部的代码过长，则不会被默认为内联函数。

② 在类的外部定义中,在类的内部声明,在主函数的后面进行函数定义。通常选择在类外部定义,此时要在函数名前加上类名和作用域限定符,表明该函数是某个类的成员函数。

3.5.2 分 类

1. 根据特性分

成员函数:本质是函数。

注意:

① 成员函数一定是函数,但函数不一定是成员函数。

② 接口函数一定是函数,但函数不一定是接口函数。接口函数是内部提供给外部使用的接口。

2. 根据权限分

① 接口函数:public 权限的成员函数,需要提供给外部使用。

② 其他函数:非 public 权限的成员函数。

3. 根据类别分

① 构造函数:创建对象时使用。

② 析构函数:撤销对象时使用。

③ 运算符重载函数。

④ 类型转换函数。

⑤ 普通函数。

3.5.3 普通成员函数

普通成员函数的本质都是函数。

C++中函数的特性:成员函数也支持以下几个方面:

① 内联函数;

② 函数重载;

③ 参数默认值;

④ 引用参数。

3.5.3.1 内联函数

内联函数是指用 inline 关键字声明的函数,也称为内嵌函数,它的主要作用是解决程序的运行效率问题。在类内定义的函数被默认成内联函数。内联函数从源代码层看,有函数的结构,而在编译后,却不具备函数的性质。

内联函数仅仅是对编译器的内联建议,编译器是否采取该建议取决于函数是否符合内联的有利条件。如果函数体非常大,那么编译器将忽略函数的内联声明,而将内联函数作为普通函数处理。

内联函数必须与函数体声明在一起才有效。像"inline function(int x)"这样的声明是无效的，编译器只会把该函数作为普通的函数声明，此时必须定义函数体，如下：

```
inline function(int x) {return x * x};
```

这样才算定义了一个内联函数。我们可以把它作为一般的函数进行调用，但执行速度却比一般函数的执行速度快。

我们可以将内联函数作为类的成员，从而声明为成员内联函数。如果在类内，成员函数的声明和成员函数的定义在一起，则该函数可以自动声明为内联函数，当然也可以显式地加上关键字 inline 去定义为内联函数；如果是在类外定义成员函数，则需要在定义函数的地方加上关键字 inline。

注意：

① 一般在使用成员函数时，成员函数在类外定义，不会使用内联函数。

② 声明与定义部分合并的成员函数与分开的成员函数之间的区别：合并后的成员函数是内联函数，等于将定义部分的代码直接复制到调用函数处。在函数体短小的情况下，利用这种方法可以有效地提高速度；但是，假如函数体中的代码很长并且需要重复调用该函数，那么不断地复制该函数体的代码将会造成程序过大。

【例 3.10】内联函数。

代码如下：

```
#include <iostream>
using namespace std;
class MAX
{
private:
    int x;
    int y;
public:
    int max_num(int, int);
};
int main()
{
    int m, n;
    int mx;
    MAX   A;
    cout <<"请输入两个数：";
    cin >>  n >>  m;
    mx  =  A.max_num(n, m);
    cout <<"max  =  " <<mx <<endl;
}
inline int MAX::max_num(int a, int b)   //函数定义
{
    int max_;
    x  =  a;
    y  =  b;
```

```
    max_ = (x > y) ? x : y;
    return max_;
}
```

3.5.3.2 函数重载和参数默认值

函数重载：同一个函数名，多个函数体。

参数默认值：多次使用的数值，可以设置为参数默认值。

如果在函数（成员函数或者普通函数）的声明中写了参数默认值，则在函数的定义中就不需要写参数默认值了。当参数默认值和重载同时出现时，函数调用会发生冲突。

【例 3.11】函数调用冲突。

代码如下：

```
#include <iostream>
#include <conio.h>
using namespace std;
class SUM {
public:
    int add(int x  , int y = 0);
    int add(int x);
};
int main()
{
    SUM m, n;
    int _m, _n;
    _m = m.add(5);        //调用冲突
    _n = m.add(5,14);
    cout <<_m <<"," <<_n <<endl;
    _getch();
    return 0;
}
int SUM::add(int x, int y)
{
    return x + y;
}
int SUM::add(int x)
{
    return x + 10;
}
```

3.5.3.3 引用参数

成员函数的参数为引用。

【例 3.12】引用作为参数。

代码如下：

```
#include <iostream>
using namespace std;
class MAX
{
private:
    int x;
    int y;
public:
    int max_num(int &, int &);
};
int main()
{
    int m = 10;
    int n = 11;
    int mx;
    MAX  A;
    mx = A.max_num(n, m);
    cout <<"max = " <<mx <<endl;
}
int MAX::max_num(int &a, int &b)  //函数定义
{
    int max_;
    x = a;
    y = b;
    max_ = (x > y) ? x : y;
    return max_;
}
```

3.5.4 基础分类

任何功能都需要通过编写函数来实现。普通成员函数可以分为以下几类。

3.5.4.1 根据用途分

① 设置类函数：提供一个修改内部数据的外部接口，也可以叫作输入操作，形式如“set 属性名”，比如：

```
setName();
setX();
```

② 获取类函数：获取类内部属性的值，也叫作输出操作，形式如“get 属性名”，比如：

```
getAge();
```

注意：在 QT 中可以直接使用属性名，在 C++中不可以这样使用。

③ 检测类函数：检测内部是否是需要的内容，形式如“is 检测内容”，比如：

```
isEmpty();
isEnable();
isExist();
```

④ 转换类函数：将内容转换成所需目标，形式如“to 转换目标”，比如：

```
toInt();
toKey();
toLocalTime();
```

⑤ 显示类函数：显示出目标内容，形式如“show 内容”，比如：

```
showArea();
showMain();
```

3.5.4.2 根据是否有关键字分

① 内联：inline，函数成员在类内实现，默认为内联函数。

② 静态成员函数：static，就是在声明时前面加了 static 关键字的成员函数。

③ 只读成员函数：const，只允许成员函数对数据成员进行读操作，不能进行写操作。

3.5.5 命 名

先合法，即符合标识符的命名规则；后合理，即能够通过函数名体现函数的功能。

1. 缩写组合式

C 语言中常用的命名方式，例如：

```
printf == print format
malloc == memory allocate
```

2. 单词全写

单词全写，例如：

```
printformat
```

3. 下划线区分

下划线区分，例如：

```
set_name
```

4. 首字母大写

首字母大写（第一个单词不大写，因为类名的第一个字母大写）（建议使用这种方式），例如：

```
setName
```

3.5.6 实践：设计圆类

编写圆类：

属性：半径、面积。

方法：设置半径、设置面积、获取半径、获取面积、显示面积。

【例 3.13】圆类的设计。

代码如下：

```
#include <cmath>
#include <iostream>
#define PI 3.1415926
class Circle
{
private:
    double radius;
    double area;
public:
    void setRadius(double r);
    void setArea(double a);
    double getRadius();
    double getArea();
    void showCircle();
};
using namespace std;
int main()
{
    Circle cir;
    cir.setRadius(100);
    cout <<cir.getArea() <<endl;
    cir.setArea(cir.getArea());
    cout <<cir.getRadius() <<endl;
    cir.showCircle();
    cir.setRadius(-100);
    cir.showCircle();
}
void Circle::setRadius(double r)
{
    if (r <0)
    {
        radius = 0;
        area = 0;
        return;
    }
    radius = r;
    area = r * r*PI;
}
void Circle::setArea(double a)
{
    if (a <0)
    {
        radius = 0;
        area = 0;
        return;
    }
    area = a;
    radius = sqrt(area / PI);
}
```

```
double Circle::getRadius()
{
    return radius;
}
double Circle::getArea()
{
    return area;
}
void Circle::showCircle()
{
    cout <<"半径：" <<radius <<endl;
    cout <<"面积：" <<area <<endl;
}
```

3.6 this 指针

【例 3.14】this 指针演示。

代码如下：

```
#include <iostream>
using namespace std;
class Point
{
private:
    int xp;
    int yp;
public:
    void setP(int x, int y)
    {
        this->xp = x;  //等价于 xp = x
        this->yp = y;  //等价于 xp = y
    }
    void print()const  //const 成员函数
    {
        cout <<"(" <<xp <<"," <<yp <<")" <<endl;
    }
};
int main()
{
    Point A;
    A.setP(4, 5);
    A.print();
    return 0;
}
```

3.6.1　了解 this 指针

前面提到，一个类的所有对象共用成员函数代码段，不管有多少个对象，每个成员函数在内存中都只有一个版本。那编译器如何知道是哪个对象在执行操作呢？答案就是“this 指针”。

this 指针是一种隐含在成员函数内的指针，称为指向本对象的指针，可以采用诸如“this -> 数据成员”的方式来存取类数据成员。

1. this 指针的本质

① 本质：关键字，是指针。

② 含义：这个。

③ this 存在于类的成员函数中。

下面两者是等价的，this 指针指向的对象的类型 Point * 通常可以省略，如下：

```
void setP(int x,int y)
{
    this-> xp = x;  //等价于 xp = x
    this-> yp = y;  //等价于 yp = y
}
```

2. this 指针的指向

① this 指针指向本类对象的一个指针(类指针)；

② 谁调用成员函数，this 指针就指向谁。

3. this 指针的使用

为什么有的时候需要加 this 指针，有的时候不需加 this 指针？当出现名称重复，成员名跟形参名相同的情况时，无法区分，this 指针不能省略，需要加上“this -> 成员名”去访问成员，例如：“this -> x = x;”。示例代码如下：

```
void setP(int xp,int yp)
{
    this-> xp = xp;  //形参 xp 赋给数据成员 xp
    this-> yp = yp;  //形参 yp 赋给数据成员 yp
}
```

当形参名和成员名不重复时，就不需要使用“this -> 成员”格式访问成员了，可以直接写成员名。

4. this 指针的说明

函数成员不占数据内存空间，类大小主要取决于数据成员空间，所有的对象共用一份函数成员，所有的对象各自分配自己的数据成员空间。

类的类型本身不占内存空间，只有类的对象才会占内存空间。

当一个对象调用一个成员函数时，其实就是将对象的地址赋值给成员函数的 this 指针，哪个对象调用成员函数，就将该对象的地址赋值给该成员函数的 this 指针，this 指针就操作该对象的数据成员空间。

【例 3.15】类占用空间。

代码如下：

```
#include <iostream>
using namespace std;
//点类
//数据：横坐标,纵坐标
//函数：显示坐标位置,设置坐标
class Point
{
private:
    int x;
    int y;
public:
    void setPoint(int x, int y);
    void showPoint()
    {
        int x = 10;
        int y = 10;
        //cout <<"(" <<x <<"," <<y <<")" <<endl; //优先使用自己内部的
        cout <<"(" <<this-> x <<"," <<this-> y <<")" <<endl;
        //setPoint(89, 90);                    //等价于 this-> setPoint(89,90);
    }
};
int main()
{
    Point pa;
    pa.setPoint(12, 55);
    pa.showPoint();
}
void Point::setPoint(int x, int y)
{
    //函数的形参名跟类的成员变量名同名
    this-> x = x; //x = x;      //无法区分是形参赋值给成员,还是成员赋值给形参
    this-> y = y; //y = y;
}
```

3.6.2 使用要点

① 在类的成员函数中,访问该类的成员,都是通过 this 指针来访问的。

② 一般情况下,this 指针可以省略不写,但当函数内部有名称与成员名相同的情况时,必须加上 this 指针。

③ 哪个对象在调用成员函数,this 指针访问的就是该对象的成员空间。

④ 类大小：只有数据成员占用空间,其计算方式与结构体一样,每一个对象都有自己的数据成员空间,但函数成员却共享同一份。

⑤ 所有的成员函数内部都有一个隐含的 this 指针(存对象的地址),哪个对象调

用了成员函数,this指针就保存哪个对象的地址,然后通过该指针就可以访问不同类对象的成员空间了。

3.7 特殊成员函数之普通构造函数

3.7.1 引入构造函数

在创建某个类的对象时,由于对该对象的状态(数据)不是很明确,因此需要对其进行初始化。比如,要在长方形这个类中创建一个对象,或者说新建一个长方形,那么首先要确定长方形的长和宽,如果无法确定它的长和宽,那么就无法造出一个长方形。要创建这个长方形,就必须使用该长方形类中的一个用来构造该类所有对象的函数——构造函数。

C++为类提供了两种特殊的成员函数来完成同样的工作:一是构造函数,在对象创建时自动调用,以完成对象成员变量等的初始化及其他操作(如为指针成员动态申请内存空间等),如果程序员没有显式地定义它,则系统会提供一个默认的构造函数;另一个是析构函数,在对象撤销时自动调用,以执行一些清理任务,如释放成员函数中动态申请的内存等,如果程序员没有显式地定义它,则系统也会提供一个默认的析构函数。

构造函数的分类:

① 普通构造函数;

② 复制构造函数。

3.7.2 普通构造函数的格式

普通函数的格式:

```
返回值类型 函数名(形参列表)
{
    //函数体
}
```

构造函数格式:

```
类名(形参列表)
{
    //函数体
}
```

注意:

① 构造函数名必须与类名相同,表明是该类的构造函数。

② 构造函数没有返回值类型:此处没有返回值类型和void类型并不等价,构造

函数的返回值类型部分不需要填写任何数据类型关键字，连 void 也不用写。

③ 构造函数是成员函数，既可以在类的内部定义，也可以在类的外部定义，定义方式跟普通成员函数的定义方式一样。构造函数的权限一般设置为 public 权限。

3.7.3 作　用

当对象被创建时，构造函数自动被调用。构造函数有一些独特的地方：函数的名字与类名相同，没有返回类型和返回值，即连 void 也不能有。其主要工作有：

① 给对象一个标识符；

② 为对象数据成员开辟内存空间；

③ 完成对象数据成员的初始化或者赋值（在函数体内进行，由程序员完成，需要程序员自己编写构造函数）。

上述 3 点也说明了构造函数的执行顺序。在执行函数体之前，构造函数已经为对象的数据成员开辟了内存空间。这时，在函数体内对数据成员的初始化便顺理成章了。

说明：构造函数既可以由程序员创建，也可以由程序自动生成，此时称之为默认构造函数。由编译器自动生成的默认构造函数是无参的。实际上，构造函数可以接收参数，在对象创建时提供更大的自由度。一旦用户定义了构造函数，系统便不再提供默认构造函数。

结论：

① 只有创建对象时，才会自动调用构造函数（一个对象只能调用一次）。

② 隐式调用是自动调用，不需要人为调用，构造函数是不能显式调用的。

③ 构造函数的表示：

- 显式表示，程序员定义构造函数，对象创建时自动调用该构造函数；
- 隐式表示，程序员不用定义构造函数，采用系统默认的构造函数，当对象创建时，自动调用该构造函数。

④ 如果没有自定义构造函数，则编译器会提供默认的构造函数（提供 2 个，一个是普通构造，另一个是复制构造），默认的普通构造函数是无参的，一旦我们自定义了普通构造函数，那么该默认的构造函数就不再提供了。

【例 3.16】系统提供的默认的构造函数。

代码如下：

```
#include <iostream>
#include <string>
using namespace std;
class Point
{
private:
    int x;
    int y;
```

```
public:
    Point();      //构造函数无返回值类型
    void setPoint(int x, int y);
    void showPoint();
};
int main()
{
    Point pa;  //创建对象时自动调用构造函数
               //如果没有提供,则系统会提供一个默认的无参构造函数,空函数体(什么
               //都没有做的函数体)
    pa.showPoint();
    //cout <<&pa <<endl;
    //pa.setPoint(10, 23);      //调用设置类的函数对对象 pa 的成员进行赋值
    //cout <<"============" <<endl;
    Point pb;
    //cout <<&pb <<endl;
}
Point::Point()
{
    //系统会提供一个默认的无参构造函数,空函数体
    cout <<"系统提供的默认的无参构造函数" <<endl;
    //cout <<this <<endl;
}
void Point::setPoint(int x, int y)
{
    this-> x = x;
    this-> y = y;
}
void Point::showPoint()
{
    cout <<"(" <<this-> x <<"," <<this-> y <<")" <<endl;
}
```

3.7.4 使用技巧

假设现在有长方形这个类,需要创建一个该类的对象,就必须使用该类中一个用来构造该类所有对象的函数——构造函数。由于该函数要在创建一个新对象时使用,因此它不可能存在于对象之后,那么就必须在类中对它进行声明和定义,比如要声明且定义一个长方形类 rectangle 的构造函数,如:

```
rectangle(int l,int w){length=l;width=w;}
```

可将函数的声明和定义合并在一起,该函数的名字即是类名 rectangle,表示它是一个构造函数。它带有两个参数,分别为 l 和 w,花括号中的函数体有两行语句,分别将 l 和 w 的值赋给 length 和 width(length 和 width 是该类的私有成员变量,代表长和宽)。

在构造长方形类 rectangle 的一个对象 a 时,如同在创建一个长方形 a 时对它的

两个参数(长和宽)进行初始化,如:

```
rectangle a(3,4);
```

这里创建了一个长方形 a,并将它的长和宽设置为 3 和 4。在创建一个对象时,系统会自动调用该类的构造函数,初始化该对象的状态,因此这里会自动调用。

```
rectangle(int l,int w){length = l;width = w;}
```

该构造函数的执行结果是将 3 赋给 length,将 4 赋给 width。有了长和宽,就可以计算长方形的面积了,如:

```
int area(){return length * width;}
```

该函数返回长和宽的乘积,我们将该函数放到长方形类中,那么该类的每个对象就都可以调用它,如:

```
a.area();
```

长方形 a 调用了 area() 函数,该函数结束后会返回长方形 a 的面积。例 3.17 中就创建了一个长方形并计算了它的面积。

【例 3.17】长方形类。

代码如下:

```
#include <iostream>
using namespace std;
class rectangle
{
private:
    int length;
    int width;
public:
    rectangle(int l, int w)  //构造函数无返回值,也不需要写返回值类型
    {
        length = l;
        width = w;
    }
    int area()
    {
        return length * width;
    }
};
int main()
{
    rectangle a(3, 4);
    cout <<"长方形的面积: " <<a.area() <<endl;
}
```

3.7.5 特　性

① 构造函数,创建对象时自动调用。

② 构造函数,不能显式调用。

③ 创建对象时，必须提供一个匹配的构造函数，否则无法创建对象。

④ 构造函数支持重载：

- 提供各种各样的构造函数来确保可以满足多种不同对象的实例化形式需求；
- 可以创建同一个类不同形式的对象；
- 通常情况下，一个类往往有多个构造函数。

⑤ 构造函数支持参数默认值。

如果同时存在函数重载和参数默认值，则可能会出现调用冲突。

【例 3.18】显式定义构造函数。

代码如下：

```
#include <iostream>
#include <string>
using namespace std;
class Point
{
private:
    int x;
    int y;
public:
    Point();                        //无参构造函数
    Point(int xp, int yp);          //带参构造函数
    void setPoint(int x, int y);
    void showPoint();
};
int main()
{
    Point pa;                       //创建对象自动调用无参构造函数
    pa.showPoint();
    Point pb(12, 34);
    pb.showPoint();
}
Point::Point()
{
    x = 0;
    y = 0;                          //对数据成员进行赋值,用于清零
    cout <<"无参构造函数" <<endl;
}
Point::Point(int xp, int yp)
{
    x = xp;
    y = yp;
    cout <<"带参构造函数" <<endl;
}
void Point::setPoint(int x, int y)
{
```

```
        this->x = x;
        this->y = y;
    }
    void Point::showPoint()
    {
        cout <<"[" <<x <<"," <<y <<"]" <<endl;
    }
```

3.7.6 注意事项

① 只有创建对象时才会调用构造函数,并且是自动调用构造函数;

② 不能显式调用构造函数,一个对象只能调用一次构造函数;

③ 构造函数只能被自动调用;

④ 一旦程序员显式定义构造函数,则系统不再提供默认的无参构造函数;

⑤ 构造函数支持参数默认,如果构造函数带有参数默认值,则只需要提供一个构造函数;

⑥ 构造函数要么提供一个带参构造函数、一个无参构造函数,要么提供一个带参数默认值的构造函数;

⑦ 在构造函数体内对数据成员赋值,不是对数据成员进行初始化;

⑧ 类的成员函数都有 this 指针。

【例 3.19】构造函数。

代码如下:

```
#include <iostream>
#include <string>
using namespace std;
class Point
{
private:
    int x;
    int y;
public:
    //Point();                          //无参构造函数
    Point(int xp = 0, int yp = 0);      //带参默认构造函数
    void setPoint(int x, int y);
    void showPoint();
};
int main()
{
    Point pa;
    pa.showPoint();
    Point pb(12, 34);
    pb.showPoint();
}
//Point::Point()
```

```
//{
//    x = 0;
//    y = 0;                              //对数据成员进行赋值,用于清零
//    cout <<"无参构造函数" <<endl;
//}
Point::Point(int xp, int yp)
{
    x = xp;
    y = yp;
    cout <<"带参默认构造函数" <<endl;
}
void Point::setPoint(int x, int y)
{
    this-> x = x;
    this-> y = y;
}
void Point::showPoint()
{
    cout <<"(" <<this-> x <<"," <<this-> y <<")" <<endl;
}
```

3.7.7　默认构造函数

假如无法确定所需要创建的长方形的长和宽,也就是说,我们不提供构造函数,那么系统会自动创建一个构造函数。该函数没有参数,而且也不执行任何功能,它只用于构造一个函数,如:

```
rectangle(){}
```

一般来说,只要我们不创建任何构造函数,系统就会为我们创建这个什么功能也没有的默认构造函数,而且一旦我们创建了构造函数,该默认构造函数就会被自动屏蔽。假如我们创建一个带参数的构造函数后,又想要一个不带参数的构造函数,那么就必须自己再创建一个,如例 3.20 和例 3.21 所示。

【例 3.20】有参构造函数和无参构造函数(1)。

代码如下:

```
#include <iostream>
using namespace std;
class rectangle
{
private:
    int length;
    int width;
public:
    rectangle()  //默认构造函数
    {
```

```
        cout <<"构造一个长方形" <<endl;      //手动创建默认构造函数
    }
    rectangle(int l, int w)                  //有参构造函数
    {
        length = l;
        width = w;
    }
    int area()
    {
        return length * width;
    }
};
int main()
{
  rectangle a(3, 4);                         //调用有参构造函数
    cout <<"长方形的面积：" <<a.area() <<endl;
    rectangle b;    //创建一个新对象,该对象没有初始化,因此它会调用默认构造函数
                    //由于默认构造函数已经被屏蔽,因此这里调用我们自己创建的默认
                    //构造函数
}
```

【例 3.21】有参构造函数和无参构造函数(2)。

代码如下：

```
#include <iostream>
using namespace std;
class Point
{
private:
    int xp;
    int yp;
public:
    Point() { cout <<"无参构造" <<endl; }
    Point(int a, int b);
    void print()
    {
        cout <<"(" <<xp <<"," <<yp <<")" <<endl;
    }
};
int main()
{
    Point a;             //创建对象时,自动调用无参构造函数,不创建对象则无法调用
    Point ss;
    ss.Point();          //错误,构造函数不能显示调用
    Point *p = new Point;   //new 在创建空间时会自动调用构造
}
Point::Point(int a, int b)
{
    cout <<"带参构造" <<endl;
```

```
        xp = a;
        yp = b;
    }
```

说明：构造函数支持重载，一旦程序员为一个类定义了构造函数，编译器便不会为类自动生成默认构造函数，因此，如果还想使用无参的构造函数，如“Point pt;”，就必须在类定义中显式定义一个无参构造函数。这样，构造函数就会出现两个，会不会有问题呢？不会，构造函数支持重载，在创建对象时，根据传递的具体参数来决定采用哪个构造函数。

3.7.8 数据成员初始化方案

3.7.8.1 初始化表达式格式

除了在构造函数体内对数据成员进行赋值外，还可以通过成员初始化表达式来完成对数据成员的赋值。成员初始化表达式可用于初始化类的任意数据成员(后面要介绍的 static 数据成员除外)，该表达式由逗号分隔的数据成员表组成，初值放在一对圆括号中。只要将成员初始化表达式放在构造函数的头和体之间，并用冒号将其与构造函数的头分隔开，便可实现数据成员表中元素的初始化。

初始化表达式的格式主要分以下两种：

1. 在类内定义时

在类内定义的格式：

```
class 类名
{
    类名(形参列表):数据成员 1(形参),数据成员 2(形参)
    {
        //函数体
    }
};
```

2. 在类外定义时

构造函数需要在类内声明，声明时不需要写初始化表达式，初始化表达式是跟着函数的定义的，如下：

```
类名::类名(形参列表):数据成员(数据),数据成员 2(数据)
{
    //函数体
}
```

【例 3.22】初始化表达式格式。

代码如下：

```
#include <iostream>
using namespace std;
class point
{
private:
    int xPoint;
    int yPoint;
public:
    /*
    point(int x = 1, int y = 1)
    {
        cout <<"有参构造函数被调用"<<endl;
        xPoint = x;
        yPoint = y;
    }
    */
    //上面的有参构造函数等价于下面的写法
    point(int x = 1, int y = 1) :xPoint(x), yPoint(y)
    {
        cout <<"有参构造函数被调用" <<endl;
    }
    void Point_print()
    {
        cout <<"(" <<xPoint <<"," <<yPoint <<")" <<endl;
    }
};
int main()
{
    point A;            //创建对象,自动调用构造函数,并且两个参数都采用默认值
    A.Point_print();
    point B(10, 10);    //创建对象,调用构造函数,两个参数都不采用默认值
    B.Point_print();
    point C(11); //创建对象,调用构造函数,一个参数采用默认值,默认赋值给第一个参数
    C.Point_print();
}
```

3.7.8.2 初始化表达式顺序

每个成员在初始化表达式中只能出现一次。初始化的顺序不是由成员变量在初始化表达式中的书写顺序决定的,而是由成员变量在类中被声明时的顺序决定的。理解这一点有助于避免意想不到的错误。

【例 3.23】初始化表达式顺序。

代码如下:

```
#include <iostream>
using namespace std;
class point
{
```

```
private:
    int xPoint;
    int yPoint;
public:
    //初始化表达式的书写顺序并不是初始化表达式的执行顺序,而是由成员变量在类中被
    //声明的顺序决定的
    point(int x = 5, int y = 1) : xPoint(x), yPoint(xPoint)
    {
        cout <<"有参构造函数被调用" <<endl;
    }
    void Point_print()
    {
        cout <<"(" <<xPoint <<"," <<yPoint <<")" <<endl;
    }
};
int main()
{
    point A;            //创建对象,自动调用构造函数,并且两个参数都采用默认值
    A.Point_print();
    point B(17, 10);    //创建对象,调用构造函数,两个参数都不采用默认值
    B.Point_print();
    point C(11); //创建对象,调用构造函数,第一个参数获取实参 11,第二个参数采用默认值 1
    C.Point_print();
}
```

3.7.8.3 初始化表达式小结

① 初始化表达式只能用于构造函数中;

② 初始化表达式位于构造函数形参列表之后函数体之前,形参列表后加":"间隔;

③ 初始化表达式的书写顺序并不是初始化表达式的执行顺序,是由成员变量在类中被声明的顺序决定的;

④ 初始化表达式中的书写变量顺序最好与其被声明的顺序一致;

⑤ 当数据成员中有只读成员时,必须采用初始化表达式对其进行初始化赋值。

构造函数:既可以做赋值操作,也能做初始化操作——所有成员的初值问题。

确保:所有的成员都有初值(一般设置为 0),不能出现垃圾值——保证后面的成员函数访问数据成员是安全的。

set 属性名():只能做赋值操作。

侧重:修改一个属性的值。

3.8 特殊成员函数之析构函数

3.8.1 定 义

构造函数在创建对象时被系统调用，而析构函数在对象撤销时被自动调用。相比构造函数，析构函数要简单得多。析构函数用于在对象被销毁后清除它所占用的内存空间，也就是说，它可以清除由构造函数创建的内存，析构函数有如下特点：

① 与类同名，之前冠以波浪号，以区别于构造函数：

格式：

```
类名::～类名()  //在类的外部定义，在类的内部声明
{
    //函数体
}
```

② 析构函数没有返回类型，也不能指定参数，因此，析构函数只能有一个，不能被重载。当对象超出其作用域被销毁时，析构函数会被自动调用。如果用户没有显式地定义析构函数，则编译器将为类生成“默认析构函数”。默认析构函数是一个空的函数体，只清除类的数据成员所占据的空间，但对类的成员变量通过 new 和 malloc 动态申请的内存无能为力。因此，对于动态申请的内存，应在类的析构函数中通过 delete 或 free 释放，这样能有效避免对象撤销所造成的内存泄漏。

示例 1：对象空间的申请，通过自动分配实现，此时使用析构函数，如例 3.24 所示。

【例 3.24】析构函数(1)。

代码如下：

```
#include <iostream>
using namespace std;
class rectangle
{
private:
    int length;
    int width;
public:
    rectangle()                               //默认构造函数
    {
        cout <<"构造一个长方形" <<endl;//手动创建默认构造函数
    }
    rectangle(int l, int w)                   //有参构造函数
    {
        length = l;
        width = w;
```

```
    }
    ~rectangle()
    {
        cout <<"析构函数执行" <<endl;
    }
    int area()
    {
        return length * width;
    }
};
int main()
{
    rectangle a(3, 4);                    //调用有参构造函数
    cout <<"长方形的面积：" <<a.area() <<endl;
    rectangle b;
    //析构函数是在对象撤销时执行,对象撤销与变量的作用域是一样的
}
```

示例 2：对象空间的申请,通过内存管理函数实现,此时使用析构函数,如例 3.25 所示。

【例 3.25】析构函数(2)。

代码如下：

```
#include  <iostream>
#include  <cstring>
using namespace std;
class Computer
{
private:
    char * brand;                              //指针成员
    int  price;
public:
    Computer(char * bd, int pr)
    {
        brand = new char[strlen(bd) + 1];  //对象创建时为 brand 分配一块内存空间
        strcpy(brand, bd);                     //字符串复制
        price = pr;
    }
    ~Computer()
    {
        delete[]brand;
        brand = NULL;
        cout <<"析构函数执行" <<endl;
    }
    void print()
    {
        cout <<"品牌：" <<brand <<endl;
        cout <<"价格：" <<price <<endl;
    }
```

```
};
int main()
{
    Computer A("乐视", 3000);
    A.print();
    return 0;
}
```

3.8.2 显式调用析构函数

程序员虽然不能显式调用构造函数,但可以调用析构函数控制对象的撤销,释放对象所占据的内存空间,以更高效地利用内存,如对例 3.25 中的 main 函数的内容进行如下改变:

```
int main()
{
    computer comp("Dell",7000);
    comp.print();
    comp.～computer();//显式调用析构函数,comp被撤销
    return 0;
}     //注意,这里comp对象释放时析构函数也被隐式调用了一次,所以调用了两次
```

虽然可以显式调用析构函数,但不推荐这样做,因为这可能会带来重复释放指针类型变量所指向的内存等问题。例 3.26 给出了如何解决显式调用析构函数所引发的问题。

【例 3.26】显式调用析构函数。

代码如下:

```
#include  <iostream>
#include  <cstring>
using namespace std;
class Computer
{
private:
    char * brand;                        //指针成员
    int  price;
public:
    Computer(const char * bd, int pr)
    {
        brand = new char(strlen(bd) + 1);//对象创建时为brand分配一块内存空间
        strcpy(brand, bd);               //字符串复制
        price = pr;
    }
    ～Computer()
    {
        if (brand != NULL)
        {
            delete[]brand;               //对象撤销时,释放内存,避免泄漏
            brand = NULL;                //对象撤销之后,避免重复释放而报内存错误
```

```
            cout <<"析构函数执行" <<endl;
        }
    }
    void print()
    {
        cout <<"品牌：" <<brand <<endl;
        cout <<"价格：" <<price <<endl;
    }
};
int main()
{
    Computer A("乐视", 3000);
    A.print();
    A.~Computer();  //显示调用析构函数,还是会调用两次,只是在进行析构之前进行了
                    //判断处理,如果已经释放了内存,就可以避免第二次释放内存
    return 0;
}
```

3.8.3 使用技巧

① 析构函数也是一个特殊的成员函数。

② 当对象超过其作用域被撤销时,自动调用析构函数。析构函数不是释放数据成员空间,而是当对象数据成员空间释放时,会被调用。

③ 析构函数是用来清理空间(有堆区空间,则需要清理堆区空间)而不是释放成员空间的。

④ 通常,在释放数据成员空间之前调用,为了安全,防止存在隐患。

⑤ 成员空间自动分配,自动释放,动态分配,动态释放。

⑥ 函数名与类名相同,并且前面加上~,没有返回值类型,没有形参。

⑦ 析构函数可以显式调用,但通常不显式调用。析构发生后,马上就是数据成员空间释放,所以在析构函数之后,照样可以使用数据成员空间:

```
printf("1111\n");
{
    Point ss;
    ss.~Point();
    ss.show();
}//调用析构函数
printf("2222\n");
```

⑧ 析构函数不支持函数重载,不支持参数默认值,并且析构函数只能有一个。

⑨ 如果没有自定义析构函数,则系统会提供一个默认的空的函数体的析构函数;如果自定义了析构函数,则默认的不再提供。

⑩ 通常,只要类的内部不出现堆区空间,使用默认的析构函数就行了;如果类的内部出现堆区空间,就必须自定义析构函数。通常是指针成员指向堆区空间,因为堆区空间是人为申请的,只能人为释放,所以程序必须在析构函数中编写相应的代码来

释放。

【例 3.27】析构函数释放堆区空间。

代码如下：

```
#include <iostream>
#include <cstring>
using namespace std;
class Company
{
private:
    char * name;                    //公司名
    int cont;                       //公司人数
public:
    Company();
    Company(char * str, int n);
    void setName(char * str);
    void setCont(int n);
    void show();
    //~Company(){}                  //空函数体,什么都不做
    ~Company();
};
int main()
{
    Company xyd("信盈达", 120);   //字符串存储在常量区
    xyd.show();
    xyd.~Company();                 //即使显式调用析构函数,对后面的程序也没有影响
                                    //因为后面的程序代码会再次判断并申请空间
    xyd.setName("大嵌有限");
    xyd.show();                     //程序运行崩溃,将字符串赋值给常量空间
    xyd.~Company();                 //调用也没有关系,不会引发二次释放
    return 0;
}
Company::~Company()
{
    //name 有可能会为空,此时就不能释放
    if (name != NULL)
    {
        delete[] name;
        name = NULL;                //name 必须置空,如果第二次调用时
        //检测 name 的值不为空,则会进行第二次释放,因为析构函数可以显式调用
        //所以此时程序运行会崩溃
        cout << "堆区空间已经清理" << endl;
    }
    cout << "析构函数" << endl;
    //析构函数执行需要释放堆区空间
    //如果没有堆区空间,则不用清理
}
void Company::show()
{
```

```
    cout <<"公司：" <<name <<endl;
    cout <<"人数：" <<cont <<endl;
}
void Company::setCont(int n)
{
    cont = n;
}
void  Company::setName(char * str)
{
    //name 存在的可能：NULL,或者指向一块空间
    //如果二次写入的字符串的长度比第一次的长,则空间不够存储
    //所以空间干脆释放之前的,然后再重新申请
    if (name != NULL)
    {
        delete[] name;
        name = NULL;              //确保安全使用指针,虽然意义不大
        //将 name 之前指向的空间的内容释放
        //然后再重新指向另一块空间
        //如果不释放,让其重新指向另一块空间,则空间资源会被占用,浪费空间
    }
    int len = strlen(str) + 1;
    name = new char[len];
    strcpy(name, str);
}
Company::Company(char * str, int n)
{
    //name = str;                 //这样写,再次赋值,程序会运行崩溃
    int len = strlen(str) + 1;
    name = new char[len];
    strcpy(name, str);
    //这样调用设置名字的函数进行字符串赋值,程序运行期间就不会崩溃了
    cont = n;
    cout <<"带参构造" <<endl;
}
Company::Company()
{
    name = NULL;
    cont = 0;
    cout <<"无参构造" <<endl;
}
```

作业：

功能：电脑报价。

定义类：

① 数据成员：品牌、价格；

② 函数成员：构造函数、设置品牌、设置价格、显示电脑报价。

3.9 特殊成员函数之复制构造函数

3.9.1 格 式

C++中经常使用一个常量或变量初始化另一个变量，例如：

```
double x = 5.0;
double y = x;
```

使用类创建对象时，构造函数被自动调用以完成对象的初始化。那么能否像简单变量的初始化一样，直接用一个对象来初始化另一个对象呢？答案是肯定的，以Computer类为例：

```
Computer pt1("乐视",3000);
Computer pt2 = pt1;
```

后一条语句也可写成：

```
Computer pt2( pt1);
```

上述语句用pt1初始化pt2，相当于将pt1中每个数据成员的值复制到pt2中，这是表面现象。实际上，系统调用了一个复制构造函数。如果类定义中没有显式定义该复制构造函数，则编译器会隐式定义一个默认的复制构造函数，它是一个inline、public的成员函数。复制构造函数采用引用作为函数的形参。复制构造函数只有一个，无返回值类型，它的格式如下：

在类中声明的格式：

类名(const 类名 & 标识符)；

在类外定义的格式：

```
类名::类名(const 类名 & 标识符);
{
    //函数体
}
```

如果是在类内定义复制构造函数，则可以写成如下形式，代入Computer类中：

```
Computer(const Computer & 参数名);
```

复制构造函数的调用示例如下：

```
Computer pt1(乐视",3000);          //构造函数
Computer pt2(pt1);                 //复制构造函数
Computer pt3  =  pt1;              //复制构造函数
```

3.9.2 说 明

① 本质：构造函数。

② 理解：做复制操作的构造函数。

③ 如果我们没有自定义的复制构造函数，系统会提供一个默认的复制构造函数；创建对象时，当将一个同类型的对象整体赋值时，就会调用复制构造函数；只要创建对象就会调用构造函数，结束就会调用析构函数。

④ 复制构造：将数据成员一一对应复制。

【例 3.28】复制构造函数。

代码如下：

```
#include  <iostream>
#include  <cstring>
using namespace std;
class Computer
{
private:
    char brand[15];                  //数组成员
    int  price;
public:
    Computer(const char *bd, int pr)
    {
        strcpy(brand, bd);           //字符串复制
        price = pr;
    }
    Computer()
    {
        cout <<"默认构造函数" <<endl;
    }
    Computer(const Computer & pa)  //复制构造函数
    {
        strcpy(brand, pa.brand);  //字符串复制
        price = pa.price;
        cout <<"复制构造函数执行" <<endl;
    }
    ~Computer()
    {
        cout <<"析构函数执行" <<endl;
    }
    void print()
    {
        cout <<"品牌：" <<brand <<endl;
        cout <<"价格：" <<price <<endl;
    }
};
int main()
{
    Computer A("乐视", 3000);
    A.print();
    Computer B(A);             //复制构造函数
    B.print();
```

```
    Computer C = A;          //复制构造函数
    C.print();
    Computer D;              //此处会调用默认的构造函数
    D = A;                   //这种写法不是调用复制构造函数,此形式用的是运算符重载
    D.print();
    return 0;
}
```

3.9.3 默认复制构造函数的弊端

默认的复制构造函数并非“万金油”,在某些情况下,必须由程序员显式定义默认的复制构造函数。先来看一段错误的代码示例,如下:

【例 3.29】默认复制构造函数带来的问题。

代码如下:

```
#include  <iostream>
#include  <cstring>
using namespace std;
class Computer
{
private:
    char *brand;  //指针成员
    int  price;
public:
    Computer(const char *bd, int pr)
    {
        brand = new char(strlen(bd) + 1);    //对象创建时为brand分配一块内存空间
        strcpy(brand, bd);                   //字符串复制
        price = pr;
    }
    //    Computer(const Computer & pa)      //默认复制构造函数的实现
    //    {
    //        brand = pa.brand;
    //        //对指针变量不能这样直接赋值,这是引起错误的根源
    //        //原对象与新构造的对象共用同一块空间,当进行析构时,相
    //        //当于同一块地址空间被释放了两次,这是代码不能正常执行的原因
    //        price = pa.price;
    //        cout <<"复制构造函数执行"<<endl;
    //    }
    ~Computer()
    {
        delete[]brand;                       //对象撤销时,释放内存,避免泄漏
        //brand = NULL;                    //对象撤销之后,避免重复释放而报内存错误
        cout <<"析构函数执行" <<endl;
    }
    void print()
    {
        cout <<"品牌:" <<brand <<endl;
        cout <<"价格:" <<price <<endl;
```

```
    }
};
int main()
{
    Computer A("乐视", 3000);
    A.print();
    Computer B(A);                              //调用默认复制构造函数
    B.print();
    //两次释放内存空间,Windows下无法显示错误,需要借助Linux系统操作
    return 0;
}
```

其中,语句"Computer B(A);"等价于:

```
B.brand = A.brand;
B.price = A.price;
```

后一条语句没有问题,但"B. brand = A. brand"有问题:经过这样赋值后,两个对象的brand指针都指向了同一块内存,当两个对象释放时,其析构函数都要释放同一内存块,便造成了两次释放,从而引发错误。

这种情况的解决方案是显式定义复制构造函数。如果类中含有指针型的数据成员,需要使用动态内存,程序员最好显式定义自己的复制构造函数,以避免各种可能出现的内存错误,如:

```
Computer(const Computer &cp)            //自定义复制构造函数
{
    //重新为brand开辟与cp.brand同等大小的动态内存
    brand = new char[strlen(cp.brand) + 1];
    strcpy(brand, cp.brand);            //字符串复制
    price = cp.price;
}
```

【例3.30】显式定义复制构造函数。

代码如下:

```
#include <iostream>
#include <cstring>
/*当类里有指针成员时,我们要自己定义构造函数、析构函数、复制构造函数*/
using namespace std;
class computer
{
private:
    char * brand;                               //指针成员
    float price;
public:
    computer(char * sz, float p)
    {
        cout <<"构造函数被调用\n";
        brand = new char[strlen(sz) + 1];    //5个字节
        strcpy(brand, sz);
        price = p;
```

```
    }
    computer(const computer & obj)                    //复制构造函数
    {
        cout <<"默认的复制构造函数被调用\n";
        //  brand = obj.brand;                        //浅复制：只是复制一个地址过来
        brand = new char[strlen(obj.brand) + 1];  //深复制：自己申请堆内存
        strcpy(brand, obj.brand);
        price = obj.price;
    }
    ~computer()
    {
        cout <<"析构函数被调用\n";
        delete[]brand;
        brand = NULL;
    }
    void print()                                      //信息输出
    {
        cout <<"品牌：" <<brand <<endl;
        cout <<"价格：" <<price <<endl;
    }
};
int main()
{
    computer comp("Dell", 7000);                      //调用构造函数声明 computer 变量 comp
    comp.print();                                     //信息输出
    computer comp1 = comp;
    comp1.print();
    return 0;
}
```

3.9.4 对比构造函数

① 复制构造函数可以看成是一种特殊的构造函数，这里姑且区分为“复制构造函数”和“普通构造函数”，因此，它也支持初始化表达式。

② 创建对象时，只有一个构造函数会被系统自动调用，具体调用哪个取决于创建对象时的参数和调用方式。C++对编译器何时提供默认构造函数和默认复制构造函数有着独特的规定。

③ 复制构造函数只有一个参数，通常是该类的引用，示例代码如下；复制构造函数只能有一个，而构造函数可以有很多个。

```
point(const point &p)    //防止是指针时进行误操作
```

④ 通常只要类的内部不出现堆区空间，就使用默认的复制构造函数；如果类的内部出现堆区空间(或者指针成员)，就必须自定义复制构造函数。

⑤ 普通构造函数和复制构造函数的使用情况如表 3.1 所列。其中 0 表示不提供，1 表示提供。

表 3.1 构造函数使用情况

自定义普通构造函数	自定义复制构造函数	系统普通构造函数	系统复制构造函数
0	0	1	1
1	0	0	1
0	1	0	0<不可能选择这种情况>
1	1	0	0

说明：对于复制构造函数来说，一旦给出了自己定义的形式，编译器便不会提供默认的复制构造函数，因此确保自定义的复制构造函数的有效性很重要。故在一些必须使用自定义复制构造函数的场合，掌握特殊成员的用法很重要。

析构函数的使用情况如表 3.2 所列。其中 0 表示不提供，1 表示提供。

表 3.2 析构函数使用情况

自定义	系 统
0	1
1	0

析构函数的调用顺序与构造函数的调用顺序相反。

3.9.5 临时对象的创建

什么是临时对象？C++真正的临时对象是不可见的匿名对象，不会出现在你的源码中，但程序在运行时都确实生成了这样的对象。临时对象产生在如下时刻：

① 用构造函数作为隐式类型转换函数时会创建临时对象。示例代码如下：

```
class Integer
{
private:
    int m_val;
public:
    Integer(int i):m_val(i)
    {}
    ~Integer()
    {}
};
void Calculate(Integer itgr)
{
    //函数体为空
}
```

那么语句：

```
 int  i = 10;
Calculate(i);
```

会产生一个临时对象，作为实参传递到 Calculate 函数中。

② 建立一个没有命名的非堆(non－heap)对象，也就是无名对象时，会产生临时对象，如：

```
Integer& iref = Integer(5);  //用无名临时对象初始化一个引用,等价于"Integer iref(5);"
Integer  itgr = Integer(5); //用一个无名临时对象复制构造另一个对象
```

按理说,C++应先构造一个无名的临时对象,再用它来复制构造 itgr。由于该临时对象复制构造 itgr 后,就失去了任何作用,所以对于这种类型(只起复制构造另一个对象的作用)的临时对象,C++特别将其看作"Integer itgr(5)",即直接以相同参数构造目标对象,省略了创建临时对象这一步,如下:

```
Calculate( Integer(5) );            //无名临时对象作为实参传递给形参,函数调
                                    //用表达式结束后,临时对象生命期结束,被析构
```

③ 函数返回一个对象值时,会产生临时对象。函数中的返回值会以值复制的形式复制到被调函数栈中的一个临时对象。示例代码如下:

```
Integer Func()
{
    Integer itgr;
    return itgr;
}
void main()
{
    Integer in;
    in = Func();
}
```

表达式 Func()处创建了一个临时对象,用来存储 Func() 函数中返回的对象,临时对象由 Func() 中返回的 itgr 对象复制构造(值传递),临时对象赋值给 in 后,赋值表达式结束,临时对象被析构,如图 3.1 所示。

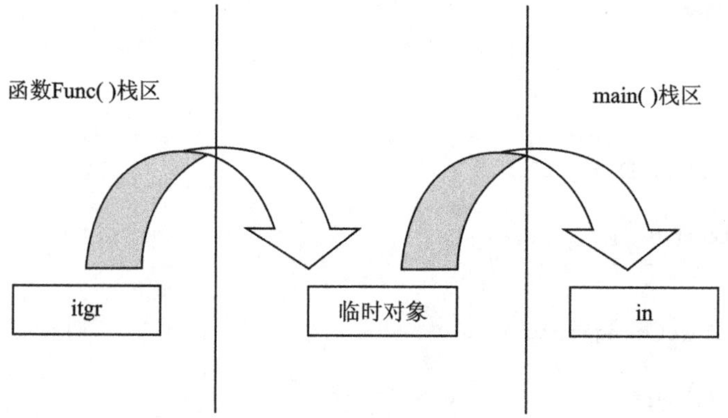

图 3.1 临时对象

看看如下语句:

```
Integer& iRef = Func();
```

该语句用一个临时对象去初始化 iRef 引用,一旦该表达式执行结束,临时对象的生命周期便被结束,iRef 引用的实体已经不存在,接下来任何对 iRef 的操作都是错误的。

3.9.6 特殊成员函数大实践

① 通常普通构造函数都会自定义一个无参的,一个带参的。如果带参的都有默认值,则无参的可以不用写。

② 通常析构函数、复制构造函数可以不写(使用默认的)。

③ 当类的内部出现指针成员指向堆区空间(存在内部分配堆区空间)时,通常需要自定义复制构造函数和析构函数。

④ 构造函数和析构函数执行顺序是相反的。

⑤ 一旦自定义了复制构造函数,则普通构造函数也需要自定义。

【例 3.31】特殊成员函数。

代码如下:

```
#include <iostream>
#include <cstring>
using namespace std;
class Company
{
private:
    char * name;                        //公司名
    int cont;                           //公司人数
public:
    Company();
    Company(char * str, int n);
    void setName(char * str);
    void setCont(int n);
    void show();
    //~Company(){}                      //空函数体,什么都不做
    ~Company();
    //默认的复制构造函数
    Company(const Company &cp);         //自定义复制构造函数
};
int main()
{
    //Company a;
    Company xyd("信盈达", 120);         //字符串存储在常量区
    Company xxx(xyd);                   //调用复制构造函数
    xyd.show();
    xxx.show();
    //如果调用默认的复制构造函数,则程序运行会崩溃
    //调用析构函数时,先析构 xxx.name 指向的空间
    //析构 xyd 对象时,其指针指向的空间与 xxx.name 指向的空间是一致的
    //所以相当于两次释放同一个空间,导致程序运行崩溃
    //析构函数的调用顺序与构造函数的调用顺序相反
    //解决的方法
```

```
    //让两个对象的两个指针成员分开指向两块不同的空间,但存储的是一样的内容
    //不能使用默认的复制构造函数
}
//Company xxx(xyd)
//this = &xxx
//const Company &cp = xyd   cp 就是 xyd
Company::Company(const Company &cp)
{
    int len = strlen(cp.name) + 1;
    name = new char[len];                  //等价于 this-> name = new char[len];
    strcpy(name, cp.name);
    cont = cp.cont;
}
Company::~Company()
{
    if (name != NULL)
    {
        delete[] name;
        name = NULL;                       //如果是第二次调用,则 name 必须置空
        cout <<"堆区空间已经清理" <<endl;
    }
    cout <<"析构函数" <<endl;
}
void Company::show()
{
    cout <<"公司:" <<name <<endl;
    cout <<"人数:" <<cont <<endl;
}
void Company::setCont(int n)
{
    cont = n;
}
void  Company::setName(char * str)
{
    if (name != NULL)
    {
        delete[] name;
        name = NULL;                       //确保安全使用指针,虽然意义不大
    }
    int len = strlen(str) + 1;
    name = new char[len];
    strcpy(name, str);
}
Company::Company(char * str, int n)
{
    int len = strlen(str) + 1;
    name = new char[len];
    strcpy(name, str);
    cont = n;
```

```
        cout <<"带参构造" <<endl;
    }
    Company::Company()
    {
        name = NULL;
        cont = 0;
        cout <<"无参构造" <<endl;
    }
```

第 4 章

类的特殊成员

4.1 特殊数据成员初始化方案

有 4 类特殊的数据成员（只读成员、引用成员、类对象成员和静态成员），其初始化及使用方式与前面介绍的普通数据成员有所不同，下面展开具体讨论。

4.1.1 只读成员

用 const 修饰的数据成员为只读成员，或者叫作常量成员，一旦初始化之后，就不能对其进行修改。const 数据成员必须采用初始化表达式的形式对其进行初始化，一个类中无论有多少个构造函数，都要保证每个构造函数必须采用初始化表达式的形式对 const 数据成员进行初始化。

【例 4.1】const 数据成员的初始化。

代码如下：

```
#include <iostream>
#include <string>
using namespace std;
class Point
{
private:
    int y;
    int x;            //普通数据成员(不包括引用成员、静态成员)
                      //可以采用初始化表达式的形式,也可以在构造函数体内进行赋值
    const int z;
public:
    Point();                                    //无参构造函数
    Point(int xp, int yp, int zp);              //带参构造函数
    Point(const Point &cmp);                    //复制构造函数
```

```
    void showPoint() { cout <<"(" <<x <<"," <<y <<"," <<z <<")" <<endl; }
};
int main()
{
    Point a;
    a.showPoint();
    Point b(12, 89, 90);
    b.showPoint();
    Point c = b;
    c.showPoint();
}
Point::Point() :z(0)
{
    x = 0;
    y = 0;  //可以在函数体内赋值,也可以采用初始化表达式的形式
    cout <<"无参构造函数" <<endl;
}
Point::Point(int xp, int yp, int zp) : y(yp), x(y), z(zp)
{
    //x = xp;
    //y = yp;
    cout <<"带参构造函数:" <<endl;
}
Point::Point(const Point &cmp) :z(cmp.z)
{
    x = cmp.x;
    y = cmp.y;
    cout <<"复制构造函数" <<endl;
}
```

注意:

① const 数据成员的初始化必须在初始化表达式中,不能在类内赋值;

② const 数据成员也可以采用指定类内初始值的方式,对 const 数据成员进行初始化(C++11 新标准支持);

③ 所有的构造函数中的初始化表达式都要对 const 数据成员进行初始化,有的类内成员一经创建其值就不希望更改,此时就可以使用 const 修饰。

【例 4.2】const 数据成员指定类内初始值(1)。

代码如下:

```
#include <iostream>
#include <string>
using namespace std;
class Point
{
private:
```

```
    int y = 10;                        //指定类内初始值
    int x;
    const int z = 100;                 //指定类内初始值的方式
                                       //不是对数据成员进行初始化
    //一旦指定类内初始值,就可以不用对数据成员进行初始化或者赋值
    //特点：每创建一个对象,对象的数据成员的值都是一样的
    //指定类内初始值跟采用初始化表达式的形式可以共存,但是此时指定类内初始值就没
    //有效果了
public:
    Point();                           //无参构造函数
    Point(int xp, int yp, int zp);     //带参构造函数
    Point(const Point &cmp);           //复制构造函数
    void showPoint() { cout <<"(" <<x <<"," <<y <<"," <<z <<")" <<endl; }
};
int main()
{
    Point a;
    a.showPoint();
    Point b(12, 89, 90);
    b.showPoint();
    Point c = b;
    c.showPoint();
}
Point::Point() //:z(0)
{
    x = 0;
    cout <<"无参构造函数" <<endl;
}
Point::Point(int xp, int yp, int zp)//: y(yp), x(y), z(zp)
{
    x = xp;
    cout <<"带参构造函数：" <<endl;
}
Point::Point(const Point &cmp)//:z(cmp.z)
{
    x = cmp.x;
    cout <<"复制构造函数" <<endl;
}
```

【例 4.3】const 数据成员指定类内初始值(2)。

代码如下：

```
#include <iostream>
using namespace std;
class Point
{
    //C++ 11 标准
    //不是所有的编译器都支持这种写法
```

```
    const int x = 8;          //类内初始值,指定默认值
    int y = 10;               //也可以指定默认值,类似参数默认值
    public:
    Point() :x(0) {}  //x(8) ,y(10),如果有类内初始值,则可以不用写成员初始化表达式
    Point(int a, int b) :x(a)//如果有参数默认值,则不需要无参构造函数
    {
        y = b;
        //不是初始化两次,而是指定默认值
        //构造函数中的成员初始化表达式才是初始化
        //如果没有类内初始值,则需要确保所有的构造函数对 const 成员进行初始化
        //创建时值就固定,const 成员的值一旦写定,就无法更改
    }
    void show()
    {
        cout <<x <<"," <<y <<endl;
    }
};
int  main()
{
    Point a(9, 12);
    a.show();
}
```

说明：

① 构造函数中的成员初始化表达式才是初始化,如果没有类内初始值,则需要确保所有的构造函数对 const 成员进行初始化。const 成员的值一旦写定,就无法更改。

② 在 C++中可以对结构体类型进行赋值(指定初始值,与类中的指定初始值是一样的),表示如果不对结构体类型的变量赋值或者初始化,则此时的结构体变量采用的是默认值,而在 C 语言中不可以这样使用。

4.1.2　引用成员

① 引用成员也是必须采用初始化表达式的形式对其进行初始化,一个类中无论有多少个构造函数,都要保证每个构造函数必须采用初始化表达式的形式对引用数据成员进行初始化；

② 引用,形式如“int &p;”,本质为指针常量,即指针的指向是固定的；

③ 引用的对象必须是变量,引用是对变量取别名；

④ 引用数据成员不能采用指定类型内初始值的方式；

⑤ 当类内有引用数据成员时,通常作为类内和类外空间的连接；

⑥ 当类内有引用数据成员时,需要提供带参构造函数。

【例 4.4】类内成员操作类外部的空间。

代码如下：

```
#include <iostream>
#include <string>
using namespace std;
class Point
{
private:
    int &x;
    int y;
public:
    //Point(int xp = 0 , int yp = 0);        //带参构造函数
    Point(int &xp, int yp = 0);
    Point(const Point &cmp);                 //复制构造函数
    void showPoint() { cout <<"(" <<x <<"," <<y <<")" <<endl; }
    void fun() { x = 1000; }
};
int main()
{
    int m = 10;
    Point pa(m);                             //第二个参数采用默认值
    pa.showPoint();
    pa.fun();
    cout <<m <<endl;
}
//int &x = xp;
//xp是形参变量,函数结束,xp释放
//xp的引用跟着一起释放,让引用成员跟构造函数内部的变量关联
//Point::Point(int xp, int yp) : x(xp)
//{
//    y = yp;
//    cout <<"带参构造函数：" <<endl;
//}
//将类内的空间与类外的空间关联
//引用特点：平行传递的关系
//int &xp = m;                               //xp是m的引用
//int &x = xp;                               //x是xp的引用
//说明：x就是m的引用
Point::Point(int &xp, int yp) : x(xp)
{
    y = yp;
    cout <<"带参构造函数：" <<endl;
}
Point::Point(const Point &cmp) : x(cmp.x)
{
    cout <<"复制构造函数" <<endl;
}
```

【例 4.5】两个类的空间进行关联。

代码如下：

```
#include <iostream>
#include <string>
using namespace std;
class Point
{
private:
    int &x;
    int y;
public:
    Point(int &xp, int yp = 0);
    void showPoint() { cout <<"(" <<x <<"," <<y <<")" <<endl; }
    void fun() { x = 1000; }
};
class Line
{
private:
    int lx;
public:
    Line(int xp = 0) :lx(xp) {}
    void showLine() { cout <<"line x = " <<lx <<endl; }
    int & getX() { return lx; }
};
int main()
{
    Line pL(100);
    int &mp = pL.getX();    //int &mp = lx;         //mp 是 Line 中 lx 的引用
    Point pa(mp);                                   //第二个参数采用默认值
    pa.showPoint();
    pa.fun();
    pL.showLine();
}
//int &xp = mp;                                     //xp 是 mp 的引用
//int &x = xp;                                      //x 是 xp 的引用
//x 是 mp 的引用                                    //mp 是 Line 中 lx 的引用
//x 是 Line 中 lx 的引用
Point::Point(int &xp, int yp) : x(xp)
{
    y = yp;
    cout <<"带参构造函数：" <<endl;
}
```

4.1.3　类对象成员

类数据成员也可以是另一个类的对象。比如，一个直线类对象中包含两个 point 类对象，在直线类对象创建时可以在初始化列表中初始化两个 point 对象，当然也可以在构造函数中对它们进行赋值，如下：

【例 4.6】类对象成员的初始化。

代码如下：

```
#include <iostream>
using namespace std;
class Point
{
private:
    int xp;
    int yp;
public:
    Point(int x = 0, int y = 0)                        //必须为带默认调用的构造函数
    {
        xp = x;
        yp = y;
        cout <<"点的构造函数被执行" <<endl;
    }
    Point(const Point &Pp)
    {
        xp = Pp.xp;
        yp = Pp.yp;
        cout <<"点的复制构造函数被执行" <<endl;
    }
    void print()
    {
        cout <<"(" <<xp <<"," <<yp <<")";
    }
};
class Line                                             //线类定义
{
private:
    Point pt1;  //point类对象作为line类成员,此处若写成"point pt1(3,4);"则错
    Point pt2;
    /* 点类对象定义,需要调用构造函数,而又没有提供默认构造函数,所以必须
    写为点的默认构造函数。如果出现默认构造函数,就不需要点的默认构造函数 */
public:
    Line(int x1, int y1, int x2, int y2) :pt1(x1, y1), pt2(x2, y2)
                                                       //line类对象有参构造函数
    {
        pt1 = Point(x1, y1);    //如果不在初始化表达式里初始化,则可以这样(函数
                                //体内)初始化
        pt2 = Point(x2, y2);                           //创建临时对象进行赋值
        cout <<"线的构造函数被执行" <<endl;
    }
    Line(const Line &Ln)//:pt1(Ln.pt1),pt2(Ln.pt2)  //Line对象的复制构造函数
    {
        pt1 = Ln.pt1;
        pt2 = Ln.pt2;
            cout <<"线的复制构造函数被执行" <<endl;
    }
    void draw()
    {
```

```
            pt1.print();
            cout <<" to ";
            pt2.print();
            cout <<endl;
        }
};
int main()
{
    Line l1(1, 2, 3, 4);                         //调用有参构造函数
    l1.draw();
    Line l2(l1);                                 //调用复制构造函数
    l2.draw();
    return 0;
}
```

但是,如果提供了无参构造函数,就不用带参数默认构造函数,如下:

【例 4.7】类对象成员构造函数(1)。

代码如下:

```
#include <iostream>
using namespace std;
class Point
{
private:
    int xp;
    int yp;
public:
    Point(int x, int y)                    //参数构造函数
    {
        xp = x;
        yp = y;
        cout <<"点的构造函数被执行" <<endl;
    }
    Point()  //默认构造函数,此时在线类中定义点对象就会调用点的默认构造函数
    {
        cout <<"点的默认构造函数被执行" <<endl;
    }
    Point(const Point &Pp)
    {
        xp = Pp.xp;
        yp = Pp.yp;
        cout <<"点的复制构造函数被执行" <<endl;
    }
    void print()
    {
        cout <<"(" <<xp <<"," <<yp <<")";
    }
};
class Line                                 //线类定义
{
```

```
private:
    Point pt1;        //point 类对象作为 Line 类成员,此处若写成“point pt1(3,4);”则错
    Point pt2;
public:
    Line(int x1, int y1, int x2, int y2)//:pt1(x1,y1),pt2(x2,y2)
                                        //Line 类对象有参构造函数
    {
        pt1 = Point(x1, y1);
                   //如果不在初始化表达式里初始化,则可以这样(函数体内)初始化
        pt2 = Point(x2, y2);
            cout <<"线的构造函数被执行" <<endl;
    }
    Line(const Line &Ln)//:pt1(Ln.pt1),pt2(Ln.pt2)        //Line 对象的复制构造函数
    {
        pt1 = Ln.pt1;
        pt2 = Ln.pt2;
        cout <<"线的复制构造函数被执行" <<endl;
    }
    void draw()
    {
        pt1.print();
        cout <<" to ";
        pt2.print();
        cout <<endl;
    }
};
int main()
{
    Line l1(1, 2, 3, 4);                //调用有参构造函数
    l1.draw();
    Line l2(l1);                        //调用复制构造函数
    l2.draw();
    return 0;
}
```

该代码的输出结果如图 4.1 所示。

图 4.1　例 4.7 的输出结果

【例 4.8】类对象成员构造函数(2)。

代码如下：

```
#include <iostream>
using namespace std;
class Date
{
private:
    int year;
    int month;
    int day;
public:
    Date(int y = 1970, int m = 1, int d = 1);
    void setYear(int n);
    void setMonth(int n);
    void setDay(int n);
};
class Student
{
    string name;                    //姓名
    int age;                        //年龄
    Date in;                        //入校时间
public:
    Student();
    Student(string mz, int n, Date &c);
};
int main()
{
    Date day(2018, 1, 1);
    Student name("张三", 18, day);
}
void Date::setYear(int n)
{
    year = n;
}
void Date::setMonth(int n)
{
    month = n;
}
void Date::setDay(int n)
{
    day = n;
}
Student::Student()
{
    name.clear();                   //清空
    age = 0;
    in.setYear(1980);
    in.setMonth(9);
```

```
        in.setDay(1);
    }
    Student::Student(string mz, int n, Date &c) :in(c)
    {
        //给类对象成员赋值时有两种方式
        //构造函数进行初始化
        //类对象成员函数进行赋值
        name = mz;
        //in = c;                     //支持这种赋值方式的前提是数据成员不是引用
        in.setYear(1992);
    }
    Date::Date(int y, int m, int d)
    {
        year = y;
        month = m;
        day = d;
    }
```

4.1.4 静态成员

C++允许使用 static(静态存储)修饰数据成员,这样的成员在编译时就被创建并初始化(与之相比,对象是在运行时被创建的),且其实例只有一个,被所有该类的对象共享,就像住在同一个宿舍的同学共享一个房间号一样。

静态数据成员的初始化与其他的数据成员的初始化方式都不一样,静态数据成员的空间在程序编译时开始分配。静态数据成员跟函数成员类似,所有的对象共用一份静态数据成员,静态数据成员必须在类的外部进行初始化,如果静态数据成员设置为公有权限,则可以在类外不通过对象名访问。

除了静态以外的数据成员都是在对象被创建时就开始分配空间,计算一个类所占空间的大小,即计算除了静态数据成员以外的数据成员所占空间的大小。

静态数据成员分配在静态区,初始化时去掉 static 关键字,而且必须在类的外部,初始化格式如下:

类型 类名::变量名 = 初始化表达式;　　　//普通变量

类型 类名::对象名(构造参数);　　　　　//对象变量

【例 4.9】静态数据成员初始化。

代码如下:

```
#include <iostream>
#include <string>
using namespace std;
class Point
{
private:
    int x;
```

```
public:
    static int y;                    //普通静态数据成员
    static string ps;                //静态类对象成员
public:
    Point(int xp = 0);
    void showPoint();
};
//静态数据成员的初始化必须在类的外部进行
int Point::y = 100;
string Point::ps("hello world");
int main()
{
    cout <<sizeof(Point) <<endl;   //计算类所占空间的大小,静态数据成员不计算在内
    //如果静态数据成员是私有权限,则只能在类的内部访问
    Point b(10);
    //b.showPoint();
    //如果静态数据成员是公有权限,则既可以在类的内部访问,也可以在类的外部访问
    //静态成员可以不通过创建对象在外部访问(前提是公有),也可以通过对象访问
    cout <<b.ps <<endl;
    cout <<b.y <<endl;               //通过对象访问静态数据成员
    cout <<Point::ps <<endl;
    cout <<Point::y <<endl;          //没有通过对象访问静态成员
    b.ps = "kjhsdshauhas";
    Point c;
    c.showPoint();
    //所有的对象共用一份静态数据成员
}
void Point::showPoint()
{
    cout <<"x = " <<x <<endl;
    cout <<"y = " <<y <<endl;
    cout <<"ps = " <<ps <<endl;
    //静态成员可以在类的内部访问
}
Point::Point(int xp) : x(xp)
{
    cout <<"带参默认构造函数:" <<endl;
}
```

4.2　特殊成员函数

除了构造函数、复制构造函数和析构函数以外，其他成员函数被用来提供特定的功能。一般来说，提供给外部访问的函数称为接口，访问权限为 public；而一些不供外部访问，仅仅作为内部功能实现的函数，访问权限设为 private。接下来将讨论特殊函数成员的用法，如下：

① 普通函数里的特殊函数，在函数前加关键字。

② 普通函数的分类：

- void show()；
- void put() const；　　　　//const 成员函数或者只读成员函数
- static void hehe()；　　　//静态成员函数
- inline void sss()；　　　//内联成员函数

4.2.1 const 成员函数的使用方法

const 在类成员函数中还有一种特殊的用法，就是把 const 关键字放在函数的参数表和函数体之间，称为 const 成员函数，其特点有二：

① 只能读取类数据成员，而不能修改；

② 只能调用 const 成员函数，不能调用非 const 成员函数。

其基本定义格式如下：

① 类内定义时：

```
类型 函数名(参数列表) const
{
    //函数体
}
```

② 类外定义时，共分两步：

类内声明：

```
    类型   函数名(参数列表) const;
```

类外定义：

```
    类型   类名::函数名(参数列表) const
{
    函数体
}
```

说明：

类对象也可以声明为 const 对象，一般来说，能作用于 const 对象和 const 对象引用的成员函数除了构造函数和析构函数以外，便只有 const 成员函数。

【例 4.10】const 成员函数(1)。

代码如下：

```
#include <iostream>
using namespace std;
class Point
{
    const int z = 0;                 //一旦构造成功,就无法修改
    int x;
    int y;                           //x、y 可以修改
```

```
public:
    Point(int a = 0, int b = 0) :x(a), y(b) { }
    void show() const;              //const 成员函数的声明与定义的格式一样
    void setX(int n)
    {
        x = n;
    }
    int getX() const  //此处 const 将限定函数成员对数据成员的操作,只允许进行读操作
    {
        //x = 10     如果不加 const,则该函数可以对 x 进行修改
        return x;
    }
    //const 成员函数只能调用 const 成员函数,但是没有对数据限制
    //所以当只对数据进行读操作时,可以加 const 修饰,使其操作更安全
    int getZ()
    {
        return z;
    }
};
int main()
{
    //const Point ss(9,7);
    //表示类对象 ss 只能做读操作,除了构造函数和析构函数外
    //对象只能调用 const 成员函数
    //所以如果只做读操作就可以加 const 修饰
    Point a(3, 9);
    const Point &bb = a;            //只是说明引用 bb 是只读对象
                                    //对象 a 并不是只读的
    //a.setX(10);                   //可以调用改写的函数
    //bb.setX(20);                  //不可以调用改写的函数,只能调用只读函数
}
void Point::show() const
{
    cout <<x <<"," <<y <<"," <<z <<endl;
}
```

【例 4.11】const 成员函数(2)。

代码如下：

```
#include <iostream>
using namespace std;
class Point
{
private:
    int xp;
    int yp;
public:
    Point(int x, int y)             //参数构造函数
    {
        xp = x;
```

```
        yp = y;
        cout <<"点的构造函数被执行" <<endl;
    }
    void print()const
    {
        //xp = 5;                    //试图修改 xp 将引发编译器报错
        //set();                     //试图调用非 const 函数将引发编译器报错
        cout <<"(" <<xp <<"," <<yp <<")";
    }
    void set()//const                //将 set()定义成 const 函数就能解决问题
    {
        cout <<"set 成员函数执行" <<endl;
    }
};
int main()
{
    Point A(4, 5);
    A.print();
    return 0;
}
//类外定义 const 成员函数
//void Point ::print()const
//{
//    xp = 5;                        //试图修改 xp 将引发编译器报错
//    set();                         //试图调用非 const 函数将引发编译器报错
//    cout <<"("<<xp <<"," <<yp <<")";
//}
```

4.2.2 静态成员函数的使用方法

成员函数也可以定义成静态的，与静态成员变量一样，系统对每个类只建立一个函数实体，该实体为该类所有的对象共享。也就是说，静态成员函数与普通成员函数一样，都只有一个实体，被所有的对象共同使用。

普通成员函数必须通过对象去调用。普通成员函数有 this 指针，通过 this 指针保存这个对象的地址，去访问这个对象的数据成员空间。其中，对象既可以访问普通数据成员，也可以访问静态数据成员；而静态成员函数既可以不通过对象调用，也可以通过对象调用，但是只能访问静态成员(即静态数据成员和静态函数成员)。

类提供了很多功能，在正常情况下，都是先创建一个对象，然后让对象去调用对应的函数。但是，特殊情况下，可以不创建对象，直接使用静态成员函数(但是只能访问静态成员)实现某些功能。

静态成员函数的声明也很简单，就是在类的成员函数前加上 static 关键字。与静态成员一样，静态成员函数也是属于类的，它并不属于任何对象，当调用静态成员函数时应该使用类名和域运算符“::”。当然，也可以使用对象调用操作，但是这样的操作并不意味着静态成员函数属于这个对象，它只是被这个对象共享而已，这样也就决定了静态成员函数是不能访问本类中的非静态数据成员的。在 C++中,静态成员函数主要用来访问静态数据成员,而不访问非静态数据成员。

注意:

① 静态成员函数不能调用非静态成员函数,但是反过来是可以的;

② 静态成员函数没有 this 指针,也就是说,静态成员函数不能使用修饰符(也就是函数后面的 const 关键字);

③ 静态成员函数的地址可用普通函数指针储存,而普通成员函数地址需要用类成员函数指针来储存。

总结:声明为静态,不论是静态数据成员还是静态成员函数,它们都是不依赖于对象而存在的。类在定义后并不分配存储空间,而是在定义类的对象时才分配存储空间;相反,静态的数据成员和静态的成员函数是已经在内存中开辟了内存空间的。所以,可以独立地访问静态数据成员,在任何类对象没有建立起来时都可以访问,并且静态成员函数不可以调用非静态成员函数,因为非静态成员函数只有在类对象建立以后才可以调用,相反则是可以的。

【例 4.12】静态成员函数。

代码如下:

```
#include <iostream>
using namespace std;
class Point
{
private:
    static int z;
    int x;
    int y;                                   //x、y 可以修改
public:
    Point(int a = 0, int b = 0) :x(a), y(b) { }
    void show() const;                       //const 成员函数的声明与定义的格式一样
    void setX(int n)
    {
        x = n;
    }
    int getX() const  //此处 const 将限定函数成员对数据成员的操作,只允许进行读操作
    {
        return x;
    }
    static void put()
    {
        //cout <<x <<","<<y <<","<<z <<endl;
        //不能访问非静态数据成员
        //只能访问静态数据成员
        cout <<"z: " <<z <<endl;
    }
};
```

```
int Point::z = 20;
int main()
{
    //Point ss(3,8);
    //ss.show();
    //cout <<"z: "<<Point ::z <<endl;   //成员私有不能访问
    Point::put();                       //不创建对象可以调用
                                        //访问的空间也可以不创建对象调用
}
void Point::show() const
{
    cout <<x <<"," <<y <<"," <<z <<endl;
}
```

4.3 对象的组织

有了自己定义的类，或者使用别人定义好的类创建对象，其机制与使用 int、double 等数据类型关键字创建普通变量几乎完全一致，程序员可以创建出 const 对象，创建指向对象的指针，创建对象数组，还可以使用 new 和 delete 等创建动态对象。

4.3.1 const 对象及引用

类对象也可以声明为 const 对象。一般来说，能作用于 const 对象和 const 对象引用的成员函数除了构造函数和析构函数外，便只有 const 成员函数了，因为 const 对象只能被创建、撤销以及只读访问，不允许被改写。

同样的，const 对象的引用也只能调用 const 成员函数，以及构造函数和析构函数。

【例 4.13】const 对象的引用。

代码如下：

```
#include <iostream>
using namespace std;
class Point
{
private:
    int xp;
    int yp;
public:
    Point(int x, int y)         //参数构造函数
    {
        xp = x;
        yp = y;
        cout <<"点的构造函数被执行" <<endl;
    }
    ~Point()                    //析构函数
    {
        cout <<"点的析构函数被执行" <<endl;
```

```
    }
    void setx(int x)           //非 const 成员函数 setx(),设置 xp
    {
        xp = x;
    }
    void sety(int y)           //非 const 成员函数 sety(),设置 yp
    {
        yp = y;
    }
    void print()const          //const 成员函数,不能修改 xp 和 yp
    {
        cout <<"(" <<xp <<"," <<yp <<")" <<endl;
    }
};
int main()
{
    Point A(4, 5);             //声明一个普通类对象 A(类变量)
    const Point &C = A;
    A.setx(7);                 //对象 A 调用非 const 成员函数
    A.sety(8);
    A.print();                 //对象 A 调用 const 成员函数
    //C.setx(7);               //错误,引用对象 C 只能调用 const 成员函数
    //C.sety(8);
    C.print();                 //正确,引用对象 C 调用 const 成员函数
    const Point B(6, 9);       //声明一个 const 对象,并调用构造函数
    //B.setx(2);               //错误,B 是 const 对象,只能调用 const 成员函数
    //B.sety(5);               //错误,B 是 const 对象,只能调用 const 成员函数
    B.print();                 //正确,B 是 const 对象,只能调用 const 成员函数
    B.~Point();                //正确,B 是 const 对象,也能调用非 const 类型的析构函数
    return 0;
}
```

4.3.2　指向对象的指针

对象占据一定的内存空间,与普通变量一致,C++中采用如下形式声明指向对象的指针:

类名　指针名 = 初始化表达式;*

初始化表达式是可选的,既可以通过取地址(& 对象名)给指针初始化,也可以通过申请动态内存给指针初始化,或者干脆不初始化(比如置为 NULL),在程序中再对该指针赋值。

指针中存储的是对象所占内存空间的首地址,比如定义 point 类的代码,针对上述定义,下列形式都是合法的:

```
point pt;                      //默认构造函数
point *ptr = NULL;             //空指针
point *ptr = &pt;              //取某个对象的地址
```

```
point * ptr = new point(1, 2.2);      //动态分配内存并初始化
point * ptr = new point[5];           //动态分配 5 个对象的数组空间
```

使用指针对象“ptr -> print();”“(* ptr). print();”都是合法的,与结构体的使用方法是一样的。

【例 4.14】指向对象的指针。

代码如下:

```
#include <iostream>
using namespace std;
class point
{
    int x;
    int y;
public:
    point(int xp = 0, int yp = 0)
    {
        x = xp;
        y = yp;
    }
    void print()
    {
        cout <<"x: " <<x <<", y: " <<y <<endl;
    }
};
int main()
{
    //以下两种方式都可以
    point *p = new point[2]{ point(4,5),point(7,8) };
    //  p[0] = point(1,2);
    //  p[1] = point(2,3);
    p[0].print();
    p[1].print();
}
```

4.3.3 对象的大小

对象占据一定的内存空间。总的来说,对象在内存中是以结构形式(只包括非静态数据成员)存储在数据段或堆中的,类对象的大小(sizeof)一般是类中所有非静态成员的大小之和。在程序编译期间,就已经为静态变量在静态存储区域分配了内存空间,并且这块内存在程序的整个运行期间都存在。而类中的成员函数只存在于代码段中,不管多少个对象都只有一个副本。

特殊之处需要强调:

① C++将类中的引用成员当成“指针”来维护,占据 4 个内存字节;

② 指针成员和引用成员属于“最宽基本数据类型”的考虑范畴,会按照类定义中所属的最大的基本数据类型分配相应大小的字节,例如基本数据类型为 double 类

型，此时指针的空间大小就为8个字节。

【例4.15】对象的大小。

代码如下：

```
#include <iostream>
using namespace std;
class cex
{
private:
    int a;          //int 型，在一般系统上占据 4 个内存字节          4
    char b;         //char 型，占 1 个内存字节                      1 + 3 (3 浪费)
    float c;        //单精度浮点型，占 4 个内存字节                 4 + 4 (4 浪费)
    double d;       //double 型，占 8 个内存字节                    8
    short e[5];     //short 型数组，每个元素占 2 个内存字节         8 + 2
    char & f;       //引用，当成指针维护                            2 + 4 (2 浪费)
    double & g;     //引用，当成指针维护                            4 + 4 (后 4 浪费)
    static int h;   //static 成员，公共内存，不影响单个对象的大小   0
//按照基本数据类型成员所占的最大空间进行对齐，与结构体类型的成员对齐方式一样
//用 static 类型的成员在类中不用计算所占空间的大小，在结构体类型中也不需要计算
//所占空间的大小
public:
    cex() :f(b), g(d)   //构造函数，引用成员必须在初始化表中初始化
    {
    }
    void print()   //成员函数的定义，普通成员函数不影响对象的大小
    {
        cout <<"成员函数 print 打印: Hello" <<endl;
    }
};
int cex::h = 0;   //static 成员的初始化
struct st
{
    int a;
    static int b;
};
int main()
{
    cex c;
    cout <<"sizeof(cex):  " <<sizeof(cex) <<endl; //输出类对象的大小 sizeof(cex) = 48
    cout <<"sizeof(cex):  " <<sizeof(struct st) <<endl;
    return 0;
}
```

4.3.4　再谈 this 指针

前面提到，一个类的所有对象共用成员函数代码段，不管有多少个对象，每个成员函数在内存中只有一个版本，那编译器如何知道是哪个对象在执行操作呢？答案就是"this 指针"。

this 指针是隐含在成员函数内的一种指针，称为指向本对象的指针，可以采用诸如“this -> 数据成员”的方式来存取类数据成员。

4.3.5 对象数组

对象数组和标准类型数组的使用方法并没有什么不同，包括声明和初始化两个方面，如下：

(1) 对象数组的声明

格式如下：

类名 数组名[对象个数]；

这种格式会自动调用无参或所有参数都有默认值的构造函数，类定义要符合该要求，否则编译报错。

(2) 对象数组的初始化

对象数组的初始化可以在声明时初始化。

对于“point(int ix,int iy){}”这种没有默认参数值的构造函数，有如下几种情况：

```
point pt[2] = {point(1,2), point(3,4)};     //#1 正确
point pt[ ] = {point(1,2), point(3,4)};     //#2 正确,自动确定数组的元素个数
point pt[5] = {point(1,2), point(3,4)};     //#3 错误
```

语句#1 和#2 是正确的，但语句#3 错误，因为 pt 的后 3 个元素会自动调用无参的或者所有参数都有默认值的构造函数，但这样的构造函数不存在，除非显式定义默认构造函数，或者定义参数默认的构造函数。

【例 4.16】对象数组。

代码如下：

```
#include <iostream>
using namespace std;
classPoint
{
private:
    int xp;
    int yp;
public:
    //Point(int x = 0 ,int y = 0)          //有参构造函数,带参数默认值
    Point(int x, int y)                    //有参构造函数
    {
        xp = x;
        yp = y;
    }
    ~Point()
    {
        cout <<"析构函数执行" <<endl;
```

```
    }
//    Point()
//    {
//        cout <<"无参构造函数执行"<<endl;
//    }
    void print()const                    //const 成员函数
    {
        cout <<"(" <<xp <<"," <<yp <<")" <<endl;
    }
};
int main()
{
    //错误：没有合适的构造函数，因为它要调用无参的构造函数
    //Point pt1[2];
    //正确
    Point pt[2] = { Point(1,2),Point(3,4) };
    pt[0].print();
    pt[1].print();
    //只有在创建对象时才能使用构造函数
    //正确，自动确定数组的元素个数
    Point pt3[] = { Point(1,2), Point(3,4) };
    //错误：后 3 个元素会自动调用无参的构造函数，但这样的构造函数不存在
    Point pt4[5] = { Point(1,2), Point(3,4) };
    //解决方法：给上述构造函数的 2 个参数定义默认值
    return 0;
}
```

4.3.6 对象链表

对象链表中，节点的初始化需要构造函数来完成，除此之外，对象链表和 C 语言中介绍的链表并无不同。

为了在 C++ 中表示链表，需要有一个表示链表中单个节点的数据类型。这样一个数据类型不但需要包含要存储的数据结构，而且要有一个指向另一个相同类型节点的指针。假设每个节点都存储一个类型为 double 的数据项，则可以声明以下类型来存放节点。

```
struct ListNode
{
    double value;
    ListNode *next;
};
```

C++结构体可以有构造函数。对于定义链表节点类型的结构，如果能给它提供一个或多个构造函数，则会带来很大的方便，因为这样将使节点在创建时即可初始化。前文还曾经提到，构造函数可以像常规函数一样，使用默认形参来定义，而为节点的后继指针提供一个默认的 nullptr 形参是很常见的。例 4.17 将介绍如何使用构造函数来初始化链表的节点。

【例 4.17】使用构造函数初始化节点。

```
struct ListNode
{
    double value;
    ListNode * next;
    //构造函数
    ListNode(double value1, ListNode * next1 = nullptr)
    {
        value = value1;
        next = next1;
    }
};
```

4.3.7 指针管理对象

与把一个简单变量创建在动态存储区一样,可以用 new 和 delete 为对象分配和释放动态存储区。在 3.9 节中已经介绍了为类内的指针成员分配动态内存的相关范例,本小节主要讨论如何为对象和对象数组分配和释放动态内存。

【例 4.18】使用 new 和 delete 为单个对象分配/释放动态内存。

代码如下:

```
#include <iostream>
using namespace std;
class Point
{
private:
    int xp;
    int yp;
public:
    //Point(int x = 0 ,int y = 0)     //有参构造函数,带参数默认值
    Point(int x, int y)               //有参构造函数,不带参数默认值
    {
        xp = x;
        yp = y;
    }
    ~Point()
    {
        cout <<"析构函数执行" <<endl;
    }
    void print()                      //成员函数,类内部实现
    {
        cout <<"(" <<xp <<"," <<yp <<")" <<endl;
    }
};
int main()
{
```

```
    Point * pt = new Point(4, 5);      //动态申请一块内存,存储 Point 类对象,
                                       //并将地址赋值给 Point 类型指针
    pt -> print();                     //使用指针加 ->,调用成员函数
    delete pt;                         //释放申请的动态内存,防止内存泄漏
    pt = NULL;                         //防止野指针,养成良好的习惯
    return 0;
}
```

4.4 小　结

本章介绍了 C++中面向对象编程的基本概念和方法。C++通过 class 关键字可以定义类,而类的成员包括数据成员和函数成员两种。关于类的使用,大体分为类的定义、类的实现和类对象的创建 3 个部分,其中,类的定义指明了类的结构,相当于"蓝图";而类的实现相当于"技术图纸",根据定义和实现便可以声明一个类的对象。

类中有几个特殊的成员函数,即构造函数、复制构造函数和析构函数。构造函数和复制构造函数用于为类对象开辟所需内存空间,并初始化各成员变量的值;而析构函数则是在撤销对象时,释放其内存空间。但需要注意的是,用户通过 new 申请的动态内存并不会在对象撤销时被自动释放,所以,应合理搭配 new 和 delete,及时释放无用的动态内存。构造函数不能由用户调用,在创建对象时会自动调用,但析构函数可以显式调用。复制构造函数的形参是本类对象的引用,它是用一个对象来初始化另一个对象。如果程序员没有显式定义构造函数(包括复制构造函数),那么 C++编译器就会隐式地定义默认的构造函数。

第 5 章

类域和友元函数

5.1 类中各种作用域

5.1.1 浅谈作用域

名称(标识符)比如变量名、函数名、结构体名和类型名等,具有作用域。作用域实际上就是名称可使用的区域,也叫可见域。名称的作用域取决于其所在的位置。

5.1.2 作用域分类

5.1.2.1 块作用域

块作用域即在块中使用的作用域。通常,名称的声明位置位于块中,那么该名称仅能在这个块中使用。名称的使用必须在声明之后才能使用,其典型代表就是局部变量(静态局部变量和非静态局部变量)在函数体内(块作用域)。在块中定义局部变量,可提高名称的复用性。如果声明的类型在块中,则只能在该块中使用;如果想要在整个工程中使用,则需要在头文件中声明。

【例 5.1】块作用域。

代码如下:

```
#include <iostream>
using namespace std;
namespace ns1
{
    int age = 10;
}
int age = 200;
```

```
int main()
{
    int age = 88;
    {
        static int age = 20;
        cout <<"名称空间：" <<ns1::age <<endl;
        cout <<"全局变量：" <<::age <<endl;
        cout <<"局部变量：" <<age <<endl;
    }
    cout <<"age = " <<age <<endl;
    return 0;
}
```

5.1.2.2　文件作用域

文件作用域即在整个文件中使用的作用域。通常，若名称的声明位置位于全局区（通常在 main()函数的上面），那么该名称能在整个文件中使用，一般有全局变量、别名、函数声明、结构体名。

【例 5.2】文件作用域。

代码如下：

```
#include <iostream>
using namespace std;
//全局作用域
int g_intValue = 100;
int main()
{
    //局部作用域
    int intValue1 = 1;
    do
    {
        int intValue2 = 1;
        intValue2 ++ ;
        intValue1 ++ ;
        std::cout << intValue2 <<std::endl;   //输出显示数据 2
    } while (false);
    //覆盖全局变量
    int g_intValue = 10;
    std::cout << intValue1 <<std::endl;       //输出显示数据 2
    std::cout << intValue2 <<std::endl;       //无法访问
    std::cout <<g_intValue <<std::endl;       //输出显示数据 10
    std::cout <<::g_intValue <<std::endl;     //输出显示数据 100,显示访问全局变量
    system("pause");
    return 0;
}
```

5.1.2.3 函数作用域

函数作用域即在整个函数内部中使用的作用域。名称只能放在函数中,不能放在全局区。具有函数作用域,名称所在的函数都可以使用,例如例 5.3 中的"goto"。

【例 5.3】函数作用域。

代码如下:

```
#include <iostream>
#include <conio.h>
using namespace std;
void password();
int main()
{
    password();
    _getch();
    return 0;
}
void password()
{
    int pw;
    SR:
    cout <<"please input your password" <<endl;
    cin >> pw;
    if (pw != 1028)
    {
        cout <<"Input errors, please enter again" <<endl;
        goto SR;//Can only be used in the current function
    }
}
```

5.1.2.4 函数原型作用域

此作用域为 C++程序中最小的作用域,生存周期最短。例如:"int func(int i)"中的 i 为参数,作用域类型为函数原型类型。

5.2. 类 域

在类中定义的成员变量和成员函数的作用域是整个类,这些名称只有在类中(包含类的定义部分和类外的函数实现部分)是可见的,在类外是不可见的,因此可以在不同类中使用相同的成员名。另外,类的作用域意味着不能从外部直接访问类的任何成员,即使该成员的访问权限是 public,也要通过对象名来调用;对于 static 成员,要通过指定类名来调用。

如果发生"屏蔽"现象,那么类成员的可见域将小于作用域,但是此时可以借助 this 指针或者"类名::"形式来指明所访问的类成员,这有些类似于使用"::"访问全局变量,比如:

```
class Point                    //类名作用域
{
private:
    int xp;                    //成员名作用域
    int yp;
public:
    void print();              //成员函数作用域
};
Point a;                       //对象名作用域
```

5.2.1　作用域与可见域

与函数一样，类的定义没有生存期的概念，但是有作用域和可见域的概念。

使用类名创建对象时，首要的前提是类名可见，而类名是否可见取决于类定义的可见域，该可见域同样包含在其作用域中。类本身可被定义在 3 种作用域内，这也是类定义的作用域，具体如下：

1. 全局作用域

在所有函数和其他类定义的外部定义的类称为全局类，绝大多数的 C++类都是定义在该作用域中。我们在前面定义的所有类都是在全局作用域中，全局类具有全局作用域。

2. 类作用域(类中类，嵌套类)

一个类可以定义在另一个类的定义中，这就是所谓的嵌套类。举例来说，当类 A 定义在类 B 中时，如果类 A 的访问权限是 public，则类 A 的作用域可认为与类 B 的作用域相同，不同之处在于必须使用 B::A 的形式来访问类 A 的类名；当然，如果类 A 的访问权限是 private，则只能在类 B 内部使用创建类 A 的对象，而无法在类 B 外部创建类 A 的对象。

【例 5.4】类作用域。

代码如下：

```
#include <iostream>
using namespace std;
class BT
{
public:                    //如果访问权限是私有的，则只能在类 BT 本身中访问
    class AT
    {
    public:                //如果访问权限是私有的，则只能在类 AT 本身中访问
        int am;            //类 AT 的成员变量
        void funa()        //类 AT 的成员函数
        {
            cout <<"funa 函数执行" <<endl;
        }
```

```
    };
    int bm;                    //类 BT 的数据成员
    AT object_a;               //类 BT 的数据成员,是类 AT 的对象
public:
    void funb()
    {
        cout <<"funb 函数执行" <<endl;
        object_a.funa();       //类 AT 的对象访问类 AT 的成员函数
    }
};
int main()
{
    BT object_b;
    object_b.funb();           //类 BT 的对象访问类 BT 的成员函数
    BT::AT object_ab; //类 AT 的权限必须是 public,才能在类 BT 的外部定义类 AT 的对象
    object_ab.funa();
}
```

3. 块作用域

类的定义在代码块中,这就是所谓的局部类。该类完全被块包含,其作用域仅限于定义所在的块,不能在块外使用类名声明该类的对象。类定义在代码块中,分为普通代码块和函数代码块两种情况。

【例 5.5】块作用域(1)。

代码如下:

```
#include <iostream>
using namespace std;
int main()
{
    //在 C/C++ 中是以花括号进行结构分层的,每对花括号代表一个层次,代表一个代码块
    {
        class AT           //定义在代码块中的类是局部类
        {
        private:           //如果访问权限是私有的,则只能在类 AT 本身中访问
            int am;        //类 AT 的成员变量
        public:
            AT()
            {
                cout <<"默认构造函数执行" <<endl;
            }
            void funa() //类 AT 的成员函数
            {
                cout <<"funa 函数执行" <<endl;
            }
        };
        AT a;          //类 AT 只能在这对花括号中访问,超出花括号的部分则对类 AT 不可见
                       //创建对象时自动调用默认构造函数
```

```
        a.funa();
    }
    //AT a;                //错误,不能在代码块的外面访问类AT
    //a.fun();
}
```

【例 5.6】块作用域(2)。

代码如下：

```
#include <iostream>
using namespace std;
void function_fun()
{
    class AT        ///定义在函数中的类也是局部类
    {
    private:        //如果访问权限是私有的,则只能在类AT本身中访问
        int am;     //类AT的成员变量
    public:
        AT()
        {
            cout <<"默认构造函数执行" <<endl;
        }
        void funa()  //类AT的成员函数
        {
            cout <<"funa函数执行" <<endl;
        }
    };
    AT a;       //类AT只能在这对花括号中访问,超出花括号的部分则对类AT不可见
                //创建对象时自动调用默认构造函数
    a.funa();
}
int main()
{
    function_fun();
    //AT a;     //错误,类AT在函数function中定义,是局部类,只能在该函数中访问
    //a.fun();
}
```

5.2.2 类名的覆盖

与普通变量的覆盖原则一样,类名也存在“屏蔽”和“覆盖”。不过,依旧可使用作用域声明符“::”来指定具体使用的类名,如“::类名”访问的是全局类,“外部类::嵌套类”访问的是嵌套类,如例5.7所示。

【例 5.7】类名的覆盖。

代码如下：

```
#include <iostream>
using namespace std;
```

```
class AT                    //全局类
{
private:                    //如果访问权限是私有的,则只能在类 AT 本身中访问
    int am;                 //类 AT 的成员变量
public:
    AT()
    {
        cout <<"全局类 AT 默认构造函数执行" <<endl;
    }
    void funa()             //类 AT 的成员函数
    {
        cout <<"全局类 AT 中的 funa 函数执行" <<endl;
    }
};
int main()
{
    class AT                //局部类
    {
    private:                //如果访问权限是私有的,则只能在类 AT 本身中访问
        int am;             //类 AT 的成员变量
    public:
        AT()
        {
            cout <<"局部类 AT 默认构造函数执行" <<endl;
        }
        void funa()         //类 AT 的成员函数
        {
            cout <<"局部类 AT 中的 funa 函数执行" <<endl;
        }
    };
    ::AT object_a;          //如果要使用外部的全局类,则需要用作用域声明符说明
    AT object_b;            //此时默认使用的类为局部类,局部类把全局类屏蔽了
    object_a.funa();
    object_b.funa();
}
```

5.2.3 作用域的综合应用

【例 5.8】作用域的综合应用。

代码如下:

```
#include <iostream>
using namespace std;
int x = 100;                            //定义性声明,全局 int 型变量 x
int z = 200;                            //定义性声明,全局 int 型变量 z
class Example
{
private:
```

```
    int x;
    int y;
public:
    Example(int xp = 0, int yp = 0)   //构造函数,带参默认函数,如果不传递数值
                                      //则默认成员值为 0
    {
        x = xp;
        y = yp;                       //形参与成员变量
    }
    void print(int x)                 //形参与成员变量 x 同名
    {
        //优先使用形参 x,覆盖了成员 x 和全局变量 x
        cout <<"传递进来的参数,形参值为: " <<x <<endl;
        //此时访问成员变量 x 需要使用 this 指针
        cout <<"成员 x 值为: " <<this-> x <<endl;
        //该函数内部没有变量与成员变量 y 同名,所以不需要使用 this 指针
        //除了 this 指针以外,还可以使用"类名::成员名"的形式访问成员变量
        cout <<"成员 y 值为: " <<y <<endl;
        //使用类名加作用域限定符的形式指明要访问的成员 x
        cout <<"成员 x 值为: " <<Example::x <<"成员 y 值为: " <<Example::y <<endl;
        //使用"::"访问全局变量
        cout <<"全局变量 x 值为: " <<::x <<endl;
        //没有形参和数据成员会对全局变量 z 构成屏蔽,直接访问 z 即可
        cout <<"全局变量 z 值为: " <<z <<endl;
    }
};
int main()
{
    Example ex1;                      //声明一个 Example 类的对象 ex1
    //Example ex1(4,5);               //这样写也可以,如果不写参数,则为默认情况
    ex1.print(5);                     //调用成员函数 print()
    return 0;
}
```

5.3　对象的生存期、作用域和可见域

类名无生存期,只有作用域和可见域。对象有生存期,对象的生存期也是对象中所有非静态成员变量的生存期,这些成员变量都随着对象的创建而创建,随着对象的撤销而撤销。

对象的生存期、作用域和可见域取决于对象的创建位置,同样有全局、局部、类内之分,与前面关于普通变量的介绍并无区别,这里不再赘述。

关于对象的创建有以下几点需要强调。

5.3.1　实例化规则

类的定义一定要在类对象声明之前,因为编译器需要知道为对象分配多大的内

存空间，仅对类进行声明是不够的，如：

```
class B;                        //声明
B objectB;                      //创建类 B 的对象，错误
class B
{
    ……
};                              //类 B 的定义
```

但是，如果不创建类 B 的对象，而仅声明一个指向类型 B 对象的指针（或引用），则是可行的。因为对于引用和指针来说，所开辟空间的大小是固定的，并不是按照类所占内存的大小来分配的，如：

```
class B;                        //声明
B * pB = NULL;                  //创建类 B 的指针，正确
B * pC = new B;                 //创建类 B 的对象，错误
class B
{
    ……
};                              //类 B 的定义
```

【例 5.9】定义后实例化。

代码如下：

```
#include <iostream>
using namespace std;
class point;                          //声明一个类
//point A;                  //定义一个 point 类对象，错误。类对象的创建必须在类定义之后
                                      //因为该语句需要调用构造函数
point *B = NULL;                      //正确
//point *pB = new point();            //错误，因为 new 语句会导致调用构造函数
//point *pB = new point;              //错误，因为 new 语句会导致调用构造函数
class point
{
private:
    int xp;
    int yp;
public:
    point(int x = 0, int y = 0) :xp(x), yp(y)   //初始化表达式，带参默认构造函数
    {
        cout <<"带参默认构造函数执行" <<endl;
    }
    void print()
    {
        cout <<"xp = " <<xp <<endl;
        cout <<"yp = " <<yp <<endl;
    }
};
int main()
{
    //此处定义的 ptA、pC 是有效的，因为是在类定义之后使用
```

```
    point ptA;                          //在调用构造函数时使用默认参数
    point * pC = new point(5, 6);  //在调用构造函数时传新的参数
    ptA.print();
    pC-> print();
}
```

5.3.2 内存释放

一种普遍的误解是,"如果对象被撤销,其占据的内存空间被释放,那么对象创建时和函数执行中通过 new 和 malloc 申请的动态内存也会被自动释放"。实际上,除非显式地调用 delete 或 free 进行释放操作,否则申请的动态内存不会随着对象的撤销而撤销;相反,撤销了对象,却没有释放动态内存反而会引起内存泄漏。

当然,在程序结束时,操作系统会回收程序所开辟的所有内存。尽管如此,还是要养成 new/delete、malloc/free 配对的编程习惯,及时释放已经无用的内存。

【例 5.10】对象内存的释放。

代码如下:

```
#include <iostream>
#include <stdlib.h>
using namespace std;
class point
{
private:
    int xp;
    int yp;
public:
    point(int x = 0, int y = 0) :xp(x), yp(y)    //初始化表达式,带参默认构造函数
    {
        cout <<"带参缺省构造函数执行" <<endl;
    }
    //void setfun(int x = 1,int y = 1):xp(x),yp(y)   //错误,只有构造函数才能使用
                                                      //这种初始化方式
    //{
    //    cout <<"设置成员变量函数执行"<<endl;
    //}
    void setfun(int x = 3, int y = 6)
                                 //可以带参默认,但是不能像构造函数那样进行初始化
    {
        xp = x;
        yp = y;
        cout <<"设置成员变量函数执行" <<endl;
    }
    void print()
    {
        cout <<"xp = " <<xp <<endl;
        cout <<"yp = " <<yp <<endl;
```

```
    }
};
int main()
{
    //此处定义的 ptA、pC 是有效的,因为是在类定义之后使用
    point ptA;                                  //在调用构造函数时使用默认参数
    point * pC = new point(5, 6);               //在调用构造函数时传新的参数
    ptA.print();
    pC -> print();
    point * pg = new point;                     //创建对象的同时执行了参数构造函数
    point * pf = (point * )malloc(sizeof(point));
                        //不会调用参数构造函数,只能说是申请了一块 point 类的空间
                        //不能算是创建对象,因为创建对象一定会调用构造函数
    pf -> setfun();                             //采用参数默认的形式
    pf -> print();
    delete pC;
    delete pg;
    free(pf);
    //释放指针,只是将指针所指的内存空间交还给系统,而指针变量的内容(即刚释放的
    //内存地址)并未改变,所以还能输出。但此时的指针一般称为"野指针",是很危险的
    //所以,一般要求释放指针后,紧接着将其置为空
    pC = pg = NULL;
    pf = NULL;
    cout <<pC <<endl;
    cout <<pg <<endl;
    cout <<pf <<endl;
}
```

5.3.3 delete 与 free 的对比

在调用 free 前,指针指向了一个内存空间,这是合法内存,利用指针可以正常访问该空间;调用 free 后,指针指向的这段空间被释放了,这段内存摇身一变成为不可用的“垃圾”内存,但是指针本身还存在,并且值也没变,还是指向了这段空间,这段调用 free 前可用、调用 free 后成为“垃圾”内存的内存属于指向非法内存块,所以在调用 free 后需要置空,以确保安全使用内存。所谓野指针,是指指向“垃圾”内存(不可用内存)的指针。

在调用 delete 时,delete()告诉编译器,这块内存可以收回去了,但将来可能会被编译器分配给别人使用,因为系统只是将指针指向的堆空间回收,但是没有将指针变量的值赋值为 NULL。也就是说,指针还是指向原来的堆空间,但是这个空间已经失效(内存空间始终存在,只是你的程序用不到这段内存了),当再次进行 new 操作时,有可能会申请到这块内存,所以,如果再次调用这段内存可能会发生不可预知的情况。因此,一般进行 delete 操作后就把指针设为 NULL。

如果调用 delete,而没有将对应指针马上赋值为 NULL,则容易导致出现野指针,此时给该指针赋值,重则摧毁系统,轻则程序无响应,最幸运的就是能输出结果,

而系统还没被破坏。

结论：

delete 和 free 在释放一块内存空间时，其原理是一样的，都是将指针所指向的内存空间归还给系统，但是指针本身还是指向那块内存空间(已经变成不可用的内存空间)，那块空间也还有其原来的值，除非释放的那块内存空间下次被使用，其值才会发生改变。

总结：

① 类名作用域，取决于声明的位置，如下：

- 全局类(外部类)，一般在头文件与主函数之间；
- 局部类(内部类)，在块内；
- 类中类(嵌套类)，类中声明其他类型。

补充：在类中通常会声明枚举类型，用于表示该类的特殊含义。

② 成员名作用域，整个类可以使用。

③ 对象名作用域，取决于声明的位置，道理同 C 语言的普通变量。

④ 创建对象，先定义，后实例化。类的定义一定要在类对象声明(实例化)之前，因为编译器需要知道为对象分配多大的内存空间，仅仅对类声明是不够的。

⑤ 必须在类定义之后才能创建对象，无论是自动分配，还是动态分配。要想成功地创建对象，必须提供相应的构造函数。

5.4　友元函数

5.4.1　了解友元

一般来说，类的私有成员只能在类的内部访问，而类外的函数是不能访问它们的，所以它们不适合特定的编程问题。在这种情况下，C++提供了另外一种访问的形式——友元，这样就可以在类外访问类的私有成员，而无需权限。

友元有以下几种形式：

① 可以将一个函数定义为某个类的友元函数，这样该函数就可以访问该类的私有成员了；

② 可以将类 B 定义为类 A 的友元类，这样类 B 就可以访问类 A 的任何成员了。

友元的声明格式：

friend xxxx；

注意：友元函数必须放在类的内部。

5.4.2　非成员函数的实现

在类的定义中用 friend 声明一个外部函数或其他类的成员函数后(函数的声明

位置可以放在访问权限为 public 和 private 区域)，这个外部函数称为类的友元函数。

友元函数声明的基本格式：

friend 函数原型；

友元函数可访问类的 private 成员。用下面的比喻形容友元函数可能比较恰当，将类比作一个家庭，类的 private 成员相当于家庭的秘密，一般的外人是不允许探听这些秘密的，只有 friend(朋友)才有权限探听这些秘密。

友元函数的实现需要在类外进行。在类内声明，类外实现，如例 5.11 所示。

【例 5.11】友元之普通函数。

代码如下：

```
#include <iostream>
using namespace std;
class Point
{
    int x;
    int y;
    //friend Point add(Point &a,Point &b);
public:
    Point(int a = 0, int b = 0) { x = a; y = b; }
    void show() { cout <<x <<"," <<y <<endl; }
    friend Point add(Point &a, Point &b);        //友元不能被继承
    //友元的声明可以放在类的任何位置
    //包括私有成员的位置
    //一般将友元函数的声明位置放在类的内部结构的尾部
    friend int add(int, int);
    //即使是函数重载也需要声明为友元
};
int add(int a, int b)
{
    return a + b;
}
Point add(Point &a, Point &b)                    //可以不使用引用,但是最好使用引用
{
    Point c;
    c.x = a.x + b.x;
    c.y = a.y + b.y;
    //访问私有成员
    //如果不声明为友元,则不能访问
    //因为外部不能访问私有成员
    //友元函数内部不能直接使用其类的私有成员
    //可以通过类对象去访问私有成员
    //友元可以访问类内所有的成员,不需要具有权限
    //
    return c;
}
int main()
```

```
{
    Point a(2, 8);
    Point b(7, 6);
    Point c = add(a, b);
    c.show();
}
```

5.4.3 成员函数的实现

将其他类的成员函数声明为本类的友元函数后,该友元函数并不能变成本类的成员函数。也就是说,朋友并不能变成家人,如例 5.12 所示。

【例 5.12】友元之成员函数。

代码如下:

```
//非成员函数的友元函数的实现,例如计算两点之间的距离
#include <iostream>
#include <cmath>
using namespace std;
class point;          //声明类 point,因为该类要在类 line 中使用,而类 line 在类 point
                      //定义之前定义,所以要先声明类 line 必须在类 point 之前定义
class line            //定义类 line
{
public:
    line();
    //友元函数的原型,作为类 line 的成员函数,只是声明,并未实现,必须在类外定义
    float distan(point &p1, point &p2);
    //不能创建 point 类对象,不能分配空间
    //类 point 在后面定义
    //对象的创建只有在类定义的后面才能创建
};
class point
{
private:
    int xp;
    int yp;
    //friend float line::distan(point &p1,point &p2);
public:
    point(int x = 0, int y = 0)    //构造函数,带参数默认
    {
        xp = x;
        yp = y;
        cout <<"构造函数执行" <<endl;
    }
    void print()                   //成员函数
    {
        cout <<"(" <<xp <<"," <<yp <<")";
    }
    friend float line::distan(point &p1, point &p2);
    //友元函数的声明与声明位置无关,可以放置在权限为 public 或 private 的区域
```

```
    //如果不把此函数声明为友元函数，那么在此函数定义中是不能使用此类中的私有
    //成员的
};
    //类 line 内成员函数 distan 的实现，作为类 point 的友元函数
float line::distan(point &p1, point &p2)  //非成员函数，函数参数采用引用的形式
{
    //友元函数中可访问类的私有成员
    float d;
    d = sqrt((p1.xp - p2.xp) * (p1.xp - p2.xp) + (p1.yp - p2.yp) * (p1.yp - p2.yp));
    return d;
}
line::line()
{
    //当类 A 中有类 B 时，类 A 需要调用类 B 的构造函数进行初始化表达式
    //或者调用设置函数进行设置
}
int main()
{
    float dl;
    line lin1;                              //声明一个类 line 的对象 lin1
    point A(1, 3);
    point B(6, 5);                          //声明两个类 point 的对象 A 和 B
    A.print();                              //显示点 A 的信息
    cout <<" 与 ";
    B.print();                              //显示点 B 的信息
    dl = lin1.distan(A, B);
    cout <<"的距离 = " <<dl <<endl;   //通过调用 lin1 的成员函数 distan 计算两点
                                    //间的距离
    //cout <<"的距离 = " <<lin1.distan(A,B); <<endl;   //这样写也可以
}
```

上述代码中，类 line 的成员函数 distan()的实现必须在类外进行，且必须在类 point 的定义之后，因为其参数包含了 point 这种类型。类 B 中的某个成员函数，如果是类 A 的友元函数，则必须先定义类 B，再定义类 A，当然类 A 仍然要在类 B 定义之前声明，且该友元函数不能在类 B 中实现，必须在类 A 定义之后实现。

类 line 的 distan()函数本来是不能访问 A. xp 和 B. yp 这种类 point 的私有成员的，但类 point 中将 distan()函数声明为友元函数后就能访问了。不过，distan()函数依然不是类 point 的成员函数，也就是说，distan()函数只是类 point 的朋友，可以访问类 point 的私有成员变量 x 和 y。

5.4.4 友元的重载

要想使一组重载函数全部成为类的友元，就必须一一声明，否则只有匹配的那个函数会成为类的友元，编译器仍将其他的函数当成普通函数来处理，如例 5.13 所示。

【例 5.13】友元函数的重载。

代码如下：

```
//友元函数重载
#include <iostream>
using namespace std;
class ST
{
private:
    int am;
    int bm;
public:
    ST(int x = 1, int y = 1)            //带参构造函数,公有成员函数
    {
        am = x;
        bm = x;
        cout <<"带参默认构造函数执行" <<endl;
    }
private:
    void print()                        //私有成员函数
    {
        cout <<"am = " <<am <<endl;
        cout <<"bm = " <<bm <<endl;
    }
    //声明 funct_set_member()是类 ST 的友元函数,可以访问 ST 的私有成员
    friend void funct_set_member(int a, int b);
    friend void funct_set_member();     //声明 funct_set_member()是类 ST 的友元函数
                                        //可以访问 ST 的私有成员
};
ST xp;                                  //创建对象 xp
//友元函数重载的实现
void funct_set_member(int a, int b)
{
    xp.am = a;
    xp.bm = b;
    cout <<"友元函数访问私有成员变量" <<endl;
}
void funct_set_member()
{
    xp.print();
}
int main()
{
    funct_set_member();                 //打印未设置 xp 对象成员变量的值
    funct_set_member(7, 8);             //设置 xp 对象成员变量的值
    funct_set_member();                 //打印设置之后 xp 对象成员变量的值
}
```

上述代码中,如果仅是将重载函数中的一个函数作为友元函数,那么另一个函数仍为普通函数,依然不能调用类中的私有成员,但是,如果函数都被设置为友元函数,那么就都能调用私有成员。

5.4.5 友元类的使用技巧

当类 B 作为类 A 的友元时,类 B 称为友元类。类 B 中的所有成员函数都是类 A 的友元函数,都可以访问类 A 中的所有成员。类 B 可以在类 A 的公有部分或私有部分进行声明,方法如下:

friend <类名>;　　//友元类类名

友元类在类的前面定义或者后面定义都可以。假设类 B 作为类 A 的友元,如果类 B 在类 A 的前面定义,此时声明类 A;如果类 B 在类 A 的后面定义,此时声明类 B,如例 5.14 所示。

【例 5.14】友元类(1)。

代码如下:

```
#include <iostream>
#include <cmath>
using namespace std;
class Point;
class Line
{
public:
    Line() {};
    void showLength(Point start, Point end_);
};
class Point
{
    int x;
    int y;
public:
    Point(int a = 0, int b = 0) { x = a; y = b; }
    void show() { cout <<x <<"," <<y <<endl; }
    friend Line;
    //表示类 Line 的所有成员函数都可以访问类 Point
    //不需要权限
};
void Line::showLength(Point start, Point end_)
{
    double len = sqrt(pow(start.x - end_.x, 2) + pow(start.y - end_.y, 2));
    cout <<"直线的长度: " <<len <<endl;
}
int main()
{
    Point a(3, 4);
    Point b(4, 5);
    Line len;
    len.showLength(a, b);
}
```

【例 5.15】友元类(2)。

代码如下：

```
//友元函数重载
#include <iostream>
using namespace std;
class  B;                //声明类 B,因为需要在类 ST 中声明
class ST
{
private:
    int am;
    int bm;
    friend B;            //声明类 B 是类 A 的友元类,这样就可以访问类 A 中所有的成员
public:
    ST(int x = 1, int y = 1)    //带参构造函数,公有成员函数
    {
        am = x;
        bm = x;
        cout <<"带参默认构造函数执行" <<endl;
    }
private:
    void print()         //私有成员函数
    {
        cout <<"am = " <<am <<endl;
        cout <<"bm = " <<bm <<endl;
    }
};
class B
{
public:
    void funct_set_member(ST &xp, int a, int b)   //必须采用引用的形式,相当于
                                                  //C 语言中的值传递和址传递
    {
        xp.am = a;
        xp.bm = b;
        //    cout <<"xp.am = "<<xp.am <<endl;
        //    cout <<"xp.bm = "<<xp.bm <<endl;
        cout <<"友元 B 类访问私有成员变量" <<endl;
    }
    void funct_set_print(ST xp)
    {
        xp.print();    //访问类 ST 的私有成员函数
    }
};
int main()
{
    B np;
    ST mp;               //类 ST 的对象,采用默认值
    np.funct_set_print(mp);  //使用类 B 的成员函数,打印 mp 对象的成员变量的值
```

```
    np.funct_set_member(mp, 8, 9);
                                //使用类 B 的成员函数，设置类 ST 的 mp 对象的成员变量的值
    np.funct_set_print(mp);   //使用类 B 的成员函数，打印 mp 对象的成员变量的值
}
```

5.4.6 友元的注意事项

如果希望从类的外部直接访问类的内部，且不需要权限，就必须声明为友元。不可否认，友元在一定程度上将类的私有成员暴露出来，破坏了信息隐藏机制，但是凡事有利有弊，合理的应用才是关键。

友元的存在，使得类的接口扩展更为灵活，使用友元进行运算符重载从概念上也更容易理解一些，而且 C++规则已经极力地将友元的使用限制在了一定的范围内。它是单向的，不具备传递性，不能被继承，所以，应尽量合理地使用友元，能不使用就不使用。

5.4.7 实践：友元管理学生信息

假设现在有一个学生类，类中包含数据成员学生姓名、成绩和学号，现要求使用友元实现班级学生信息的输入和学生成绩的排序。

【例 5.16】学生信息类。

代码如下：

```
#include <iostream>
#include <string>
using namespace std;
class Stu
{
private:
    string name;
    int score;
    static int num;
public:
    Stu(string name = "",int score = 0):name(name),score(score)
    {
        num++;
    }
    ~Stu()
    {
        num--;
    }
    void show(void)
    {
        cout <<"name:" <<name <<",score:" <<score <<endl;
    }
    static int getStuNum(void)
```

```
    {
        return num;
    }
    //友元函数
    //学生信息的输入
    //Stu * stuInfoInput(Stu * p);
    friend Stu * stuInfoInput(Stu s[], int n);
    //学生成绩排序
    friend void mpsort(Stu s[], int n);
};
int Stu::num = 0;
int main(void)
{
    Stu s[4];
    stuInfoInput(s, 4);
    mpsort(s,4);
    for (int i = 0; i <Stu::getStuNum(); i++)
    {
        s[i].show();
    }
    return 0;
}
Stu * stuInfoInput(Stu s[], int n)
{
    int i;
    for (i = 0; i <n; i++)
    {
        cin >> s[i].name;
        cin >> s[i].score;
    }
    return s;
}
void mpsort(Stu s[], int n)
{
    int i, j;
    Stu temp;
    for (i = 0; i <n - 1; i++)
    {
        for (j = 0; j <n - i; j++)
        {
            if (s[j].score <s[j + 1].score)
            {
                temp = s[j];
                s[j] = s[j + 1];
                s[j + 1] = temp;
            }
        }
    }
}
```

5.5 小　结

本章继续讨论了面向对象编程的一些概念。首先，对类作用域、类定义的作用域和可见域以及对象的生存期、作用域和可见性进行了介绍；其次，C++引入了友元机制来对类的接口进行扩展，大大提高了外部访问的灵活性，但这在一定程度上也破坏了类的封装性，违反了信息隐藏的原则，因此，对友元的使用要合理。

第 6 章

运算符重载、类型转换和重载函数选择规则

6.1 运算符重载

6.1.1 运算符重载介绍

C++中预定义的运算符的操作对象只能是基本数据类型。但实际上，对于许多用户自定义类型(例如类)，也需要类似的运算操作。这时就必须在 C++中重新定义这些运算符，赋予已有运算符新的功能，使它能够用于特定类型执行特定的操作。运算符重载的实质是函数重载，它提供了 C++的可扩展性，也是 C++最吸引人的特性之一。

运算符重载，就是对已有的运算符重新进行定义，赋予其另一种功能，以适应不同的数据类型的数据的处理。在某些情况下，运算符重载是很有必要的，例如下述代码的处理情况。

【例 6.1】运算符重载的必要性。

代码如下：

```
#include <iostream>
using namespace std;
class complex                                   //定义复数类 complex
{
private:
    double real, imag;                          //私有成员，分别代表实部和虚部
public:
    complex(double r = 0.0, double i = 0.0) //构造函数，带默认参数值
    {
        real = r;
        imag = i;
```

```
    }
    void disp()                              //成员函数,输出复数
    {
        cout <<real <<" + " <<"i * " <<imag <<endl;
    }
};
int main()
{
    complex cx1(1.0, 2.0);
    complex cx2(3.0, 4.0);
    cx1.disp();
    cx2.disp();
    //错误,因为point是自定义的数据类型,系统并未定义对这种自定义数据类型的加法操作
    complex cxRes = cx1 + cx2;
    cxRes.disp();
    return 0;
}
```

以上代码是不能正常运行的,因为在进行两个对象的相关运算时,对象是由多个数据成员组成的(即使是一个数据成员,也无法进行运算),不是一个单纯的数据,当前的"+"运算符不能满足运算的需要,所以代码不能正常运行。也就是说,当我们在使用自己定义的类时,要想进行对象的相关运算,就需要使用运算符重载,由此可见运算符重载是非常重要的。

重载时,功能必须相同,即原来存在,使用相同的名称(函数名,运算符名)。例如,编写运算符"+"的重载时,要与"+"的默认功能相同。运算符的默认规则只支持基本数据类型。例如结构体加结构体,代码如下:

```
Point a,b;
a + b; //本次运算实际为Point类数据 + Point数据,运算符号"+"并不支持这种用法
       //Point为用户自定义类型
       //必须自定义运算规则(函数)
       //规则设计核心:将高级数据的运算转换成低级数据的运算,而低级数据的运算是支持的
```

内置即提供基本支持,如int、char、double的运算;外扩则满足不同用户的特殊需求,如库函数的头文件与用户自定义的头文件。

注意:不要返回局部变量/临时变量的指针或者引用。

6.1.2 运算符重载规则

运算符是一种通俗、直观的函数,比如"int x=2+3;"语句中的"+"操作符,系统本身就提供了很多个重载版本:

```
int operator + (int,int);
double operator + (double,double);
```

可以重载的运算符有:

双目运算符　＋　－　*　/　%

关系运算符　==　!=　<　>　<=　>=

逻辑运算符　||　&&!

单目运算符　+　-　*　&

自增自减运算符　++　--

位运算符　|　&　~　^　<<　>>

赋值运算符　=　+=　-=　*=　/=　%=　&=　|=　^=　<<=　>>=

空间申请和释放　new　delete　new[]　delete[]

其他运算符　()　->　->*　,　[]

不能重载的运算符有：

成员访问运算符　.

成员指针访问运算符　.*

域运算符　::

长度运算符　sizeof

条件运算符　?:

注意：

① 不能臆造并重载一个不存在的运算符，如@、#、$等；

② 重载运算符限制在 C++ 中已有的运算符范围内的允许重载的运算符之中，不能创建新的运算符；

③ 运算符重载实质上是函数重载，因此编译程序对运算符重载的选择，遵循函数重载的选择原则；

④ 重载之后的运算符不能改变运算符的优先级和结合性，也不能改变运算符操作数的个数及语法结构；

⑤ 运算符重载不能改变该运算符用于内部类型对象的含义，它只能与用户自定义类型的对象一起使用，或者用于用户自定义类型的对象和内部类型的对象混合使用；

⑥ 运算符重载是针对新类型数据的实际需要对原有运算符进行的适当的改造，重载的功能应当与原有功能相类似，避免没有目的地使用重载运算符。

6.1.3　运算符重载技巧

运算符重载一般有两种形式：重载为类的成员函数和重载为类的非成员函数。其中非成员函数通常是友元，我们可以把一个运算符作为一个非成员、非友元函数重载，但是，这样的运算符函数在访问类的私有和保护成员时，必须使用类的公有接口中提供的设置数据和读取数据的函数，而调用这些函数会降低性能，故可以内联这些函数以提高性能。

6.1.3.1　成员形式重载实例

运算符重载是通过创建运算符函数实现的，运算符函数定义了重载的运算符将要进行的操作。成员函数形式的运算符声明和实现与成员函数类似,唯一的区别是,运算符函数的函数名是由关键字 operator 和其后要重载的运算符符号构成的。首先应当在类定义中声明该运算符,声明的具体形式为

返回类型　operator 运算符(参数列表);

既可以在类定义的同时定义运算符函数使其成为 inline 型,也可以在类定义之外定义运算符函数,但要使用作用域限定符"::"。类外定义的基本格式为

```
返回类型　类名::operator 运算符(参数列表)
{
……
}
```

说明:

当运算符重载为类的成员函数时,函数的参数个数比原来的操作数要少一个(后置单目运算符除外),这是因为成员函数用 this 指针隐式地访问了类的一个对象,它充当了运算符函数最左边的操作数。因此:

① 双目运算符重载为类的成员函数时,函数只显式说明一个参数,该形参是运算符的右操作数;

② 前置单目运算符重载为类的成员函数时,不需要显式说明参数,即函数没有形参;

③ 后置单目运算符重载为类的成员函数时,函数要带有一个整型形参;

④ 调用成员函数运算符的格式如下:

<对象名><运算符>(<参数>)

它等价于:

<对象名><运算符><参数>

例如:"a+b"等价于"a. operator +(b)"。一般情况下,我们采用运算符的习惯表达方式,此时对象 a 会被隐式地访问,在进行参数传递时只需要传递对象 b 即可,如例 6.2 所示。

【例 6.2】运算符重载。

代码如下:

```
#include <iostream>
using namespace std;
class Complex
{
private:
    double real;                                   //实部
    double image;                                  //虚部
public:
    Complex(double re = 0.0, double im = 0.0) //带参默认构造函数
    {
        real = re;
```

```
        image = im;
        cout <<"带参默认构造函数执行" <<endl;
        //一定要写带参默认构造函数,因为凡是创建对象就一定会调用构造函数
    }
    void result_print()
    {
        cout <<real <<" + " <<"i" <<image <<endl;
    }
    Complex operator +=(const Complex &Cmp);    //运算符"+="函数的声明
    Complex operator +(const Complex &Cmp);     //运算符"+"函数的声明
    Complex operator -(const Complex &Cmp);     //运算符"-"函数的声明
    Complex operator -();                       //运算符取反"-"函数的声明
    Complex operator *(const Complex &Cmp);     //运算符"*"函数的声明
    Complex operator /(const Complex &Cmp);     //运算符"/"函数的声明
    Complex operator ++();                      //运算符前置"++"函数的声明
    Complex operator ++(int);                   //运算符后置"++"函数的声明
};
int main()
{
    Complex Cx1(4.0, 6.0), Cx2(2.0, 3.0);
    Complex Res_cx;
    //如果在成员函数中直接使用 this 指针,那么在主函数中就相当于使用 Cx1
    //这样,在进行操作时,Cx1 对象的值有可能会发生改变,所以应创建临时对象
    //这样就不会使 this 指针的值发生改变了
    //"<对象名>.operator <运算符>(<参数>)"等价于"<对象名><运算符><参数>"
    Res_cx += Cx1;                    //等价于"Res_cx.operator +=(Cx1);"
    //上面这种写法并没有接收返回值
                          //"Res_cx = Res_cx.operator +=(Cx1);"接收了函数的返回值
                                      //此时成员函数那边不需要引用
    Res_cx.result_print();
    //双目运算符在使用函数的过程中做了接收函数返回值的处理
    Res_cx = Cx1 + Cx2;               //等价于"Res_cx = Cx1.operator + (Cx2);"
    Res_cx.result_print();
    Res_cx = Cx1 - Cx2;               //等价于"Res_cx = Cx1.operator - (Cx2);"
    Res_cx.result_print();
    Res_cx = Cx1 * Cx2;               //等价于"Res_cx = Cx1.operator * (Cx2);"
    Res_cx.result_print();
    Res_cx = Cx1 / Cx2;               //等价于"Res_cx = Cx1.operator / (Cx2);"
    Res_cx.result_print();
    Res_cx = ++Cx1;                   //等价于"Res_cx = Cx1.operator ++ ();"
    //Res_cx = ++Cx1 + Cx2;           //前置是先自增,后使用
    Res_cx.result_print();
    //Res_cx = Cx1++ ;                //等价于"Res_cx = Cx1.operator ++ (0);"
    Res_cx = Cx1+++ Cx2;              //后置是先使用,后自增
    Res_cx.result_print();
    Cx1.result_print();               //最后值发生了自增
    Res_cx = -Cx1;                    //等价于"Res_cx = Cx1.operator - ();"
    Res_cx.result_print();            //取反
    cout <<endl;
```

```
    //注意下述语句在友元函数形式和成员函数形式中的对比
    Res_cx = Cx1 + 5;  //相当于"Cx1.operator+(5)"或"Cx1.operator+(Complex(5))"
    Res_cx.result_print();
    //Res_cx = 5 + Cx1;  //错误,相当"5.operator+(cx1);",这里5是正整数,默认的
                         //数据类型为int类型。必须要先将5强制转换为复数
                         //才可以使用Res_cx = Complex(5) + Cx1
    //Res_cx.result_print();
}
Complex Complex::operator +=(const Complex &Cmp)
{
    //创建一个对象,跟直接使用是一样的,相当于将this指针的值给了临时对象,这样
    //this指针的值不会发生改变
    //real += Cmp.real;
    //image += Cmp.image;
    //return *this;
    //下面这种方法也可以,必须使用引用,使用引用则res与this是一个东西,一边改变
    //另一边也会改变
    Complex &res = *this;
    res.real += Cmp.real;
    res.image += Cmp.image;
    return res;
    //如果不使用引用,那么虽然返回的是res,但打印的却是Res_cx的值,而且Res_cx的
    //值并没有发生改变,因为在使用赋值运算符时并没有接收该运算符函数的返回值
}
Complex Complex::operator +(const Complex &Cmp)
{
    //real = real + Cmp.real;
    //image = image + Cmp.image;
    //
    //return *this;                    //会使隐式访问的对象的值发生改变
    //写成下面这种形式
    Complex res;
    res.real = real + Cmp.real;
    res.image = image + Cmp.image;  //隐含了this指针
    return res;
    //如果不写成这样,在进行后面的运算时,结果会出现错误,原因就在于
    //隐式访问的对象的值已经发生了改变
}
Complex Complex::operator -(const Complex &Cmp)    //运算符"-"函数的声明
{
    Complex res;
    res.real = real - Cmp.real;
    res.image = image - Cmp.image;
    return res;
}
Complex Complex::operator -()
{
    //取反,将数取反,但是最终数的本身还是不变,也就是this对象不改变
```

```
    Complex res;
    res.real = - real;
    res.image = - image;
    return res;
}
Complex Complex::operator *(const Complex &Cmp)
{
    Complex res;
    res.real = real * Cmp.real;
    res.image = image * Cmp.image;
    return res;
}
Complex Complex::operator /(const Complex &Cmp)
{
    Complex res;
    res.real = real / Cmp.real;
    res.image = image / Cmp.image;
    return res;
}
Complex Complex::operator ++()
{
    ++real;
    ++image;
    return *this;
    //变量本身要发生变化,变量最终加 1,所以 this 指针的数值必须要发生变化
}
Complex Complex::operator ++(int)
{
Complex tmp = (*this);                //最终返回的是原来的值,因此需要先保存原来的值
//++(*this);
real++;
image++;                              //返回后原来的值需要加 1,相当于"++(*this);"
return tmp;
}
```

6.1.3.2 友元形式重载实例

使用成员函数重载双目运算符时,左操作数无需用参数输入,而是通过隐含的 this 指针传入,这种做法的效率比较高。此外,操作符还可重载为友元函数形式,友元函数中无法使用 this 指针,因此操作数的个数没有变化,所有操作数都必须通过函数的形参进行传递,函数的参数与操作数自左至右一一对应。对于双目运算符,友元函数有 2 个参数;对于单目运算符,友元函数有 1 个参数。

重载为友元函数的运算符重载函数的声明格式为

friend 返回类型 operator 运算符 (参数表);

实现格式为(友元函数的实现只能在类外面实现):

<函数类型> operator <运算符>(<参数表>)

{

<函数体>

}

调用友元函数运算符的格式如下：

operator <运算符>(<参数 1>,<参数 2>)

它等价于：

<参数 1><运算符><参数 2>

【例 6.3】“a+b”等价于“operator +(a,b)”。

代码如下：

```
#include <iostream>
using namespace std;
class Complex
{
private:
    double real;
    double image;     //复数的实部和虚部
public:
    Complex(double re = 0.0, double im = 0.0)
    {
        real = re;
        image = im;
    }
    void Result_print()
    {
        cout <<real <<" + " <<"i" <<image <<endl;
    }
    //友元函数的形式实现运算符重载
    //friend Complex operator += (const Complex &cmp);  //复合赋值运算符“ += ”
    //不能实现复合赋值运算,因为在进行复合赋值运算时,其实是有两个参数的
    //但其中一个参数希望可以做隐式转换,因此只能用成员函数的形式实现
    friend Complex operator + (const Complex &bmp, const Complex &cmp);
                                              //运算符“ + ”重载函数的声明
  //可以不用引用做形参
    friend Complex operator - (const Complex &bmp, const Complex &cmp);
                                              //运算符“ - ”重载函数的声明
    friend Complex operator - (const Complex &bmp);
                                              //运算符取反“ - ”重载函数的声明
    friend Complex operator * (const Complex &bmp, const Complex &cmp);
                                              //运算符“ * ”重载函数的声明
    friend Complex operator/(const Complex &bmp, const Complex &cmp);
        //运算符“/”重载函数的声明不能采用只读的形式,如果用只读,则不能进行写操作
    friend Complex operator + + (Complex &bmp);
                                              //运算符前置“ + + ”重载函数的声明
    friend Complex operator + + (Complex &bmp, int n);
                                              //运算符后置“ + + ”重载函数的声明
```

```
};
int main()
{
    //友元函数的调用格式
    //"operator <运算符> (<参数 1 >,<参数 2 >)"等价于"<参数 1 > <运算符> <参数 2 >"
    Complex Cx1(4.0, 6.0), Cx2(2.0, 3.0);
    Complex Res_cx;              //使用带参默认构造函数,默认赋值为 0
    Res_cx = Cx1 + Cx2;          //将函数的返回值赋值给 Res_cx
                                 //等价于"Res_cx = operator +(Cx1,Cx2);"
    Res_cx.Result_print();
    Res_cx = Cx1 - Cx2;          //等价于"Res_cx = operator -(Cx1,Cx2);"
    Res_cx.Result_print();
    Res_cx = -Cx1;               //等价于"Res_cx = operator -(Cx1);"
    Res_cx.Result_print();
    Res_cx = Cx1 * Cx2;          //等价于"Res_cx = operator *(Cx1,Cx2);"
    Res_cx.Result_print();
    Res_cx = Cx1 / Cx2;          //等价于"Res_cx = operator /(Cx1,Cx2);"
    Res_cx.Result_print();
    Res_cx = ++Cx1;              //等价于"Res_cx = operator ++(Cx1);"
    Res_cx.Result_print();
    Cx1.Result_print();
    Res_cx = Cx1++;              //等价于"Res_cx = operator ++(Cx1,0);"
    Res_cx.Result_print();
    Cx1.Result_print();
    cout << endl;
    //注意下述语句在友元函数形式和成员函数形式中的对比
    Res_cx = Cx1 + 5;            //相当于"operator+(cx1, 5);"
    Res_cx.Result_print();
    Res_cx = 5 + Cx1;            //相当于"operator+(5, cx1);"
    Res_cx.Result_print();       //在成员函数中"5 + Cx1"这种写法是错误的
}
Complex operator+(const Complex &bmp, const Complex &cmp)
{
    Complex res;                 //创建临时对象
    res.real = bmp.real + cmp.real;
    res.image = bmp.image + cmp.image;
    return res;
}
Complex operator-(const Complex &bmp, const Complex &cmp)
{
    Complex res;                 //创建临时对象
    res.real = bmp.real - cmp.real;
    res.image = bmp.image - cmp.image;
    return res;
}
Complex operator-(const Complex &bmp)
{
    Complex res;                 //创建临时对象
    res.real = -bmp.real;
```

```
    res.image = - bmp.image;
    return res;
}
Complex operator * (const Complex &bmp, const Complex &cmp)
{
    Complex res;                //创建临时对象
    res.real = bmp.real * cmp.real;
    res.image = bmp.image * cmp.image;
    return res;
}
Complex operator/(const Complex &bmp, const Complex &cmp)
{
    Complex res;                //创建临时对象
    res.real = bmp.real / cmp.real;
    res.image = bmp.image / cmp.image;
    return res;
}
//前置"++"重载运算符的实现
Complex operator ++ (Complex &bmp)
{
    //必须采用引用的形式或者指针的形式,变量本身会自增
    //变量先加,后用
    ++bmp.real;
    ++bmp.image;
    return bmp;
}
Complex operator ++ (Complex &bmp, int n)
{
    //变量先用之后,才会发生自增,所以要返回变量原来的值
    Complex res = bmp;   //将变量的值赋给临时变量(对象)
    //然后对象在自增
    bmp.real ++ ;
    bmp.image ++ ;
    //后置"++"重载运算符的实现,体会与前置"++"重载运算符的区别
    //这里不能返回引用,否则结果为乱码
    return res;
}
```

说明：一般能用成员就用成员进行运算符重载,不能用成员就用友元,不考虑普通函数。

6.1.3.3 友元和成员函数实现的优劣

在多数情况下,将运算符重载为类的成员函数和类的友元函数都是可以的,但成员函数运算符与友元函数运算符还各自具有一些特点：

① 一般情况下,单目运算符最好重载为类的成员函数,双目运算符则最好重载为类的友元函数。

② 以下一些双目运算符不能重载为类的友元函数：赋值运算符=、函数调用运算符()、下标运算符[]、指针运算符->，这些只能使用成员函数形式重载。有些运算

符重载只能使用友元形式：<<、>>（输出　输入）。

对于如下代码：

```
complex c1(1.0, 2.0), cRes;
cRes = c1 + 5; //#1
cRes = 5 + c1; //#2
```

友元函数形式的重载都是合法的，可转换成：

```
cRes = operator+(c1, 5); //#1 合法
cRes = operator+(5, c1); //#2 合法
```

但成员函数形式的重载只有语句＃1 合法，语句＃2 非法：

```
cRes = c1.operator(complex(5));      //#1 可能合法
cRes = 5.operator(c1);               //#2 非法,5 不会隐式转换成 complex
```

③ 类型转换函数只能定义为一个类的成员函数，而不能定义为类的友元函数。

④ 若一个运算符的操作需要修改对象的状态，则选择重载为成员函数较好。

⑤ 若运算符所需的操作数（尤其是第一个操作数）希望有隐式类型转换，则只能选用成员函数。

⑥ 当需要重载运算符具有可交换性时，选择重载为友元函数。

⑦ 有些运算符既可以使用友元形式，也可以使用成员形式，这种情况下建议使用成员形式，不仅简单，而且会跟着类走。

简单来说，到底选择成员函数还是友元函数，其核心是左操作数，即

① 左操作数固定为自定义类型，只能使用成员形式，如：赋值运算符＝、下标运算符[]、函数调用运算()、指针运算符-> 等。

② 如果左操作数固定为其他类型，则只能使用友元形式，如：int ＋ Point。使用友元的形式时，Point ＋ int 的本质是成员的相加。

注意：

① 正常情况下，复制构造函数、析构函数、赋值运算符重载函数都使用默认提供的，不用自定义，但是一旦类内部出现堆区空间（通常为指针成员），则必须自定义复制构造函数、析构函数、赋值运算符重载函数。

② 运算符重载可以改变运算符内置的语义，如以友元函数形式定义的加操作符：

```
complex operator +(const complex& C1,const complex& C2)
{
    return complex(C1.real - C2.real,C1.imag - C2.imag);
}
```

明明是加操作符，但函数内进行的却是减法运算。这是合乎语法规则的，不过却有悖于人们的直觉思维，会引起不必要的混乱。因此，除非有特别的理由，应尽量使重载的运算符与其内置的、广为接受的语义保持一致。

③ 还要注意各运算符之间的关联，比如下列几个与指针相关的操作符：[ ]、*、& 和->。编译器对这些操作符的解释有一种“等价”关系，因此，如果对其中一个进

行了重载，其他对应的操作符也应被重载，使等价操作符实现等价的功能。

6.1.4 运算符典型重载实战

6.1.4.1 赋值运算符＝

赋值运算是一种很常见的运算，如果不重载赋值运算符，则编译器会自动为每个类生成一个默认的赋值运算符重载函数，先看下面的语句：

```
对象 1 = 对象 2;
```

实际上是完成了由对象2各个成员到对象1相应成员的复制。其中包括指针成员，这与复制构造函数、默认复制构造函数有些类似，如果对象1中含指针成员，并且当牵扯到类内指针成员动态申请内存时，问题就会出现。

注意下述两个代码的不同：

```
类名  对象 1 = 对象 2;//复制构造函数
```

和

```
类名  对象 1;          //默认构造函数
对象 1 = 对象 2;       //赋值运算符函数
```

说明：赋值运算符只能以成员函数的形式进行重载，因为在使用赋值运算符时，实际上是调用了两个对象，但给人视觉上是一个对象，这就说明另一个对象被隐式调用了。

【例 6.4】赋值运算符重载。

代码如下：

```
//成员函数形式的运算符重载
#include <iostream>
using namespace std;
class Complex
{
private:
    double real;
    double image;         //复数的实部和虚部
public:
    Complex(double re = 0.0, double im = 0.0)
    {
        real = re;
        image = im;
    }
    //显示定义复制构造函数，如果不显示定义，则会调用默认复制构造函数
    //  Complex(const Complex &cmp)
    //  {
    //     real = cmp.real;
    //     image = cmp.image;
    //     cout <<"复制构造函数执行"<<endl;
        //在执行赋值运算符时，如果参数不是引用，则会调用复制构造函数
```

```
        //在进行赋值运算符重载时,如果返回引用,或者参数为引用,则不会出现复制
        //构造函数被调用的情况
    //  }
    void Result_print()
    {
        cout <<real <<" + " <<"i" <<image <<endl;
    }
    //以成员函数的形式实现赋值运算符 = 的重载
    Complex& operator = (const Complex cmp)      //参数类型最好不是引用
    {
        //其中一个对象被隐式调用了
        this -> real = cmp.real;                 //等价于"real = cmp.real;"
        this -> image = cmp.image;
        cout <<" --------- " <<endl;
        return * this;  //返回的是引用,如果不返回引用,则在返回的过程中会调用
                        //复制构造函数
    }
};
int main()
{
    Complex Cx1(4.0, 6.0), Cx2, Cx3;
    Complex Res_cx = Cx1;                   //调用复制构造函数,不会执行运算符重载函数
    Res_cx.Result_print();
    Cx2 = Cx1;  //调用赋值运算符重载函数,可以在运算符重载函数中做标记进行说明
//              //等价于"Cx2.operator = (Cx1);"
                //"Cx3 = Cx2.operator = (Cx1);"接收赋值运算符的返回值
    Cx2.Result_print();
    //c = a.operator + (b) ;  //显示调用"c.operator = (a.operator + (b))"
                              //赋值函数参数里的参数是临时对象
                              //临时对象不可以使用引用作形参
}
```

以上是系统默认的赋值运算符的重载。当类中的成员存在指针或者数组时,两个对象中的成员将共用同一块地址空间,操作过程中有可能出现内存泄漏,因此需要我们自己去重载赋值运算符的函数,如例 6.5 所示。

【例 6.5】赋值运算符重载——类的成员存在指针。

代码如下:

```
//赋值运算符重载。如果没有,则执行时会出错
#include <iostream>
#include <cstring>
using namespace std;
class Computer
{
private:
    char * brand;
    float price;
public:
```

```
        //无参构造函数
        Computer()
        {
            brand = NULL;
            price = 0;
            cout <<"无参构造函数执行" <<endl;
        }
        //带参构造函数
        Computer(const char * br, float pr)
        {
            brand = new char[strlen(br) + 1];           //为 brand 分配一块动态内存
            strcpy_s(brand, strlen(br) + 1 ,br);        //字符串复制
            price = pr;
            cout <<"带参构造函数执行" <<endl;
        }
        //复制构造函数
        Computer(const Computer &cmp)
        {
            brand = new char[strlen(cmp.brand) + 1];
            strcpy_s(brand, strlen(cmp.brand) + 1 ,cmp.brand);
            price = cmp.price;
            cout <<"复制构造函数执行" <<endl;
        }
        //析构函数,无返回值无参数
        ~Computer()
        {
            delete[]brand;
            cout <<"析构函数执行" <<endl;
        }
        //打印函数
        void print_infor()
        {
            cout <<"品牌:" <<brand <<"  " <<"价格:" <<price <<endl;
        }
        //赋值运算符重载函数,以成员函数的形式实现
        Computer& operator = (const Computer &cmp);  //类内实现或者类外实现都可以
    };
    //应该使用下述函数取代上述系统隐式的定义
    Computer& Computer::operator = (const Computer &cmp)
    {
        if (this == &cmp)        //首先判断是否为自赋值,如果是,则返回当前对象
            return * this;
        //如果不是自赋值,则先对 price 赋值
        price = cmp.price;
        delete[]brand;            //防止内存泄漏,先释放 brand 指向的内存
        brand = new char[strlen(cmp.brand) + 1];          //为 brand 重新开辟一块内存空间
        if (brand != NULL)        //如果开辟成功
        {
            strcpy_s(brand, strlen(cmp.brand) + 1 ,cmp.brand);      //字符串复制
```

```
    }
    cout <<"赋值运算符重载函数执行" <<endl;
    return ( * this);              //返回当前对象的引用,为的是实现链式赋值
                                   //如果不是引用,则在返回的过程中相当于
                                   //"Computer 对象 = * this"会调用复制构造函数
}
int main()
{
    Computer comp1("LeShi", 3000);  //调用带参构造函数
    Computer comp2 = comp1;         //调用复制构造函数
    Computer comp3;                 //调用无参构造函数
    comp3 = comp2;                  //调用赋值运算符
                              //在执行赋值运算符的同时调用了复制构造函数
    comp3.print_infor();
}
```

输出结果如图 6.1 所示。

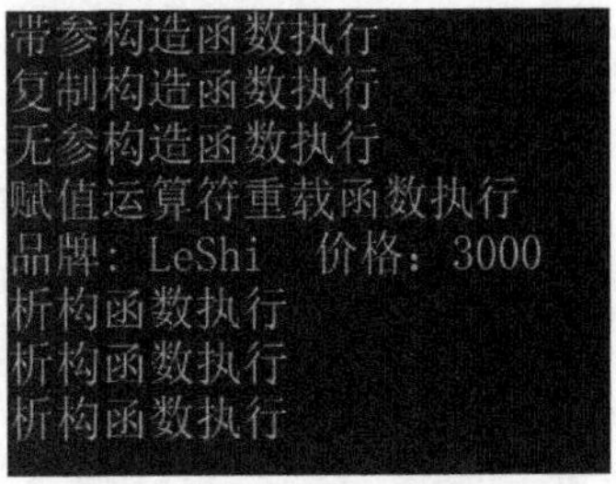

图 6.1　例 6.5 的输出结果

6.1.4.2　函数调用运算符()

如果类重载了函数调用运算符(),那么我们可以像使用函数一样使用该类的对象,因为这样的类同时也能存储状态,所以与普通函数相比它们更加灵活。

函数调用运算符()同样只能重载为成员函数形式,其形式为

返回类型 operator()(arg1,arg2,……)

其中,参数个数可以有多个,没有限制。

针对如下定义:

```
void computer::operator()(){};
int computer::operator()(int x){};
char computer::operator()(char x, char y){};
```

可以这样调用:

```
computer com1;
int z = com1(3200);        //等价于"int z = com1.operator()(3200);"
char c = com1('a', 'b');
```

如果一个类重载了函数调用 operator(),就可以将该类对象作为一个函数使用,这样的类对象也称为函数对象。函数也是一种对象,这是泛型思考问题的方式(如果类定义了调用运算符,则该类的对象称作函数对象)。

注意: 如果使用重载函数调用运算符()写了多个函数,就会发生函数的重载。函数重载需要注意的问题是,函数返回值可以不同,参数列表的参数不能相同(表现在参数的类型、参数的顺序及个数上都可以不同),如例 6.6 所示。

【例 6.6】重载函数调用运算符()。

代码如下：

```
//重载函数调用运算符()
#include <iostream>
using namespace std;
class Pon
{
private:
    int xp;
    int yp;
public:
    Pon(int x = 0, int y = 0)
    {
        xp = x;
        yp = y;
        cout <<"带参默认构造函数执行" <<endl;
    }
    void operator()();                  //无参无返回值调用运算符重载声明
    void operator()(int x);             //无返回值有参调用运算符重载声明
    int operator()(int x, int y);       //有返回值,有参,调用运算符重载声明
};
int main()
{
    Pon comp;
    int sum;
    comp();                             //等价于“comp.operator()();”
    comp(6);                            //等价于“comp.operator()(6);”
    comp();                             //打印改变之后的值
    sum = comp(7, 8);                   //等价于“sum = comp.operator()(7,8);”
    cout <<"sum = " <<sum <<endl;
}
void Pon::operator()()
{
    cout <<"xp = " <<xp <<endl;
    cout <<"yp = " <<yp <<endl;
    cout <<"无参无返回值函数运算符重载" <<endl;
}
void Pon::operator()(int x)
{
    xp = x;
    cout <<"有参无返回值函数运算符重载" <<endl;
}
int Pon::operator()(int x, int y)
{
    cout <<"有参有返回值函数运算符重载" <<endl;
    return (x + y);
}
```

输出结果如图 6.2 所示。

6.1.4.3　下标运算符[]

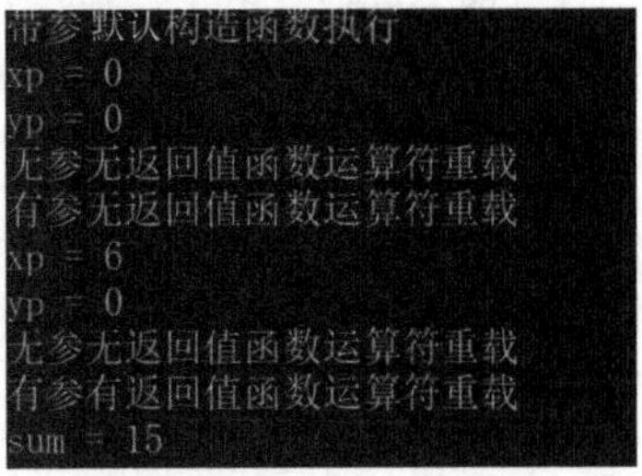

图 6.2　例 6.6 的输出结果

下标运算符是一个二元运算符，C++编译器将表达式“sz[x];”解释为“sz.operator[](x);”。

一般情况下，下标运算符的重载函数原型如下：

返回类型 & operator[ ](参数类型);

下标运算符的重载函数只能有一个参数，不过该参数并没有类型限制，故任何类型都可以。如果类中未重载下标运算符，编译器将会给出下标运算符的默认定义，此时，参数必须是 int 型，并且要声明数组名才能使用下标变量，如：

```
computer com[3];
```

则在后续使用中“com[1]”等价于“com.operator[](1)”，如果[]中的参数类型为非 int 型，或者非对象数组要使用下标运算符，则需要重载下标运算符[]，如例 6.7 所示。

【例 6.7】下标运算符[]。

代码如下：

```
#include <iostream>
using namespace std;
class PN
{
private:
    int count_n;
    int *p;
public:
    PN(int cnt = 0)
    {
        count_n = cnt;
        p = new int[count_n];
    }
    int& operator[](int i)
    {
        if (i <0 || i > count_n - 1)
        {
            cout <<"下标越界" <<endl;
            return p[count_n - 1];
        }
        cout <<"[]下标运算符被调用" <<endl;
        return p[i];
    }
};
int main()
{
```

```
    PN com(4);
    com[0] = 3;          //等价于"com.operator[](0) = 3;"
    com[1] = 4;
    com[2] = 5;
    com[3] = 6;
    com[4] = 7;
    com[5] = 8;
    cout <<com[0] <<endl;
    cout <<com[1] <<endl;
    cout <<com[2] <<endl;
    cout <<com[3] <<endl;
    cout <<com[4] <<endl;
    cout <<com[5] <<endl;
}
```

6.1.4.4 new 和 delete

通过重载 new 和 delete,我们可以自己实现内存的管理策略。new 和 delete 只能重载为类的静态运算符,而且重载时,无论是否显示指定 static 关键字,编译器都认为是静态的运算符重载函数。

重载 new 时,必须返回一个 void * 类型的指针。它可以带多个参数,但第 1 个参数必须是 size_t 类型,该参数的值由系统确定,如下:

```
static void * operator new(size_t nSize)
{
    cout <<"new 操作符被调用, size = " <<nSize <<endl;
    void * pRet = new char[nSize];
    return pRet;
}
```

重载 delete 时,必须返回 void 类型。它可以带有多个参数,但第 1 个参数必须是要释放的内存的地址 void *,如果有第 2 个参数,它必须为 size_t 类型,如下:

```
static void operator delete(void * pVoid)
{
    cout <<"delete 操作符被调用." <<endl;
    delete [] pVoid;
}
```

一个类可以重载多个 new 运算符,却只能重载一个 delete 运算符,如例 6.8 所示。

【例 6.8】new 和 delete 重载。

```
#include <iostream>
#include <cstring>
using namespace std;
class PN
{
public:         //如果是私有则无法在类外访问
    int id;
```

```
    char name[15];
public:
    static void * operator new(size_t size_n)
    {
        cout <<"new 重载运算符被调用,size_n = " <<size_n <<endl;
        void * ptr = new char[size_n];
        return ptr;
    }
    static void operator delete(void * ptr)
    {
        cout <<"delete 重载运算符被调用" <<endl;
        delete[]ptr;
    }
    void pritf()
    {
        cout <<"id = " <<id <<endl;
        cout <<"name = " <<name <<endl;
    }
};
int main()
{
    PN * comp1 = new PN;          //动态申请一块内存
                                  //内存大小会自动定义为类的大小
    comp1 -> id = 1101;
    strcpy_s(comp1 -> name,10 , "zhangsna");
    comp1 -> pritf();
    delete comp1;
}
```

6.1.4.5　输入>>及输出<<

我们平时可以用流“std::cout <<str <<n ; std::cin >> str >> n;”输出、输入字符串和整型等内置类型的值，但是对于我们自定义的类，比如 Student 类，却不能直接通过“cout <<Student”或“cin >> Student”这样的形式来输出类的内容或给类赋值。怎么办呢？我们可以通过重载输出、输入运算符，让自定义的类也支持这样的操作。

1. 重载输出运算符

① 通常情况下，输出运算符的第一个形参是一个非常量的 ostream 对象的引用（非常量是因为向流写入内容会改变其状态，用引用是因为流对象不支持复制）。

② 第二个参数一般来说是一个常量的引用，该常量是我们想要输出的类类型（用引用是因为希望避免复制实参，用常量是因为通常打印对象时不需要改变对象的内容）。

③ 输出运算符应尽量减少格式化操作，尤其是换行符，这样有利于用户对输出格式的控制。

④ 一般会声明为友元函数(friend)，这样输出运算符函数才能使用类的私有成

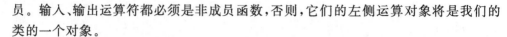

员。输入、输出运算符都必须是非成员函数，否则，它们的左侧运算对象将是我们的类的一个对象。

⑤ 对操作符<<的重载：

```
friend ostream& operator <<(ostream& os,Complex& C1)
{
    os <<C1.real <<" + i * "<<C1.imag <<endl;
    return os;
}
```

2. 重载输入运算符

① 通常情况下，输入运算符的第一个形参是运算符将要读取的流的引用，第二个形参是将要读入到的（非常量）对象的引用（第二个形参非常量，其目的就是将数据读入对象中，所以对象会被改变）。

② 该运算符通常会返回某个给定流的引用。

③ 输入运算符必须处理输入可能失败的情况，而输出运算符不需要。

④ 对操作符>>的重载：

```
friend istream& operator >> (istream& is,Complex& C1)
{
    is >> C1.real;
    while (is.get() != '* ');
    cin >> C1.imag;
    return is;
}
```

3. 输入时会发生的错误

① 当流含有错误类型的数据时，读取操作可能失败（输入数据与类型不匹配）。一旦发生错误，后续的流使用都将失败。

② 当读取操作到达文件末尾或者遇到输入流的其他错误时也会失败。

>> 和<<运算符只能重载为友元函数形式，具体案例如例 6.9 所示。

【例 6.9】输入>>输出<<运算符的重载。

代码如下：

```
#include <iostream>
using namespace std;
class Complex
{
private:
    double real;
    double image;                //复数的实部和虚部
public:
    Complex(double re = 0.0, double im = 0.0)
    {
        real = re;
        image = im;
    }
    friend istream& operator >> (istream &is, Complex &cmp);
```

```
    friend ostream& operator <<(ostream &os, Complex &cmp);
                                    //声明为友元函数可以访问类的私有成员
};
int main()
{
    Complex Cx1(3, 5);
    Complex Cx2;
    //调用者在使用时决定是否换行
    cout <<Cx1 <<endl;          //直接输出对象
    cin >> Cx2;                 //直接输入对象
    cout <<Cx2 <<endl;
}
istream& operator >> (istream &is, Complex &cmp)
{
    is >> cmp.real;
    is >> cmp.image;
    return is;
}
ostream& operator <<(ostream &os, Complex &cmp)
{
    os <<cmp.real <<" + i" <<cmp.image <<endl;
    return os;
}
```

6.1.4.6　类成员访问运算符->

类成员访问运算符-> 可以被重载,但它较为麻烦。它被定义为一个类赋予“指针”行为。类成员访问运算符-> 必须是一个成员函数。如果使用了类成员访问运算符-> ,则返回类型必须是指针或者是类的对象。

类成员访问运算符-> 通常与指针引用运算符 * 结合使用,用于实现“智能指针”的功能。这些指针是行为与正常指针相似的对象,唯一不同的是,当通过指针访问对象时,它们会执行其他的任务。比如,当指针销毁时,或者当指针指向另一个对象时,会自动删除对象。

间接引用类成员访问运算符-> 可被定义为一个一元后缀运算符,也就是说,给出一个类,如下:

```
class Ptr{
    //……
    X * operator -> ();
};
```

类 Ptr 的对象可用于访问类 X 的成员,使用方式与指针的用法十分相似,例如:

```
void f(Ptr p )
{
    p-> m = 10;          //(p.operator -> ()) -> m = 10
}
```

语句“p -> m”被解释为“(p. operator -> ())-> m”。同样的,下面的实例演示了

如何重载类成员访问运算符->。

【例 6.10】指针运算符->的重载。

代码如下：

```
#include <iostream>
using namespace std;
class CData
{
public:
    int GetLen() { return 5; }
};
class CDataPtr
{
private:
    CData  * m_pData;
public:
    CDataPtr()
    {
        m_pData  =  new CData;
    }
    ~CDataPtr()
    {
        delete m_pData;
    }
    //操作符 -> 重载
    CData  *  operator -> ()
    {
        cout <<"操作符 -> 重载函数被调用." <<endl;
        return m_pData;
    }
};
int main()
{
    CDataPtr p;
    cout <<p -> GetLen() <<endl;      //等价于下面的 1 条语句
    cout <<(p.operator -> ()) -> GetLen() <<endl;
    return 0;
}
```

6.1.5 运算符重载小结

一些常用的特殊的运算符重载有：赋值运算符、自增运算符和输入/输出运算符。

注意：

① 赋值运算符只能使用成员形式。

② 输入/输出运算符只能使用非成员形式(普通或者友元)。

③ 自增运算符只能使用成员形式。

● 前置++：

```
Point operator + + (Point &n)        //声明为友元
{
    n.x = n.x + 1;
    n.y = n.y +1;
    return n;
}
```

● 后置++，需要参数(参数写了不使用，只是为了区分，为了构成重载)：

```
Point operator + + (Point &n,int d)    //声明为友元
{
    Point m = n;
    n.x = n.x + 1;
    n.y = n.y +1;
    return m;
}
```

6.2 类型转换

6.2.1 理　解

1. 本　质

类型转换是指一个数据的类型发生了变化。

2. 分　类

(1) 自动转换(隐式转换)

① 条件：计算时，两个数据的类型不匹配。

② 支持：只支持基本数据类型之间的转换（整型、实型)，其中，整型包括字符型、指针和枚举类型。

③ 方向：容量小→容量大；

精度低→精度高。

整型：有符号→无符号。

④ 特例：char 型、short 型(不管是有符号还是无符号)只要做运算，就被转换为 int 型。

(2) 强制转换(显式转换)

① 核心：程序员希望哪个数据的类型改变，就强制让哪个数据改变。

② 通常：用于控制计算按照程序员预计的效果执行，类型不匹配的赋值。

③ 支持：只支持基本数据类型之间的转换。例如，整型数据不能强制转换为结构体类型，结构体类型也不能强制转换为整型数据，结构体类型与结构体类型之间也不能转换。

6.2.2 C++中的类型转换

C++引入了类概念，程序员希望某些类可以转换为其他类型，其他类型可以转换为自定义类型。类型的转换以及运算符的重载都偏向于数据类的操作，一般来讲，描述类的不会使用类型转换以及运算符的重载，例如人类＋人类的这种操作是不会执行的。在C++中希望发生的类型转换有以下两种：

① 由自定义类型向基本类型的转换；

② 由基本类型向自定义类型的转换。

6.2.3 实践：类与基本类型之间的转换

1. 由基本类型向自定义类型的转换

由基本类型(如 int、double)等向自定义类型的转换是由构造函数来实现的，只有当类的定义和实现中提供了合适的构造函数时，转换才能通过。什么样的构造函数才是合适的构造函数呢？主要有以下几种情况，为便于说明，假设由 int 型向自定义 point 类转换：

① point 类的定义和实现中给出了仅包括一个 int 型参数的构造函数。

② point 类的定义和实现中给出了包含一个 int 型参数，且其他参数都有默认值的构造函数。

③ point 类的定义和实现中虽然不包含 int 型参数，但包含一个非 int 型参数，如 float 型，此外没有其他参数或者其他参数都有默认值，且 int 型参数可隐式转换为 float 型参数(类似于 C 语言中低精度自动向高精度的转换)。

说明：构造函数的本质是为了创建对象，但是间接地为基本数据类型转换提供了支持，导致使用时，基本数据类型转换不可控。

在构造函数前加上关键字 explicit 可以关闭隐式类型转换，如例 6.11 所示。

【例 6.11】关闭隐式类型转换。

代码如下：

```
//由其他类型转换到自定义类型
#include <iostream>
using namespace std;
class point                  //point 类定义
{
private:                     //private 成员列表
    int xPos;
    int yPos;
public:
    //explicit
          //如果在构造函数前加上 explicit，就不允许"point pt1 = 5"这种隐式转换了
    point(int x = 0, int y = 0)  //构造函数，带默认参数，两个 int 型变量
    {
```

```
        xPos = x;
        yPos = y;
    }
    void print()            //输出函数,点的信息
    {
        cout <<"( " <<xPos <<" , " <<yPos <<" )" <<endl;
    }
};
int main()
{
    int m = 10;
    point p = 5;            //隐式转换,把 int 型转换为 point 类需要合适的构造函数
                            //默认赋值给第一个成员变量
    p.print();
    p = 1.5;
    //因为 1.5 是 double 型,故可以自动转换为 int 型
    //再通过构造函数由 int 型隐式转换为 point 型
    p = m;  //p = point(m);  //创建临时对象
    p.print();
    return 0;
}
```

2. 由自定义类型向基本类型的转换

支持：在自定义类型提供对应的类型转换函数。可以通过“operator int()”这种类似操作符重载函数的类型转换函数来实现由自定义类型向基本类型的转换，如将 point 类转换成 int 型等。

在类中定义类型转换函数的形式一般为

operator 目标类型名();

由自定义类型向基本类型的转换有以下几个使用要点：

① 转换函数必须是成员函数，不能是友元形式；

② 转换函数不能指定返回类型，但在函数体内必须用 return 语句以传值方式返回一个目标类型的变量；

③ 转换函数不能有参数。

【例 6.12】类型转换函数。

代码如下：

```
//基本类型转换的支持
//在自定义类型中提供对应的构造函数即可
//如果不希望发生转换,则可使用关键字 explicit
#include <iostream>
using namespace std;
class Point
{
    int x;
    int y;
public:
```

```
    Point() { cout <<"无参" <<endl; }
    explicit Point(int a, int b = 0) { cout <<"两个参数" <<endl; x = a; y = b; }
    //explicit 关闭隐式类型的转换,不希望将其基本数据类型转换为自定义类型,此时就
    //可以关闭
    Point(int a) { cout <<"一个参数" <<endl; x = a; }
    void show() { cout <<x <<"," <<y <<endl; }
    ~Point() { cout <<"析构" <<endl; }
    //Point ----> int
    operator int()                      //返回值为 int 型,不需要写
    {
        //转换规则:自定义
        cout <<"Point ---> int " <<endl;
        return x + y;
    }
    //Point---> double
    //12,345---> 12.345
    operator double()
    {
        double n = 1;
        int xy = y;
        while (y)
        {
            y = y / 10;
            n = n * 0.1;
        }
        return x + xy * n;
    }
};
int main()
{
    int n;
    Point a(13, 21);
    n = a;                              //隐式转换(隐式调用)         //需要提供支持
    //也可以写成下面形式
    n = int(a);                         //显示转换(隐式调用)
    n = a.operator int();               //显式调用
    cout <<"n = " <<n <<endl;
    double m;
    Point b(13, 218);
    m = b;
    cout <<"m = " <<m <<endl;
}
```

6.3 重载函数选择规则

函数重载,选择哪个函数去调用,取决于不同的形参。如果出现完全匹配,则优先使用完全匹配;如果出现不完全匹配,则进行类型转换。

注意：

① 优先选择完全匹配；

② 确保参数个数匹配，考虑类型是否可以转换；

③ 如果转换匹配多个，则会导致冲突。

6.4 小　结

运算符重载是很重要的内容，合理重载运算符会使程序编写简便、灵活且高效，除了极个别的运算符外，绝大多数的运算符都可被重载。运算符重载有成员函数形式和友元函数形式两种，其各有优缺点，对某些运算符来说，只能采用成员函数的形式，例如赋值运算符“＝”。

第7章 继 承

继承是很自然的概念，广泛存在于现实世界中，如家族图谱、动植物分类图等。通过继承机制，可以利用已有的数据类型来定义新的数据类型，所定义的新的数据类型不但拥有新定义的成员，而且拥有所继承来的成员。我们称已存在的用来派生新类的类为基类，又称为父类；由已存在的类派生出来的类为派生类，又称为子类。

对于面向对象的程序设计(OOP)，继承的引入意义重大：首先，程序员可以按现实世界、按自然的方式去思考和解决问题，组织信息，提高了效率；其次，可以复用基类的代码，并且可以在继承类中增加新代码或者覆盖基类的成员函数，为基类成员函数赋予新的意义，实现最大限度的代码复用。程序中，类的继承在既有类的基础上，派生出新的类，提高了类的复用率，缩短了开发周期。

在C++中，一个派生类可以从一个基类派生，也可以从多个基类派生。其中，从一个基类派生的继承称为单继承，从多个基类派生的继承称为多继承。

7.1 继承的步骤

派生类生成过程包含3个步骤：

① 吸收基类成员：将基类的成员拿过来变成自己的成员。

② 改造基类成员：自己添加一些与基类资源同名的资源，隐藏基类同名资源，优先使用自己的成员。

③ 添加新的成员：添加一些基类所没有的资源。

说明：

① 构造函数、析构函数是不能继承的，因为每个类都有自己的构造函数、析构函数，表示自己的构造过程。

② 继承和组合的区别：is-a关系用继承表达，has-a关系用组合表达。继承体现的是一种专门化的概念，而组合则是一种组装的概念。另外，确定是组合还是继

承，最清楚的方法之一就是询问是否需要新类向上映射，也就是说，当我们想重用原类型作为新类型的内部实现时，最好自己组合；如果我们不仅想重用内部实现，而且想重用接口，那就用继承。

法则：优先使用(对象)组合，而非(类)继承。

7.2　派生类的定义

7.2.1　格　式

面向对象派生类的定义格式，其单继承的定义格式如下：

```
class <派生类名> :<继承方式> <基类名>
{
    <派生类新定义成员>
};
```

其中，class 是关键词；<派生类名> 是新定义的一个类的名字，它是从<基类名>中派生的，并且是按指定的<继承方式> 派生的。<继承方式> 常使用如下 3 种关键字表示：

- public　表示公有继承；
- private　表示私有继承；
- protected　表示保护继承。

派生方式即子类对基类的访问权限。因为继承可以理解为将基类成员整体拿过来变成自己的成员，将基类整体当作一个成员，所以派生类就应为这个基类成员设置外部的访问权限，通常为 public，如下：

```
class Point{....};
class Point3D : public Point
{
    ......
}
```

【例 7.1】继承与派生的概念。

代码如下：

```
//继承与派生的概念，由 point 类派生出 point3D 类
#include <iostream>
using namespace std;
class point
{
private:
    int xp;
    int yp;
```

```
public:
    point(int x = 0, int y = 0)
    {
        xp = x;
        yp = y;
    }
    void print()
    {
        cout <<"(" <<xp <<"," <<yp <<")" <<endl;
    }
    int getx()                        //读取 private 成员 xp
    {
        return xp;
    }
    int gety()
    {
        return yp;
    }
};
//公有继承方式,派生类不能访问基类的私有成员
//定义的派生类 point3D
class point3D :public point      //三维点类 point3D,从 point 类继承而来
{
private:
    int zp;                           //在 point 类基础上增加了 zp 坐标信息
public:
    point3D(int x = 0, int y = 0, int z = 0) :point(x, y)
                                      //派生类构造函数,初始化表中调用基类构造函数
    {
        //基类的构造函数也可以在派生类函数内部实现构造
        //point(x,y);
        zp = z;
    }
    void print()                      //隐藏了基类中的同名 print 函数
    {
        cout <<"(" <<getx() <<"," <<gety() <<"," <<zp <<")" <<endl;
    }
    //公有继承方式不能访问私有成员
    int calcSum()                     //增添了计算 3 个数据成员和的函数
    {
        return getx() + gety() + zp;
    }
};
int main()
{
    point pt1(7, 8);
    pt1.print();
    point3D pt2(3, 4, 5);             //建立 point3D 类对象 pt2
    pt2.print();
```

```
    int res = pt2.calcSum();    //计算 pt2 中 3 个坐标信息的加和
    cout <<res <<endl;          //输出结果
    return 0;
}
```

说明：本类访问本类内部的成员不需要权限，但访问别人的成员就需要权限，子类可以访问基类的公共的和受保护的成员，但是不能访问基类的私有成员，访问成员需要看访问的位置。

7.2.2 对比派生方式

派生有公有继承(public)、私有继承(private)、保护继承(protected)3 种方式，不同的派生方式下，派生类对基类成员的访问权限以及外部对基类成员的访问权限有所不同，具体特性如下：

(1) 公有继承

公有继承的特点是，当基类的公有成员和保护成员作为派生类的成员时，它们都保持原有的状态，而基类的私有成员仍然是私有的，不能被这个派生类的子类访问。

(2) 私有继承

私有继承的特点是，基类的公有成员和保护成员都作为派生类的私有成员，派生类和类的外部都不能访问。

(3) 保护继承

保护继承的特点是，基类的所有公有成员和保护成员都成为派生类的保护成员，并且只能被它的派生类成员函数或友元访问，基类的私有成员仍然是私有的。

【例 7.2】继承方式。

代码如下：

```
#include <iostream>
using namespace std;
class ST
{
private:
    int xp;
public:
    int yp;
    ST(int x = 0, int y = 0)
    {
        xp = x;
        yp = y;
        cout <<"ST 类构造函数执行" <<endl;
    }
    void fun_ST()
    {
        xp = 8;
        cout <<"fun_ST 函数执行" <<endl;
```

```
    }
    ~ST()
    {
        cout <<"ST 类的析构函数被调用" <<endl;
    }
};
//公有继承方式,派生类不能访问基类的私有成员
class PT :public ST
{
public:
    double zp;
    PT()
    {
        zp = 10;
        cout <<"PT 类构造函数执行" <<endl;
    }
    void fun_PT()
    {
        //xp = 18;          //此 xp 为基类的私有成员,不能在派生类中访问
        cout <<"fun_PT 函数执行" <<endl;
    }
    ~PT()
    {
        cout <<"PT 类的析构函数被调用" <<endl;
    }
};
int main()
{
    PT pa;      //创建派生类的对象时,先调用基类的构造函数,再调用派生类的构造函数
//  cout <<pa.yp <<endl;     //PT 类继承 ST 类后,PT 类的对象就拥有 ST 类的所有成员
    pa.fun_ST();             //派生类可以访问基类中的公有成员
    ST sa;
    //sa.xp = 11;            //xp 为私有成员,不能在类外部访问
    //在进行派生类 PT 的析构中,先调用 PT 的析构函数,再调用 ST 的析构函数
}
```

输出结果如图 7.1 所示。

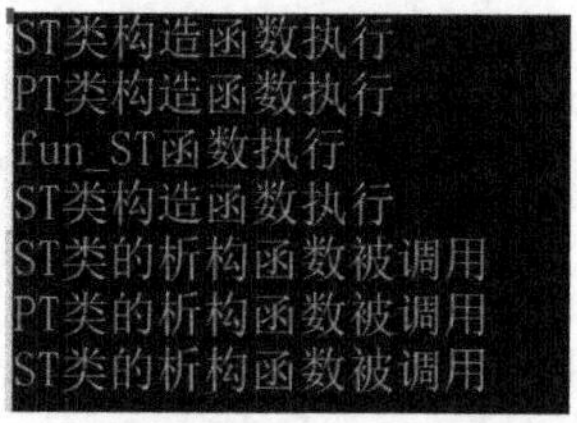

图 7.1　例 7.2 的输出结果

7.3 多基派生

当派生类只有一个基类时，称为单基派生，但在实际运用中，我们经常需要派生类同时具有多个基类，这种方法称为多基派生或多重继承。图 7.2 所示为双基继承的示例，在实际应用中，还允许使用三基甚至更多基继承。

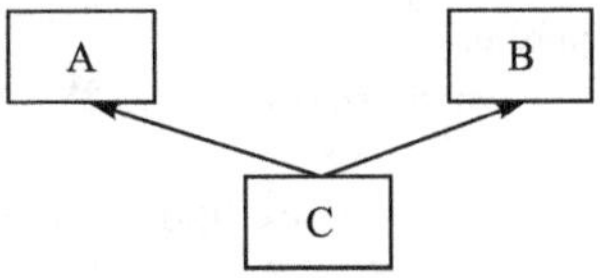

图 7.2 双基继承

在多重继承时，一个派生类有多于一个的基类，这时派生类将是所有基类行为的组合。

派生类将其本身与基类区别开来的方法是添加数据成员和成员函数。因此，继承的机制将在创建新类时，只需说明新类与已有类的区别，从而使大量原有的程序代码都可以复用，所以有人称类是“可复用的软件构件”。

7.3.1 使用方式

在 C++中，声明和定义具有两个以上基类的派生类与声明单基派生类的形式类似，只需将要继承的多个基类用逗号分开，如：

```
class 派生类名：派生方式 基类名 1，派生方式 基类名 2，…，派生方式 基类名 n
{
private：
    新增私有成员列表；
public：
    新增公开成员列表；
}；
```

例如，从类 A 和类 B 派生出类 C 的方式如下：

```
class C : public A, public B
{
    //……
};
```

【例 7.3】多基派生的声明和定义。

代码如下：

```
#include <iostream>
using namespace std;
class A               //类 A 的定义
{
private:
    double num;       //num 作为类 A 中的私有成员，会被派生类继承，但是派生类不能访问
public:
    void print()      //类 A 中定义了 print 函数
```

```
    {
        cout <<"Hello,this is A" <<endl;
    }
};
class B                 //类 B 的定义
{
public:
    void show()         //类 B 中定义了 show 函数
    {
        cout <<"Hello,this is B" <<endl;
    }
};
class C : public A, public B        //类 C 由类 A 和类 B 共同派生而来
{
    //虽然此时类 C 中的成员为空,但是类 C 中已经继承了类 A 与类 B 中的公有成员
};
int main()
{
    C c;
    cout <<"size = " <<sizeof(C) <<endl;
                                    //此处测试是为证明基类中的私有数据成员是被继承的
    c.print();
    c.show();
    return 0;
}
```

7.3.2 二义性问题

一般来说,在派生类中对基类成员的访问应当具有唯一性,但在多基继承时,如果多个基类中存在同名成员的情况,造成编译器无从判断具体要访问哪个基类中的成员,则称为对基类成员访问的二义性问题,如例 7.4 所示。

【例 7.4】多基派生的二义性。

代码如下:

```
//多基派生的声明和定义
#include <iostream>
using namespace std;
class A                         //类 A 的定义
{
public:
    void print()                //类 A 中定义了 print 函数
    {
        cout <<"Hello,this is A" <<endl;
    }
};
class B                         //类 B 的定义
{
public:
```

```
    void print()                  //类B中定义了print函数
    {
        cout <<"Hello,this is B" <<endl;
    }
};
class C : public A, public B     //类C由类A和类B共同派生而来
{
};
int main()
{
    C c;
    c.print();                    //出错,编译器不知道要访问哪个print
    return 0;
}
```

以上代码就存在二义性,不能正常执行。因为基类A和B中的成员函数重名,编译器不知道该调用哪一个,所以会产生冲突。

7.3.3 实践:二义性问题解决方案

若两个基类中具有同名的数据成员或成员函数,应使用成员名限定来消除二义性,如:

```
void disp()
{
    A::print();     //加成员名限定A::
}
```

【例7.5】二义性问题的解决方案。

代码如下:

```
//多基派生的声明和定义
#include <iostream>
using namespace std;
class A                           //类A的定义
{
public:
    void print()                  //类A中定义了print函数
    {
        cout <<"Hello,this is A" <<endl;
    }
};
class B                           //类B的定义
{
public:
    void print()                  //类B中定义了print函数
    {
        cout <<"Hello,this is B" <<endl;
```

```
    }
};
class C : public A, public B   //类 C 由类 A 和类 B 共同派生而来
{
};
int main()
{
    C c;
    c.A::print();//通过"类名::"的形式明确指明访问哪个类的 print,可以解决二义性问题
    c.B::print();//通过"类名::"的形式明确指明访问哪个类的 print,可以解决二义性问题
    return 0;
}
```

7.4 共同基类

多基派生中,如果在多条继承路径上有一个共同的基类,如图 7.3 所示,则不难看出,在 D 类对象中,会有来自两条不同路径的共同基类(类 A)的双重复制。

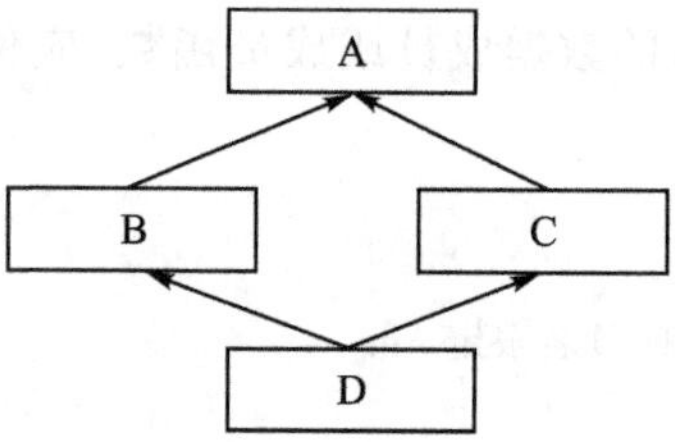

图 7.3 共同基类

7.4.1 共同基类的二义性

共同基类和多基派生的共同作用,使得在派生类中出现多个共同基类的拷贝,这很容易带来二义性问题,如例 7.6 所示。

【例 7.6】共同基类的二义性。

代码如下:

```
//共同基类带来的二义性
#include <iostream>
using namespace std;
class A                          //共同基类
{
protected:                       //protected 成员列表
    int x;
public:                          //public 成员列表
    A(int xp = 0)                //构造函数
    {
        x = xp;
```

```
    }
    void SetX(int xp)              //设置 protected 成员 x 的值
    {
        x = xp;
    }
    void print()
    {
        cout <<"this is x in A: " <<x <<endl;
    }
};
class B : public A                 //类 B 由类 A 派生而来
{
};
class C : public A                 //类 C 由类 A 派生而来
{
};
class D : public B, public C       //类 D 由类 B 和类 C 派生而来
{
};
int main()
{
    D d;            //声明一个 D 类对象 d
//  d.SetX(5);  //SetX()具有二义性，系统不知道是调用类 B 的还是类 C 的 SetX()函数
//  d.print();  //print()具有二义性，系统不知道是调用类 B 的还是类 C 的 print()函数
    d.B::SetX(5);        //这样可以通过编译,但一般不推荐
    d.B::print();        //这样可以通过编译,但一般不推荐
    cout <<"sizeof(A):" <<sizeof(A) <<endl;
    cout <<"sizeof(B):" <<sizeof(B) <<endl;
    cout <<"sizeof(C):" <<sizeof(C) <<endl;
    cout <<"sizeof(D):" <<sizeof(D) <<endl;
   //类 D 继承类 B 和类 C,而类 B 和类 C 又分别继承了类 A,所以类 D 中就有了两份 A 类成员
    return 0;
}
```

上述代码就会出现共同基类的二义性问题,如图 7.4 所示。

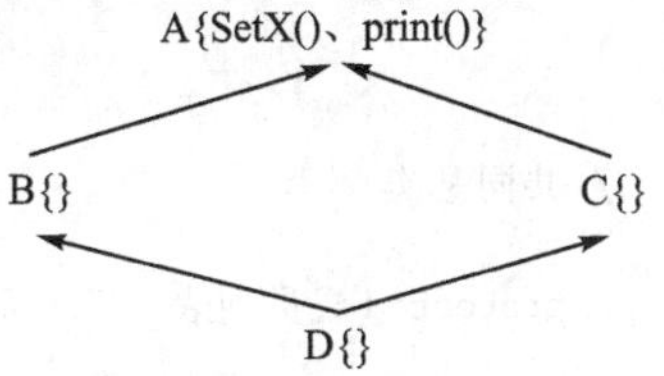

图 7.4 共同基类二义性

7.4.2 二义性问题的解决方案

使用关键字 virtual 将共同基类 A 声明为虚基类,可有效解决上述问题。在定义由共同基类直接派生的类(示例中的类 B 和类 C)时,使用下列格式定义:

```
class 派生类名 ：virtual 派生方式 基类名
{
    //类定义
};
```

7.4.3 实践：测试虚基类

虚基类的作用：使共同基类只产生一个拷贝，即只对第一个调用的有效，对其他的派生类都是虚假的，没有调用构造函数。

使用场合：用于有共同基类的场合。

原理：让虚基类的构造函数只执行一次，派生类只得到一套虚基类的成员。

注意：声明后，当基类通过多条派生路径被一个派生类继承时，该派生类只继承该基类一次。

虚基类的初始化：与一般多继承的初始化在语法上是一样的，但构造函数的调用次序不同。派生类构造函数的调用次序为：先虚基类，后基类，再成员对象，最后自身。

结论：

① 对虚基类间的构造函数的调用，根据虚基类间继承的顺序调用；

② 对基类间的构造函数的调用，根据基类间继承的顺序调用；

③ 对成员对象的构造函数的调用，根据成员对象在类中声明的顺序调用；

④ 若同一层次中包含多个虚基类，则这些虚基类的构造函数按它们说明的次序调用；

⑤ 若虚基类由非虚基类派生而来，则仍先调用基类构造函数，再调用派生类的构造函数。

【例 7.7】虚基类。

代码如下：

```
//共同基类带来的二义性
#include <iostream>
using namespace std;
class A                     //共同基类
{
protected:                  //protected 成员列表
    int x;
public:                     //public 成员列表
    A(int xp = 0)           //构造函数
    {
        x = xp;
    }
    void SetX(int xp)       //设置 protected 成员 x 的值
    {
        x = xp;
```

```
    }
    void print()
    {
        cout <<"this is x in A: " <<x <<endl;
    }
};
class B : virtual public A  //类B由类A派生而来,在使用虚基类的同时也继承了虚函数指针
{
};
class C : virtual public A  //类C由类A派生而来
{
};
class D :public B, public C //类D由类B和类C共同派生
{
};
int main()
{
    D d;                        //声明一个D类对象d
    d.SetX(5);      //SetX函数,因为virtual派生,在类D中只有一个版本,不会二义
    d.print();      //print函数,因为virtual派生,在类D中只有一个版本,不会二义
    B b;
    b.print();
    cout <<"sizeof(A):" <<sizeof(A) <<endl;
    cout <<"sizeof(B):" <<sizeof(B) <<endl;
    cout <<"sizeof(C):" <<sizeof(C) <<endl; //空间变大的原因是,增加了虚函数表指针
    cout <<"sizeof(D):" <<sizeof(D) <<endl;
    return 0;
}
```

7.4.4 不同二义性的对比

尽管看起来很相似,但虚基派生和多基派生带来的二义性有些细微的差别:

① 多基派生的二义性主要是成员名的二义性,通过加作用域限定符来解决;

② 虚基派生的二义性则是共同基类成员的多重复制带来的存储二义性,使用virtual派生来解决。

【例7.8】使用虚基类解决共同基类带来的二义性问题。

代码如下:

```
#include <iostream>
using namespace std;
class A                             //共同虚基类A
{
protected:                          //protected成员列表
    int x;
public:
    A(int xp = 0)                   //构造函数,带默认构造参数
    {
        x = xp;
```

```
    }
    void SetX(int xp)                    //SetX 函数用以设置 protected 成员 x
    {
        x = xp;
    }
    void print()                         //print 函数输出信息
    {
        cout <<"this is x in A: " <<x <<endl;
    }
};
class B : virtual public A               //类 B 由类 A 虚基派生而来
{
};
class C : virtual public A               //类 C 由类 A 虚基派生而来
{
};
class D : public B, public C
{
};
int main()
{
    D b;
    b.SetX(5);
    b.print();
    D c;
    c.SetX(5);
    c.print();
    B fb;
    fb.SetX(5);
    fb.print();
    return 0;
}
```

7.5 派生类的构造函数和析构函数

派生时,构造函数和析构函数是不能继承的。为了对基类成员进行初始化,必须对派生类重新定义构造函数和析构函数,并在派生类构造函数的初始化列表中调用基类的构造函数。

由于派生类对象通过继承而包含了基类数据成员,因此,创建派生类对象时,系统首先通过派生类的构造函数来调用基类的构造函数,完成基类成员的初始化,然后再执行派生类的构造函数对派生类中新增的成员进行初始化。

7.5.1 单基派生类的构造函数

派生类构造函数的一般格式为

派生类名(总参数表): 基类构造函数(参数表)

```
{
    //函数体
};
```

必须将基类的构造函数放在派生类的初始化表达式中，以调用基类构造函数来完成基类数据成员的初始化。派生类构造函数实现的功能，或者说调用顺序为

① 完成对象所占整块内存的开辟，由系统在调用构造函数时自动完成；

② 调用基类的构造函数来完成基类成员的初始化；

③ 若派生类中含对象成员、const 成员或引用成员，则必须在初始化表达式中完成其初始化；

④ 派生类构造函数体被执行。

【例 7.9】派生类构造函数的调用顺序。

代码如下：

```
#include <iostream>
using namespace std;
class A
{
private:
    int xp;
public:
    A(int x = 0)              //构造函数,带默认参数
    {
        xp = x;
        cout <<"A类构造函数执行" <<endl;
    }
};
class B                       //无参构造函数
{
public:
    B()
    {
        cout <<"B类构造函数执行" <<endl;
    }
};
class C :public A             //类C由类A派生而来
{
private:
    int yp;
    B b;                      //B类中含有对象成员,必须在初始化列表中初始化
public:
    C(int x = 0, int y = 0) :A(x), b()  //构造函数,基类构造函数在初始化表中调用
    {
        yp = y;
        cout <<"C类构造函数执行" <<endl;
    }
};
```

```
int main()
{
    C c(1, 2);                //创建 C 类对象 c
    return 0;
}
```

7.5.2 单基派生类的析构函数

当对象被删除时,派生类的析构函数被执行。析构函数同样不能继承,因此,在执行派生类析构函数时,基类析构函数会被自动调用。

执行顺序是先执行派生类的析构函数,再执行基类的析构函数,这与执行构造函数时的顺序正好相反。

【例 7.10】派生类构造/析构函数的调用顺序。

代码如下:

```
#include <iostream>
using namespace std;
class A
{
private:
    int xp;
public:
    A(int x = 0)                        //构造函数,带默认参数
    {
        xp = x;
        cout <<"A 类构造函数执行" <<endl;
    }
    ~A()                                //析构函数
    {
        cout <<"A 类的析构函数被执行" <<endl;
    }
};
class B                                 //无参构造函数
{
public:
    B()
    {
        cout <<"B 类构造函数执行" <<endl;
    }
    ~B()                                //析构函数
    {
        cout <<"B 类的析构函数被执行" <<endl;
    }
};
class C :public A                       //类 C 由类 A 派生而来
{
private:
```

```
    int yp;
    B b;        //B类中含有对象成员,必须在初始化列表中初始化
public:
    C(int x = 0, int y = 0) :A(x), b()  //构造函数,基类构造函数在初始化表中调用
    {
        //b = B(); 也可以在构造函数中对其进行赋值操作
        yp = y;
        cout <<"C类构造函数执行" <<endl;
    }
    ~C()                                //析构函数
    {
        cout <<"C的析构函数被执行" <<endl;
    }
};
int main()
{
    C c(1, 2);                          //创建C类对象c
    return 0;
}
```

输出结果如图 7.5 所示,由图可知基类和派生类的构造/析构函数的调用顺序。

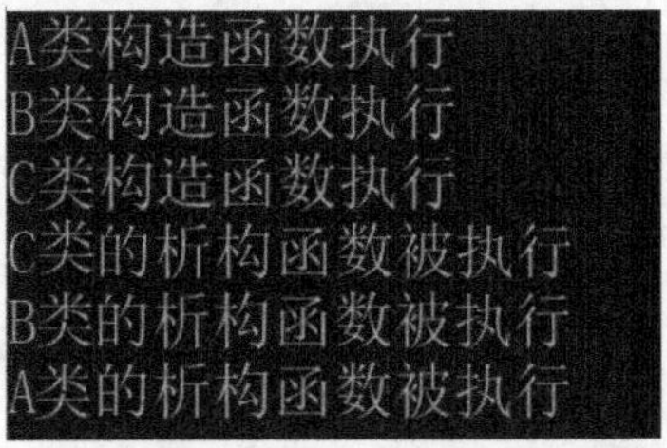

图 7.5 派生类构造/析构函数的调用顺序

7.5.3 多基派生类的构造函数和析构函数

多基派生时,派生类的构造函数格式如下(假设有 N 个基类):

派生类名(总参数表):基类名 1(参数表 1),基类名 2(参数表 2),…,基类名 N(参数表 N)

```
{
    //函数体
}
```

与前面所讲的单基派生类似,总参数表中包含了后面各个基类构造函数需要的参数。

多基派生和单基派生构造函数完成的任务和执行顺序并没有本质不同,唯一的区别在于,首先要执行所有基类的构造函数,再执行派生类构造函数中初始化表达式的其他内容和构造函数体,各基类构造函数的执行顺序与其在初始化表中的顺序无

关,而是由定义派生类时指定的派生类顺序决定。

析构函数的执行顺序同样与构造函数的执行顺序相反。

【例 7.11】派生类构造函数的调用顺序。

代码如下:

```
#include <iostream>
using namespace std;
class A
{
private:
    int xp;
public:
    A(int x = 0)                    //构造函数,带默认参数
    {
        xp = x;
        cout <<"A类构造函数执行" <<endl;
    }
    ~A()                            //析构函数
    {
        cout <<"A类的析构函数被执行" <<endl;
    }
};
class B
{
    int yp;
public:
    B(int y = 0)                    //构造函数,带默认参数
    {
        yp = y;
        cout <<"B类构造函数执行" <<endl;
    }
    ~B()                            //析构函数
    {
        cout <<"B类的析构函数被执行" <<endl;
    }
};

class C :public A, public B         //类C由类A派生而来
{
private:
    int cp;
public:
    C(int x = 0, int y = 0, int c = 0) :A(x), B(y)
                                    //构造函数,基类构造函数在初始化表中调用
    {
        cp = c;
        cout <<"C类构造函数执行" <<endl;
```

```
    }
    ~C()                          //析构函数
    {
        cout <<"C类的析构函数被执行" <<endl;
    }
};
int main()
{
    C c(1, 2, 3);                 //创建C类对象c
    //类C从类A和类B继承,所以类C中有3个成员变量
    return 0;
}
```

输出结果如图 7.5 所示。

7.5.4 虚基派生类的构造函数和析构函数

对普通的多层继承而言,构造函数的调用是嵌套的,如由类 C1 派生类 C2,类 C2 又派生类 C3 时,有:

```
C2(总参数表):C1(参数表)
C3(总参数表):C2(参数表)
```

如果按照上述规则,则应该有:

```
B(总参数表):A(参数表)
C(总参数表):A(参数表)
D(总参数表):B(参数表),C(参数表)
```

这样"A(参数表)"将被执行 2 次。这显然不行,因为根据虚基派生类的性质,类 D 中只有一份虚基类 A 的拷贝,因此类 A 的构造函数在类 D 中只能被调用一次,其实实际代码是:

```
B(总参数表):A(参数表)
C(总参数表):A(参数表)
D(总参数表):B(参数表),C(参数表),A(参数表)
```

其中,A(参数表)是编译器隐式自动加上去的,并且在 B(参数表)、C(参数表)里不再调用虚基类 A 的构造函数。当然,我们也可以在类 D 构造函数的初始化列表中显式列出对虚基类 A 构造函数的调用,这样可以指定传入参数的值。

这种机制保证了不管有多少层继承,虚基类的构造函数必须且只能被调用一次。

【7.12】虚基派生类的构造函数和析构函数。

代码如下:

```
#include <iostream>
using namespace std;
class A
{
private:
    int xp;
```

```
public:
    A(int x = 0)                        //构造函数,带默认参数
    {
        xp = x;
        cout <<"A类构造函数执行" <<endl;
    }
    ~A()                                //析构函数
    {
        cout <<"A类的析构函数被执行" <<endl;
    }
    void print()
    {
        cout <<"xp = " <<xp <<endl;
    }
};
class B : virtual public A              //类B由类A虚基派生而来
{
    int yp;
public:
    B(int x = 0, int y = 0) :A(x)       //在初始化表中调用基类构造函数
    {
        yp = y;
        cout <<"B类构造函数执行" <<endl;
    }
    ~B()                                //析构函数
    {
        cout <<"B类的析构函数被执行" <<endl;
    }
};
class C :virtual public A               //类C由类A虚基派生而来
{
private:
    int cp;
public:
    C(int x = 0, int c = 0) :A(x)       //构造函数,基类构造函数在初始化表中调用
    {
        cp = c;
        cout <<"C类构造函数执行" <<endl;
    }
    ~C()                                //析构函数
    {
        cout <<"C类的析构函数被执行" <<endl;
    }
};
//构造函数的执行顺序是由定义派生类时指定的派生类顺序决定的
class D : public B, public C            //类D由类B和类C共同派生而来
{
public:
```

```
    //初始化表中不仅要调用类B和类C的构造函数,还应调用共同虚基类的构造函数A(x)
    D(int x = 0, int y = 0, int c = 0) :A(x), B(y), C(c)
    {
        cout <<"D类的构造函数被执行" <<endl;
    }
    ~D()                              //析构函数
    {
        cout <<"D类的析构函数被执行" <<endl;
    }
};
int main()
{
    D d(1, 2, 3);                     //声明D类对象d
    //类D继承了类A、类B和类C的数据,所以类D中有3个数据成员
    d.print(); //结果为1。如果去掉类D的构造函数的初始化列表中的A(x),则结果为0
//  B b(3,4);
//  b.print(); //结果为3。如果去掉类B的构造函数的初始化列表中的A(x),则结果为0
    return 0;  //main函数执行完毕退出后,d销毁,析构函数触发执行
}
```

输出结果如图7.6所示。

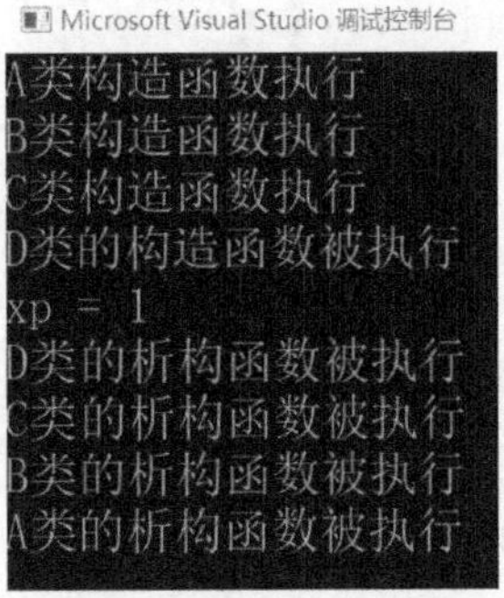

图7.6 虚基派生类的构造函数和析构函数

7.6 继承与组合

面向对象设计的难点在于类的设计,而不是对象的创建,就像工业生产中图纸是关键,有了图纸,产品就可以很容易地创建出来。在程序设计中,如何处理类派生和类组合一直是一个很让人很头痛的问题。

前面已提及继承的重要性,其使得代码结构清晰,大大提高了程序的可复用性。因此,很多初学者容易犯的错误就是把继承当成灵丹妙药,不管三七二十一先拿来继承一下再说。其实,在面向问题空间的对象组织方面,不只有继承,还有对象组合,更高阶的结构还有聚合等,但从C++的本质来看,本节将讨论继承与组合的关系。

7.6.1 继承不是万金油

如果两个类没有关联,仅仅是为了使一个类的功能更多而让其去继承另一个类,那么这种方法要不得。继承不是万金油,毫无意义的继承就像乱拉亲戚,会让条理有序的关系变得一团糟。汽车类可以从普通的车类继承而来,轮子类就不能从汽车类继承而来,因为轮子是汽车的一个部件,轮子可以作为汽车类的对象成员,这就是"组合"(composition)。

7.6.2 实践:组合实现五官类

某类以另一个类对象作数据成员,称为组合。在逻辑上,如果类 A 是类 B 的一部分,那么就不要从类 A 派生出类 B,而应当采用组合的方式。《高质量 C++编程指南》一书中"眼睛、鼻子、嘴巴、耳朵和头部"的范例就很好地解释了组合的本质:眼睛、鼻子、嘴巴、耳朵分别是头部的一部分,头部并不是从眼睛、鼻子、嘴巴和耳朵继承来的。

【例 7.13】继承和组合。

代码如下:

```
//组合还是继承
#include <iostream>
using namespace std;
class Eye
{
public:
    void Look() { cout <<"Eye.Look()." <<endl; }
};
class Nose
{
public:
    void Smell() { cout <<"Nose.Smell()." <<endl; }
};
class Mouth
{
public:
    void Eat() { cout <<"Mouth.Eat()." <<endl; }
};
class Ear
{
public:
    void Listen() { cout <<"Ear.Listen()." <<endl; }
};
//组合方式:逻辑很清晰,后续扩展很方便
class Head
{
private:
```

```
    Eye m_eye;
    Nose m_nose;
    Mouth m_mouth;
    Ear m_ear;
public:
    void Look()
    {
        m_eye.Look();
    }
    void Smell()
    {
        m_nose.Smell();
    }
    void Eat()
    {
        m_mouth.Eat();
    }
    void Listen()
    {
        m_ear.Listen();
    }
};
//继承方式,会给后续设计带来很多逻辑上的问题
class HeadX : public Eye, public Nose, public Mouth, public Ear
{
};
int main()
{
    Head h;
    h.Look();
    h.Smell();
    h.Eat();
    h.Listen();
    cout <<endl;
    HeadX hx;
    hx.Look();
    hx.Smell();
    hx.Eat();
    hx.Listen();
    cout <<endl;
    return 0;
}
```

7.7 继承间的相互转换

private 派生时,外部无法通过派生类对象直接访问从基类继承来的任何成员,

因此,private 派生的使用较少,本节主要讨论 public 派生时基类与派生类对象间的相互转换。只考虑 public 派生,这样就可以保证在派生类中对基类的 public 成员进行访问。不特别说明时,本节所说的基类和派生类均系 public 派生。

7.7.1 单基继承的类型适应

"类型适应"是指两种类型之间的关系,说类 A 适应类 B 是指类 A 的对象能直接用于类 B 的对象所能应用的场合。从这种意义上讲,派生类适用于基类,派生类的对象适用于基类对象,派生类对象的指针和引用也适用于基类对象的指针和引用。

如果一个函数可用于某类型的对象,则它也可用于该类所有的派生类对象,不必再为处理派生类对象而重载该函数。也就是说,形参要求是基类对象时,可以直接用派生类对象作实参。

另外,类型适应还体现在下述方面:

① 赋值转换;

② 指针转换。

具体见例 7.14。

【例 7.14】单基继承的类型适应。

代码如下:

```
#include <iostream>
#include <cmath>
using namespace std;
class point
{
public:
    int xp;
    int yp;
public:
    point(int x = 0, int y = 0)
    {
        xp = x;
        yp = y;
        cout <<"point 类构造函数执行" <<endl;
}
void print()
{
    cout <<"(" <<xp <<"," <<yp <<")" <<endl;
    }
    int getx()                    //成员函数用于读取 private 成员 xp 的值
    {
        return xp;
```

```
    }
    int gety()                  //成员函数用于读取 private 成员 yp 的值
    {
        return yp;
    }
};
class point3D :public point  //类 point3D 由类 point 派生而来
{
private:
    int zp;
public:
    point3D(int x = 0, int y = 0, int z = 0) :point(x, y)
                                //构造函数,在初始化表中调用基类的构造函数
    {
        zp = z;
        cout <<"point3D 类构造函数执行" <<endl;
    }
    void print_3D()
    {
        cout <<"(" <<xp <<"," <<yp <<"," <<zp <<")" <<endl;
    }
};
int main()
{
    point pt1(1, 1);            //声明一个 point 类对象 pt1
    pt1.print();                //通过 pt1 调用 print 函数
    point3D pt2(3, 4, 5);       //声明一个 point3D 类对象 pt2
    pt2.print_3D();             //通过 pt2 调用 print_3D 函数
    pt1 = pt2;                  //派生类对象为基类对象赋值
    pt1.print();
    point &pf = pt2;            //派生类对象初始化基类对象引用
    pf.print();
    point * pt = &pt2;          //派生类对象地址为基类指针赋值
    pt-> print();
    ((point3D * )pt) -> print_3D();  //基类指针向派生类指针的强制转换
//派生类适用于基类,也就是说,派生类可以给基类赋值,但是反过来,基类不适用于派生类
    pt = &pt1;   //基类指针接收基类对象地址,基类本身没有 z 变量
    ((point3D * )pt) -> print_3D();    //有问题。强制转换后,z 变量所在内存无效
//  pt2 = (point3D)pt1;                //编译错误。将基类强制转换为派生类
    return 0;
}
```

输出结果如图 7.7 所示。

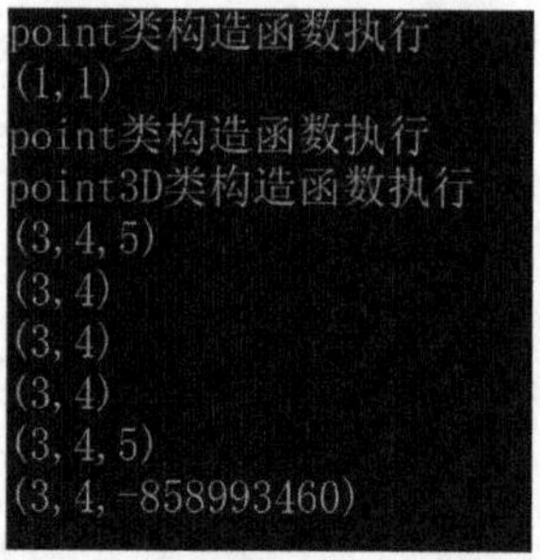
point类构造函数执行
(1,1)
point类构造函数执行
point3D类构造函数执行
(3,4,5)
(3,4)
(3,4)
(3,4)
(3,4,5)
(3,4,-858993460)

图 7.7　单基继承的类型适应

7.7.2　多基继承的类型适应

相比单基派生的情况，多基派生略显复杂，不过基本原理是一样的，所有的派生类都适用于基类。如下所示的继承结构，类层次的定义为

```
class A
class B
class C:public A
class D:public B
class E:public C,public D
```

则下述语句都是合法的，见图 7.8 和图 7.9。

```
A a;B b;C c;D d;E e;
A *pa;B *pb; C *pc; D *pd; E *pe;
a = c;a = e;b = d;b = e;d = e;A &ra = e;
pa = pc;pa = pe;pb = pd;pb = pe;pc = pe;pd = pe;
```

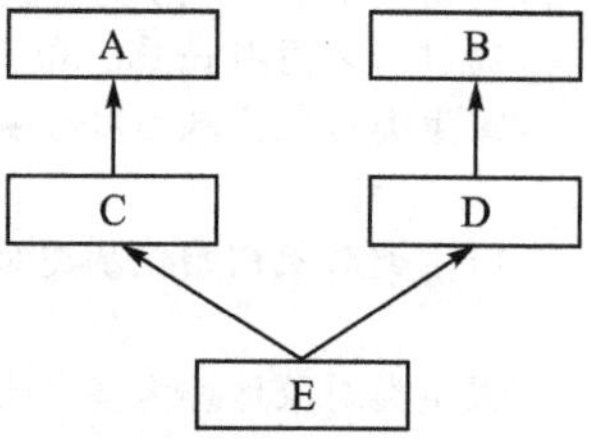
A
B
C
D
E

图 7.8　多基继承

【例 7.15】多基继承。

代码如下：

```
#include <iostream>
using namespace std;
class A
{
private:
    int a;
public:
```

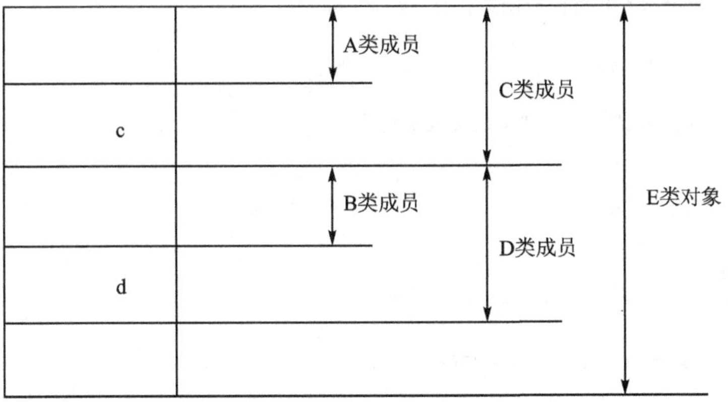

图 7.9　多基继承的内存模型图

```
    A(int x = 0)
    {
        a = x;
        cout <<"A 类构造函数执行" <<endl;
    }
    void print_A()
    {
        cout <<"A: a = " <<a <<endl;
    }
};
class B
{
private:
    int b;
public:
    B(int x = 0)
    {
        b = x;
        cout <<"B 类构造函数执行" <<endl;
    }
    void print_B()
    {
        cout <<"B: b= " <<b <<endl;
    }
};
class C : public A
{
private:
    int c;
public:
    C(int x = 0, int y = 0) :A(x)
    {
        c = y;
```

```
        cout <<"C类构造函数执行" <<endl;
    }
    void print_C()
    {
        cout <<"C: c = " <<c <<endl;
    }
};
class D : public B
{
private:
    int d;
public:
    D(int x = 0, int y = 0) :B(x)
    {
        d = y;
        cout <<"D类构造函数执行" <<endl;
    }
    void print_D()
    {
        cout <<"D: d = " <<d <<endl;
    }
};
class E : public C, public D
{
private:
    int e;
public:
    E(int x = 0, int y = 0, int z = 0) :C(x), D(y)
    {
        e = z;
        cout <<"E类构造函数执行" <<endl;
    }
    void print_E()
    {
        cout <<"E: e = " <<e <<endl;
    }
};
int main()
{
    A a; B b; C c; D d; E e;
    A *pa = NULL; B *pb = NULL; C *pc = NULL; D *pd = NULL; E *pe = NULL;
    a = c; a = e; b = d; b = e; d = e;
    A &ra = e;
    pa = pc; pa = pe; pb = pd; pb = pe; pc = pe; pd = pe;
}
```

7.7.3 共同基类的类型适应

如果多基派生时出现共同基类，并且没有对该基类使用 virtual 虚拟派生，则在对象赋值和指针转换时，可能会出现二义性错误。如下所示的派生结构，其类定义简

写为

```
class A
class B:public A
class C:public A
class D:public B,public C
```

下述语句合法：

```
a = b;a = c;b = d;c = d;pa = pb;pa = pc;pb = pd;pc = pd;
```

下述语句非法，二义性错误：

```
a = d; pa = pd; pd = pa;      //错误的原因是这几条语句未指明继承的路线
//比如：语句"a = d;"中没有说明本条语句执行时是选择"D类继承B类，B类继承A类"的
//路线，还是选择"D类继承C类，C类继承A类"的路线
```

二义性的解决方案：

```
a = B(d);及 pa = (A*)(B*)pd;和 pd = (D*)(B*)pa;
```

共同基类如图7.10所示，共同基类的内存模型如图7.11所示。

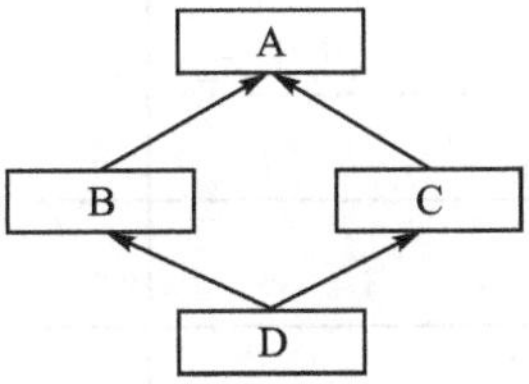

图7.10 共同基类

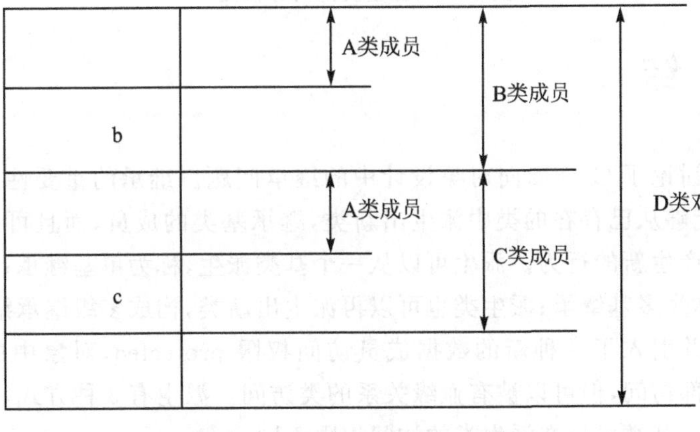

图7.11 共同基类的内存模型

7.7.4 基类的类型适应

对于图7.11所示的继承结构，如果使用类A虚拟派生出类B和类C，则在类D的对象中只有一份A类对象的拷贝，D类对象的内存分布和共同基类的有所不同。此时，派生类对象d的地址可以直接赋给A类指针，不需要指明路径和强制转

换,如:

```
pA = &d;
```

由 D 类对象对 A 类对象的赋值和初始化引用也是合法的,如:

```
a = d;
A& rA = d;
```

但是,相反的转换是不允许的,即使添加了全部路径和强制转换也不可以,比如:

```
D* ppD = (D*)(B*)pA;    //非法
```

上述语句会产生编译错误,这是因为系统在为 D 类对象分配内存时,虚基类中的数据成员在派生类对象中的布局和非虚基派生时有所不同,所以,不能将指向虚基类的指针(或引用)赋给指向派生类的指针(或引用),如图 7.12 所示。

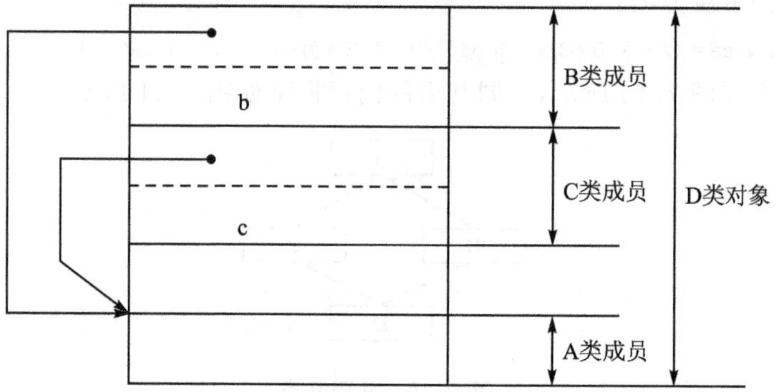

图 7.12 虚基类的内存模型

7.8 小 结

本章主要讨论了 C++面向对象设计中的继承问题。继承的重要性是支持程序代码复用,它能够从已存在的类中派生出新类,继承基类的成员,而且可以通过覆盖基类成员函数产生新的行为。派生可以从一个基类派生,称为单基继承;也可以从多个基类派生,称为多基继承;派生类也可以再派生出新类,构成多级继承结构。

本章介绍并引入了一种新的数据成员访问权限 protected,对象中的 protected 成员无法在外部访问,但可以被有血缘关系的类访问。派生有 3 种方式,各个方式的不同在于派生后基类成员在派生类的访问权限不同。

派生类的构造函数和析构函数与普通类略有不同,必须将对基类的构造函数调用放在初始化表中。多基派生时,各个基类构造函数的调用顺序取决于类定义时派生基类的顺序,跟初始化表列出的构造函数调用顺序无关。

第8章 多态

多态(polymorphism),按字面的意思就是“多种状态”。在面向对象语言中,接口的多种不同的实现方式即为多态,多态性是面向对象设计语言的基本特征。仅仅是将数据和函数捆绑在一起进行类的封装,使用一些简单的继承,还不能算是真正应用了面向对象的设计思想。多态性是面向对象的精髓,它可以简单地概括为“一个接口,多种方法”。前面讲过的函数重载就是一种简单的多态,一个函数名(调用接口)对应着几个不同的函数原型(方法)。

多态指同一个实体同时具有多种形式,它是面向对象程序设计(OOP)的一个重要特征。如果一个语言只支持类而不支持多态,则只能说明它是基于对象的,而不是面向对象的。C++中的多态性具体体现在运行和编译两方面:运行时多态是动态多态,其具体引用的对象在运行时才能确定;编译时多态是静态多态,在编译时就可以确定对象使用的形式。

例如:警车鸣笛,普通人反应一般,逃犯听见会大惊失色,警车鸣笛(同一种行为)导致普通人和逃犯不同的反应(多种形态);再如,指令“画出昆虫的图片”,对蚂蚁和对蜘蛛这两种昆虫画出的是不同的图片。

8.1 重载与多态的区分

多态是基于对抽象方法的覆盖来实现的,用统一的对外接口来实现不同的功能。重载也是用统一的对外接口来实现不同的功能。那么两者有什么区别呢?

重载,是指允许存在多个同名方法,而这些方法的参数不同。重载的实现是:编译器根据方法不同的参数表,对同名方法的名称做修饰。对于编译器而言,这些同名方法就成了不同的方法,它们的调用地址在编译期间就绑定了——静态多态。

多态,是指子类重新定义父类的虚方法(virtual,abstract)。子类重新定义父类的虚方法后,父类根据赋给它的不同的子类,动态调用属于子类的该方法,这样的方法调用在编译期间是无法确定的。不难看出,两者的区别在于编译器何时去寻找所要调用的具体方法,对于重载,在方法调用之前,编译器就已经确定了所要调用的方法,这称为“早绑定”或“静态绑定”;而对于多态,只有等到方法调用的那一刻,编译器才会确定所要调用的具体方法,这称为“晚绑定”或“动态绑定”。

C++中,实现多态有以下几种方法:虚函数、抽象类、覆盖和模板(重载和多态无关)。

8.2 多态的分类

8.2.1 类的多态

类的继承发生在多个类之间,而类的多态只发生在同一个类中。在一个类中,可以定义多个同名的方法,只要确定它们的参数个数和类型不同。这种现象称为类的多态。

多态使程序简洁,为程序员带来很大便利。在OOP中,当程序要实现多个相近的功能时,就给相应的方法起一个共同的名字,用不同的参数代表不同的功能。这样,在使用方法时不论传递什么参数,只要能被程序识别就可以得到确定的结果。

类的多态性体现在方法的重载(overload)上,包括成员方法和构造方法的重载。

8.2.2 对象层次的多态

前提:方法覆写,即同一个父类的方法可以根据实例化子类的不同有不同的表现。

对象的多态性分为以下两种情况:

1. 对象的向上转型

对象向上转型的格式如下:

父类 父类对象=new 子类();

核心作用:操作参数统一,例如:

```
class Person {
    public void print() {
        System.out.println("1.我是人类!");
    }
}
class Student extends Person {
    public void print() {
        System.out.println("2.我是学生!");
    }
}
class Worker extends Person {
```

```
    public void print() {
        System.out.println("3.我是工人!");
    }
}
public class test {
    public static void main(String[] args) {
        whoYouAre(new Student());
        whoYouAre(new Worker());
    }
    public static void whoYouAre(Person per) {
        per.print();
    }
}
```

2. 对象的向下转型

什么时候需要向下转型呢？当父类没有子类的方法，但又想使用时就采用向下转型的方式，格式如下：

父类 父类对象＝new 子类()；

子类 子类对象＝（子类)父类对象；

要向下转型必须先向上转型，这里存在安全隐患，错误示例：

父类 父类对象＝new 父类()；

子类 子类对象＝(子类)父类对象；

这样是不行的，虽然说两者有关系，但是前提并没有发生关系，因而不能强转，会报错。那么该怎么解决呢？这里可以使用 instanceof 关键字来实现，先判断 new 的是否是子类，若是，再进行下一步，如下：

```
public class test {
    public static void main(String[] args) {
        //Student student =  (Student) new Person();
                                //这里会报 ClassCastException 这种错,因为没有向上转型
        //Person person = new Person();
        //Student student0 = (Student) person;
                                //这里也会报 ClassCastException 这种错,上面那个是匿名
                                //Person 对象,这个不是匿名,实际上表达式一样
        //先向上转型,才能实现向下转型
        Person person1 = new Student();
        if (person1 instanceof Student){
            Student student1 = (Student) person1;
            student1.study();
        }
    }
}
class Person{
    public void study(){
        System.out.println("有人在学习");
    }
}
```

```
class Student extends Person{
    @Override
    public void study() {
        System.out.println("学生在学习");
    }
}
```

8.3 多态与虚函数

更通俗地说,多态性是指同一个操作作用于不同的对象产生不同的响应。多态性分为静态多态性和动态多态性,其中,函数重载和运算符重载属于静态多态性,虚函数属于动态多态性。C++是依靠虚函数来实现动态多态的。

8.3.1 静态联编原则

程序调用函数时,具体应使用哪个代码块是由编译器决定的。以函数重载为例,C++编译器根据传递给函数的参数和函数名决定具体要使用哪一个函数,称为联编(binding)。

编译器可以在编译过程中完成这种联编,在编译过程中进行的联编叫作静态联编(static binding)或早期联编(early binding)。

【例 8.1】静态联编。

代码如下:

```
#include <iostream>
using namespace std;
void func(int c, float b);
void func(float b, int c);
int main()
{
    int a = 12;
    float c = 45.87;
    func(a, c);
    func(c, a);
}
void func(int c, float b)
{
    cout <<"整型数 c: " <<c <<endl;
    cout <<"单精度数 b: " <<b <<endl;
    cout <<"-------------------" <<endl;
}
void func(float b, int c)
{
    cout <<"实型数 b: " <<b <<endl;
```

```
    cout <<"整型数 c：" <<c <<endl;
    cout <<"--------------------" <<endl;
}
```

8.3.2 动态联编原则

在某些场合，编译器无法在编译过程中完成联编，必须在程序运行时完成选择，因此编译器必须提供一套称为“动态联编”(dynamic binding)的机制，也叫晚期联编(late binding)。C++通过虚函数来实现动态联编。

静态联编是指在编译阶段就将函数实现和函数调用关联起来，因此静态联编也叫早绑定，在编译阶段就必须了解所有的函数或模块执行所需要检测的信息，它对函数的选择是基于指向对象的指针(或者引用)的类型。C 语言中，所有的联编都是静态联编，并且任何一种编译器都支持静态联编。

动态联编是指在程序执行时才将函数实现和函数调用关联，因此也叫运行时绑定或者晚绑定。动态联编对函数的选择不是基于指针或者引用，而是基于对象类型，不同的对象类型将做出不同的编译结果。一般情况下，C++中的联编也是静态联编，但是一旦涉及多态和虚拟函数就必须要使用动态联编了。

虚函数的实现需要通过 virtual 关键字。在基类的成员函数前加上 virtual 关键字，该成员函数就会变成虚函数。对于派生类中重新定义基类的虚函数，即使不加 virtual 关键字，在派生类中依然是虚函数。

【例 8.2】动态联编(1)。

代码如下：

```
#include <iostream>
using namespace std;
class Base
{
public:
    virtual void show() { cout <<"Base show()函数执行" <<endl; }    //虚函数
    void fun() { cout <<"Base fun()函数执行" <<endl; }
};
class Child :public Base
{
public:
    void show() { cout <<"Child show()函数执行" <<endl; }
                                        //即使没有加 virtual 关键字，也是虚函数
    void fun() { cout <<"Child fun()函数执行" <<endl; }
};
class grandChild :public Child
{
public:
```

```
        void show() { cout <<"grandChild show()函数执行" <<endl; }    //虚函数
        void fun() { cout <<"grandChild fun()函数执行" <<endl; }
};
//类型可以使函数参数的传参实现多样化
void testFun(Base * pa)
{
        pa -> fun();
        pa -> show();                       //虚函数
}
int main()
{
        Base * pa;
        Child child;
        Base base;
        grandChild grchid;
        //a.show();
        //a.fun();
        //a.Child::fun();
        //a.Child::show();
        //a.Base::fun();
        //a.Base::show();
        //testFun(&grchid);
        //testFun(&child);                  //类型适应
        //testFun(&base);
        pa = &child;                        //将派生类对象赋值给基类指针
        pa -> fun();                        //指针访问非虚函数
        pa -> show();                       //指针访问虚函数
        pa = &grchid;                       //将派生类对象赋值给基类指针
        pa -> fun();                        //指针访问非虚函数
        pa -> show();                       //指针访问虚函数
        //指针访问虚函数,由指针实际上指向的对象的类型决定
        //指针访问非虚函数,由指针本身的类型决定访问哪个类的函数
}
```

输出结果如图 8.1 所示。

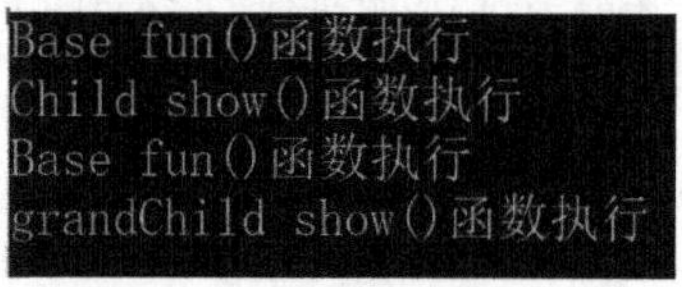
Base fun()函数执行
Child show()函数执行
Base fun()函数执行
grandChild show()函数执行

图 8.1 动态联编

【例 8.3】动态联编(2)。

代码如下:

```
#include <iostream>
using namespace std;
class CA
```

```
{
public:
    virtual void f1() {
        cout <<"CA::f1()" <<endl;
        f2();
    }
    void f2() {
        cout <<"CA::f2()" <<endl;
    }
};
class CB : public CA
{
public:
    void f1() {
        cout <<"CB::f1()" <<endl;
        f2();
    }
    void f2() {
        cout <<"CB::f2()" <<endl;
    }
};
class CC : public CB
{
public:
    virtual void f2() {
        cout <<"CC::f2()" <<endl;
    };
};
int main()
{
    CC c;                      //创建 CC 类对象
    CA * pA = &c;              //基类指针,指向派生类对象
    pA -> f1();
    return 0;
}
```

输出结果如图 8.2 所示。

图 8.2　动态联编

说明:

① “CA* pA = &c;”这条语句是父类指针指向子类对象,调用“pA -> f1()”时,因为父类中的 f1()是虚函数,所以将发生动态绑定,调用子类 CB 中的 f1()函数,先输出“CB::f1();”。

② 在类 CB 的 f1()函数中,调用非虚函数 f2(),但因为其父类 CA 中的 f2()函数并不是虚函数(并且类 CB 重载了 f2()函数),所以将调用类 CB 中的 f2()函数,输出“CB::f2()”。

③ 如果将类 CA 中的 f2()函数改成虚函数，保持其他代码不变，那么将输出“CB::f1() CC::f2()”(注意：在基类方法的声明中使用关键字 virtual 可使该方法在基类以及所有的派生类(包括从派生类派生出来的类)中是虚的)。

④ 如果将类 CB 中的 f2()函数改成虚函数，保持其他代码不变，则也将输出“CB::f1() CC::f2()”。

同理，基类的析构函数应定义为虚函数。如果程序员在派生类中申请内存空间，则需要在派生类的析构函数中对这些内存空间进行释放。假设基类中采用的是非虚析构函数，当删除基类指针指向的派生类对象时就不会触发动态绑定，因而只会调用基类的析构函数，而不会调用派生类的析构函数。那么在这种情况下，派生类中申请的空间就得不到释放从而产生内存泄漏。所以，为了防止这种情况的发生，C++中基类的析构函数应采用 virtual 虚析构函数。

8.4 虚函数

虚函数的本质仍然是函数，但是它使用关键字 virtual 声明，例如：

```
virtual int add(int a,int b);
```

如果基类是虚函数，则派生类跟基类同名(函数返回值类型、函数名、参数列表都相同)的函数此时也是虚函数，再进行调用时，派生类对象就会使用自己的函数(派生类赋值给基类——类型适应，基类调用)。

8.4.1 声明与定义

虚函数的定义很简单，只要在成员函数原型前加一个关键字 virtual 即可。

如果一个基类的成员函数被定义为虚函数，那么它在所有派生类中也保持为虚函数，即使在派生类中省略了 virtual 关键字，也仍然是虚函数。

派生类中可根据需要对虚函数进行重定义，重定义的格式有一定的要求，如下：

① 与基类的虚函数有相同的参数个数；

② 与基类的虚函数有相同的参数类型；

③ 与基类的虚函数有相同的返回类型，或者与基类虚函数的相同，或者都返回指针(或引用)，并且派生类虚函数所返回的指针(或引用)类型是基类中被替换的虚函数所返回的指针(或引用)类型的子类型(派生类型)。

也就是说，基类的虚函数返回的指针或者引用是基类的，而派生类虚函数返回的指针或者引用是派生类的。

注意： 构造函数不能是虚函数。

示例代码如下：

```
//构造函数为什么不能为虚函数
class A
```

```
{
    A() {}
};
class B : public A
{
    B():A() {}
};
int main()
{
    B b;
    B * pb = &b;
    return 0;
}
/* 构造 B 类的对象时
(1) 根据继承的性质,构造函数执行的顺序是：A() B()
(2) 根据虚函数的性质,如果 A 类的构造函数为虚函数
且 B 类也给出了构造函数,则应该只执行 B 类的构造函数
不再执行 A 类的构造函数,这样 A 类就不能构造了
这样(1)和(2)就发生了矛盾
 */
```

8.4.2 工作原理

C++规定了虚函数的行为,但将实现方法留给了编译器作者,虽然开发者不需要知道虚函数的底层原理也可以实现虚函数,但了解虚函数的工作原理,有助于更好地理解虚函数的概念,因此,下面将对它进行介绍。

通常,编译器处理虚函数的方法是：给每个对象添加一个隐藏成员。隐藏成员中保存了一个指向函数数组的指针。这种数组称为虚函数表(virtual function table,vtbl)。虚函数表中存储了为类对象声明虚函数的地址。例如,基类对象包含一个指针,该指针指向基类中所有虚函数的地址表。派生类对象将包含一个指向独立地址表的指针。如果派生类提供了虚函数的新定义,则该虚函数表将保存新函数的地址;如果派生类没有重新定义虚函数,则该虚函数表将保存函数原始版本的地址。如果派生类定义了新的虚函数,则该函数的地址也将被添加到虚函数表中。注意,无论类中包含的虚函数是 1 个还是 10 个,都只需要在对象中添加 1 个地址成员,只是表的大小不同而已。

调用虚函数时,程序将查看存储在对象中的虚函数表地址,然后转向相应的函数地址表。如果使用类声明中定义的第一个虚函数,则程序将使用数组中的第一个函数地址,并执行具有该地址的函数。如果使用类声明中的第三个虚函数,则程序将使用数组中的第三个元素函数地址。

总之,使用虚函数时,在内存和执行速度方面有一定的成本,主要包括：

① 每个对象都将增大,增大量为存储地址的空间。

② 对于每个类,编译器都创建一个虚函数地址表(数组)。

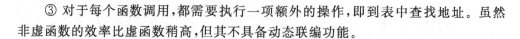

③ 对于每个函数调用，都需要执行一项额外的操作，即到表中查找地址。虽然非虚函数的效率比虚函数稍高，但其不具备动态联编功能。

8.4.3 用　法

理解在下列基类函数前加和不加关键字 virtual 的不同：

```
virtual void base::disp()
{
    cout<<"hello,base"<<endl;
}
```

当通过指针(或者引用)访问"disp():"不加关键字 virtual 时，具体调用哪个版本的 disp()只取决于指针本身(引用)的类型，与指针所指对象的类型无关；而加关键字 virtual 时，具体调用哪个版本的 disp()不再取决于指针本身的类型，而是取决于指针所指对象的类型。

虚函数一般用在需要进行参数传递时、有类型适应的情况，此时使用的就是当前类的虚函数而不是基类的虚函数。

总结：

① 类型适应：使用函数传参多样化，但是丧失多态性；

② 虚函数：无论什么时候，都使用自己的虚函数；

③ 基类指针：通常使用基类指针(基类引用)配合虚函数使用，但是引用一经初始化就指向固定了。

8.4.4 虚函数小结

① 在基类方法的声明中使用关键字 virtual 可使该方法在基类以及所有的派生类(包括从派生类派生出来的类)中是虚的。

② 如果使用指向对象的引用或指针来调用虚方法，则程序将使用为对象类型定义的方法，而不使用为引用或指针类型定义的方法，这称为动态联编或晚期联编。这种行为非常重要，因为这样基类指针或引用可以指向派生类对象。

③ 如果定义的类将被用作基类，则应将那些要在派生类中重新定义的类方法声明为虚的。

④ 构造函数不能为虚函数。

⑤ 基类的析构函数应当是虚函数。

8.4.5 实践：虚函数辨别人员身份

【例 8.4】虚函数辨别人员身份。

代码如下：

```
#include <iostream>
using namespace std;
class person
```

```
{
public:
    void showInfo(void);
    virtual void eat(void);        //虚函数
    //在 person 类的所有的派生类中 eat 都属于虚函数
};
class baby :public person
{
public:
    void showInfo(void);
    void eat(void);
};
class Stu :public person
{
public:
    void showInfo(void);
    void eat(void);
};
int main(void)
{
    //使用对象
    person p;
    p.showInfo();
    p.eat();
    baby b;
    b.showInfo();
    b.eat();
    Stu s;
    s.showInfo();
    s.eat();
    cout <<endl;
    //使用指针
    person * pp = &p;
    pp -> showInfo();
    pp -> eat();
    pp = &b;
    pp -> showInfo();
    pp -> eat();
    pp = &s;
    pp -> showInfo();
    pp -> eat();
    //如果访问的是非虚函数,则始终由指针自身的类型决定
    //如果访问的是虚函数,则由指针指向对象的类型决定
    cout <<endl;
    //使用引用
    person& yp = p;
    yp.showInfo();
    yp.eat();
    person& xp = b;
```

```
    xp.showInfo();
    xp.eat();
    xp = s;
    xp.showInfo();
    xp.eat();
    //如果访问的是非虚函数,则由引用本身的类型决定
    //如果访问的是虚函数,则由引用初始化的对象的类型决定
    return 0;
}
//无论是否是虚函数,通过对象访问时,访问的都是本类的成员函数
//虚函数的主要访问方式是指针或引用,涉及对象的向上转型
void person::showInfo(void)
{
    cout <<"我是人类" <<endl;
}
void person::eat(void)
{
    cout <<"我需要进食" <<endl;
}
void baby::showInfo(void)
{
    cout <<"我是宝宝" <<endl;
}
void baby::eat(void)
{
    cout <<"宝宝喝奶粉" <<endl;
}
void Stu::showInfo(void)
{
    cout <<"我是学生" <<endl;
}
void Stu::eat(void)
{
    cout <<"学生吃食堂" <<endl;
}
```

8.5 不同方式访问虚函数

对虚函数的访问方式不同,程序具体调用哪个函数也会有所不同。

8.5.1 对象名访问

与普通函数一样,虚函数可以通过对象名来调用,此时编译器采用的是静态联编。

通过对象名访问虚函数时,调用哪个类的函数取决于定义对象名的类型。对象类型是基类时,就调用基类的函数;对象类型是子类时,就调用子类的函数,如:

```
obj_base.disp();                //调用基类虚函数
obj_child.disp();               //调用子类虚函数
```

在子类中还可以使用作用域运算符来指定调用哪个类的函数，如：

```
obj_child.base::disp();         //调用基类虚函数
obj_child.child::disp();        //调用子类虚函数
```

【例 8.5】对象名访问虚函数。

代码如下：

```
//通过对象名访问虚函数时，调用哪个函数取决于对象名的类型
#include <iostream>
using namespace std;
class base
{
public:
    virtual void disp()
    {
        cout <<"hello,base" <<endl;
    }
};
class child :public base
{
public:
    void disp()                         //即使不加关键字声明，此时也是虚函数，因为
                                        //在基类中已经声明 disp 为虚函数
    {
        cout <<"hello,child" <<endl;
    }
};
int main()
{
    base obj_base;                      //创建基类对象 obj_base
    child obj_child;                    //创建派生类对象 obj_child
    obj_base.disp();                    //通过对象名调用虚函数
    obj_child.disp();                   //通过对象名调用虚函数
    //派生类继承基类的所有成员
    obj_child.base::disp();             //通过类名加作用域限定符指明要调用的版本
    obj_child.child::disp();            //通过类名加作用域限定符指明要调用的版本
    return 0;
}
```

输出结果如图 8.3 所示。

图 8.3 对象名访问虚函数

8.5.2 指针访问

使用指针访问非虚函数时，编译器根据定义指针时本身的类型决定要调用哪个函数，而不是根据指针指向的对象类型；使用指针访问虚函数时，编译器根据指针所指对象的类型决定要调用哪个函数(动态联编)，而与指针本身的类型无关。

使用指针访问是虚函数调用的最主要形式。

【例 8.6】指针访问虚函数。

代码如下：

```
//通过指针访问虚函数
#include <iostream>
using namespace std;
class base
{
public:
    virtual void disp()
    {
        cout <<"hello,base" <<endl;
    }
};
class child :public base
{
public:
    void disp()                     //即使不加关键字声明,此时也是虚函数,因为
                                    //在基类中已经声明 disp 为虚函数
    {
        cout <<"hello,child" <<endl;
    }
};
int main()
{
    base obj_base;                  //创建一个基类对象
    base* pBase = &obj_base;        //使用基类对象地址为基类指针赋值
    pBase-> disp();                 //使用基类指针调用虚函数
    child obj_child;                //创建一个派生类对象
    child* pChild = &obj_child;     //使用派生类对象地址为派生类指针赋值
    pChild-> disp();                //使用派生类指针调用虚函数
    cout <<endl;
    pBase = pChild;                 //将派生类指针赋值给基类指针
    pBase-> disp();                 //使用基类指针调用虚函数
    pChild = (child *)&obj_base;    //反向转换,使用基类对象地址为派生类指针赋值
    pChild-> disp();                //使用派生类指针调用虚函数,只取决于赋值对象
    pChild-> base::disp();      //使用类名加作用域限定符指明要调用的版本，静态联编
    return 0;
}
```

输出结果如图 8.4 所示。

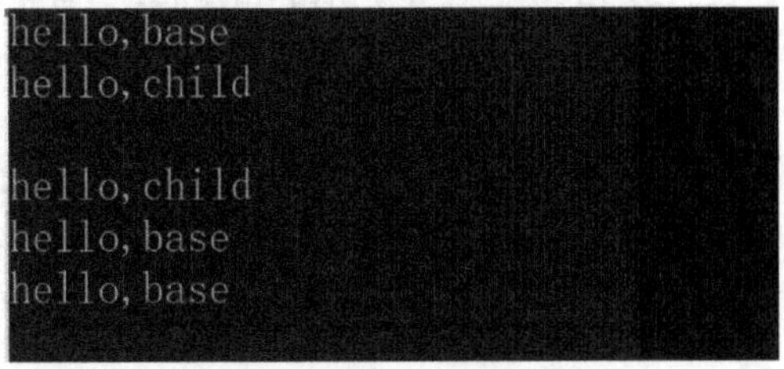

图 8.4 指针访问虚函数

8.5.3 引用访问

使用引用访问虚函数，与使用指针访问虚函数类似。不同的是，引用一经声明后，引用变量本身无论如何改变，其调用的函数都不会再改变，始终指向其开始定义时的函数，因此在使用上有一定限制；但这在一定程度上却提高了代码的安全性，特别体现在函数参数传递等场合，可以将引用理解成一种“受限制的指针”。

【例 8.7】引用访问虚函数。

代码如下：

```
//通过引用访问虚函数
#include <iostream>
using namespace std;
class base
{
public:
    virtual void disp()
    {
        cout <<"hello,base" <<endl;
    }
};
class child :public base
{
public:
    void disp()                  //即使不加关键字声明，此时也是虚函数，因为
                                 //在基类中已经声明 disp 为虚函数
    {
        cout <<"hello,child" <<endl;
    }
};
int main()
{
    base obj_base;               //创建一个基类对象
    base& rBase1 = obj_base;     //声明基类引用，用基类对象初始化
    rBase1.disp();               //基类引用，调用虚函数：基类中的 disp 版本
    child obj_child;             //创建一个派生类对象
```

```
    base& rBase2 = obj_child; //声明基类引用,用派生类对象初始化
    rBase2.disp();              //基类引用,调用虚函数: 派生类中的 disp 版本
    cout <<endl;
    //引用一经声明,其调用的函数就不会再改变
    rBase1 = obj_child;         //引用本身不可以改变, 这里是将 obj_child 赋值给了
                               //rBase1 指向的 obj_base,相当于"obj_base = obj_child;"
    rBase1.disp();              //还是调用原来的虚函数: 基类版本
    rBase2 = obj_base;          //同上
    rBase2.disp();              //还是调用原来的虚函数: 派生类版本
    return 0;
}
```

输出结果如图 8.5 所示。

图 8.5 引用访问虚函数

8.5.4 类内访问

在类内的成员函数中访问该类层次中的虚函数,要使用 this 指针。

【例 8.8】类内访问虚函数。

代码如下:

```
//在类内的成员函数中访问该类层次中的虚函数,要使用 this 指针
#include <iostream>
using namespace std;
class base
{
public:
    virtual void disp()             //虚函数 disp
    {
        cout <<"hello,base" <<endl;
    }
    void call_base_1()
    {
        this -> disp();             //或直接用 disp()
    }
    void call_base_2()
    {
        base::disp();               //去掉"base::"再试试
    }
};
```

```
class child :public base
{
public:
    //对虚函数进行了覆盖定义
    void disp()                    //即使不加关键字声明,此时也是虚函数,因为
                                   //在基类中已经声明 disp 为虚函数
    {
        cout <<"hello,child" <<endl;
    }
    void call_child_1()
    {
        disp();                    //等价于"this -> disp();"
    }
    //函数 call_base_1()在 child 类中虽然没有直接写出来
    //但还是继承过来了,默认与 base 类的代码是一样的
    //    void call_base_1()
    //    {
    //        this -> disp();
    //    }
    //函数 call_base_2()在 child 类中虽然没有直接写出来
    //但还是继承过来了,默认与 base 类的代码是一样的
    //void call_base_2()
    //    {
    //        base::disp();
    //    }
};
int main()
{
    base obj_base;                 //创建一个基类对象
    child obj_child;               //创建一个派生类对象
    //自己类内访问自己类内的,派生类中的 disp 会覆盖基类的定义
    obj_base.call_base_1();  //基类对象调用非虚函数 call_base_1()
    obj_child.call_child_1();//派生类对象调用非虚函数 call_child_1()
    cout <<endl;
    base * pBase = &obj_base;//声明一个基类指针,并用基类对象地址为其初始化
    pBase -> call_base_1();  //使用基类指针在成员函数内调用虚函数
    pBase -> call_base_2();  //基类指针指向基类对象,加不加作用域限定符都没有区别
    cout <<endl;
    pBase = &obj_child;      //用派生类对象地址为基类指针初始化
    pBase -> call_base_1();  //使用基类指针在成员函数内调用虚函数,派生 disp 版本
    pBase -> call_base_2();  //如果在此成员函数中不加作用域限定符,则调用的是派
                             //生类 disp 版本;加了作用域限定符,则调用的是基类
                             //disp 版本
    return 0;
}
```

8.5.5 在特殊成员函数中访问

构造函数和析构函数是特殊的成员函数,在其中访问虚函数时,C++采用静态

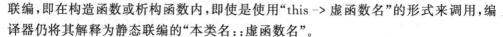

联编，即在构造函数或析构函数内，即使是使用“this -> 虚函数名”的形式来调用，编译器仍将其解释为静态联编的“本类名::虚函数名”。

【例 8.9】在构造函数中访问虚函数时采用静态联编。

代码如下：

```
#include <iostream>
using namespace std;
class base
{
public:
    virtual void disp()  //虚函数 disp
    {
        cout <<"hello,base" <<endl;
    }
    base()
    {
        cout <<"base 类构造函数执行" <<endl;
        disp();
    }
    ~base()
    {
        cout <<"base 类析构函数执行" <<endl;
        disp();
    }
};
class child :public base
{
public:
    //对虚函数进行了覆盖定义
    void disp()           //即使不加关键字声明,此时也是虚函数,因为
                          //在基类中已经声明 disp 为虚函数
    {
        cout <<"hello,child" <<endl;
    }
    //在构造函数中访问虚函数时采用静态联编
    child()
    {
        cout <<"child 构造函数执行" <<endl;
        disp();           //等价于“this -> disp()”,也等价于“child::disp()”
    }
    ~child()
    {
        cout <<"child 析构函数执行" <<endl;
        disp();
    }
};
int main()
{
```

```
    //child obj_child;      //创建一个派生类对象
    child * pchild = new child();
    base obj_base;          //创建一个基类对象
    delete pchild;
    pchild = NULL;
    return 0;
}
```

8.6 虚函数表工作原理

C++中虚函数一般是通过虚函数表来实现的。如果类中包含有虚函数,则在用该类实例化对象时,对象的第一个成员将是一个指向虚函数表(vftable)的指针(vfptr)。虚函数表是一块连续的内存,它的每一项都记录了一个虚函数的入口地址。如果类中有 N 个虚函数,那么其虚函数表将有 N×4 字节大小。它就像地图一样,指明了实际应该调用的函数。

虚函数表是固定的东西,在编译时确定;虚函数指针 vptr 是在运行阶段确定的,而多态的实现是通过对象中的 vptr 指针指向不同的虚函数表实现的,在运行时指针指向是可以有变化的。

我们可以通过对象的地址来得到这张虚函数表,然后就可以遍历其中的函数指针,并调用相应的虚函数了。

【例 8.10】虚函数表。

代码如下:

```
#include <iostream>
using namespace std;
classA
{
    //void * vfptr;
    int n;
    virtual void fun1() { cout <<"fun1" <<endl; }
    virtual void fun2() { cout <<"fun2" <<endl; }
    virtual void fun3() { cout <<"fun3" <<endl; }
};
int main()
{
    A a;
    A * p = &a;
    //typedef void ( * P)();      //重新定义 void ( * )()为 P 类型,去掉 typedef 别名
                                  //剩下的就是类型
    int n = * (int * )p;          //取出指针的值赋值给整型变量
    int m = * (int * )(n + 8);    //指针偏移到 2 个类型,偏移到末尾,取出指针的值赋值
                                  //给整型变量
```

```
    //P pfun = (P)m;               //将 m 强制转换为 void ( * )()类型
    void( * pfun)() = (void( * )())m;
    pfun();                        //执行函数
    cout <<sizeof(a) <<endl;
}
```

8.7 纯虚函数与抽象类

当在基类无法为虚函数提供任何有实际意义的定义时，可以将该虚函数声明为纯虚函数，它的实现留给该基类的派生类去做。

8.7.1 纯虚函数的声明和定义

纯虚函数是一种特殊的虚函数，其格式一般如下：

```
class 类名
{
virtual 类型 函数名 (参数表)=0;
……
};
```

纯虚函数不能被直接调用，仅提供一个与派生类一致的接口。

【例 8.11】纯虚函数的声明和定义。

代码如下：

```
#include <iostream>
using namespace std;
class A                          //类 A 定义
{
public:
    virtual void disp() = 0;     //纯虚函数，类 A 作为抽象类，声明
};
class B :public A                //类 B 由抽象类 A 派生而来
{
public:
    void disp()                  //此处 virtual 可省略，继承
    {
        cout <<"This is from B" <<endl;
    }
};
class C : public B               //类 C 从类 B 派生而来
{
public:
    void disp()                  //此处 virtual 可省略，继承
    {
        cout <<"This is from C" <<endl;
```

```
    }
};
void display(A * a)            //display 函数,用 A 类指针作为参数
{
    a-> disp();
}
int main()
{
    B * pB = new B;            //正确。但如果删除类 B 中的 disp()的定义就会编译
                               //出错，因为删除后,类 B 还包含纯虚函数
    pB-> disp();
    C * pC = new C;            //正确。如果删除类 C 中的 disp()的定义,但保留类 B 中的
                               //定义,则依然正确,因为类 B 中的 disp()不是纯虚函数了
                               //但如果类 B 和 C 中都没有 disp()的定义,就会编译出错
                               //因为类 C 还是纯虚函数
    pC-> disp();               //如果类 C 未定义 disp(),则会调用类 B 中定义的 disp()
    display(pB);               //这取决于为指针赋值的数据类型
    display(pC);
}
```

8.7.2　实践：抽象类设计图形类

一个类可以包含多个纯虚函数。只要类中含有一个纯虚函数,该类便为抽象类。一个抽象类只能作为基类来派生新类,不能创建抽象类的对象,如例中的类 A 便是抽象类,创建类 A 的对象是非法的,如：

```
A a;    //错误,类 A 为抽象类
```

但可声明一个指向抽象类的指针,如：

```
A * a = NULL;
A * a = new B;    //正确,创建类 B 的对象
```

注意：“A * a=new A;”非法,因为该语句试图创建类 A 的对象。

与普通的虚函数不同,纯虚函数不能被自动继承,在派生类中必须对基类中的虚函数进行重定义,或者在派生类中再次将该虚函数声明为纯虚函数,否则编译器将提示错误信息。这说明,抽象类的派生类也可以是抽象类,只有在派生类中给出了基类中所有纯虚函数的实现时,该派生类才不再是抽象类。与纯虚函数一样,抽象类只起到提供统一接口的作用。

【例 8.12】抽象类。

代码如下：

```
#include <iostream>
#include <cmath>
using namespace std;
#define PI 3.1415926               //宏定义
class Figure                       //图形基类定义
{
public:
```

```
    virtual float Area() = 0;  //纯虚函数,因此 Figure 类是抽象类,无法声明其对象
    virtual void DispName() = 0;
};
class Circle :public Figure        //在抽象类 Figure 的基础上派生 Circle 类
{
private:                           //private 成员列表
    float radius;                  //半径
public:
    Circle(float ra = 0)           //构造函数
    {
        radius = ra;
    }
    virtual void DispName() //覆盖实现了虚函数 DispName(),此处去掉 virtual 没有影响
    {
        cout <<"圆:" <<endl;
    }
    virtual float Area()           //覆盖实现了虚函数 Area(),用来计算圆的面积,去掉
                                   //virtual 同样没有影响
    {
        return  PI * radius * radius;
    }
};
class Rectangle : public Figure  //在抽象类 Figure 的基础上派生 Rectangle 类
{
private:
    float xp;                      //两个边长 x 和 y
    float yp;
public:
    Rectangle(float x = 0, float y = 0)  //构造函数
    {
        xp = x;
        yp = y;
    }
    virtual void DispName() //覆盖实现了虚函数 DispName(),此处去掉 virtual 没有影响
    {
        cout <<"矩形:" <<endl;
    }
    virtual float Area()           //覆盖实现了虚函数 Area(),用来计算圆的面积,去掉
                                   //virtual 同样没有影响
    {
        return xp * yp;
    }
};
class Triangle : public Figure   //在抽象类 Figure 的基础上派生 Triangle 类
{
private:
    float xp;                      //三角形的三个边长
    float yp;
    float zp;
```

```
public:
    Triangle(float x = 0, float y = 0, float z = 0)  //构造函数
    {
        xp = x;
        yp = y;
        zp = z;
    }
    virtual void DispName()          //覆盖实现了虚函数 DispName(),此处去掉
                                     //virtual 没有影响
    {
        cout <<"三角形:" <<endl;
    }
    virtual float Area()             //覆盖实现了虚函数 Area(),用来计算圆的面积,去掉
                                     //virtual 同样没有影响
    {
        float p = (xp + yp + zp) / 2;
        return sqrt(p * (p - xp) * (p - yp) * (p - zp));
    }
};
int main()
{
    //Figure f;                        //错误,抽象类不能实例化
    //Figure * pF = new Figure();      //错误,抽象类不能使用 new 分配内存空间,这也是
                                       //在创建对象
    Figure * pF = NULL;                //虽然不能创建 Figure 类对象,但可声明 Figure 型
                                       //的指针
    Circle c(3);                       //声明一个圆对象,半径为 3
    Rectangle r(1.2, 3.6);             //声明一个矩形对象,其边长分别为 1.2 和 3.6
    Triangle t(6, 7, 8);               //声明一个三角形对象,其边长分别为 6、7 和 8
    //上面 3 句正确,可以这样实例化,因为 Circle、Rectangle 和 Triangle 不再是抽象类
    //其基类的 2 个虚函数 DispName()和 Area()都已经有定义了,如果删除其中任何一个定
    //义,就会编译出错
    pF = &c;                           //用圆对象 c 的地址为 pF 赋值
    pF -> DispName();                  //调用 DispName()时,对应 Circle 类中的版本
    cout <<pF -> Area() <<endl;        //调用 Area()时,对应 Circle 类中的版本
    cout <<endl;
    pF = &r;                           //用矩形对象 r 的地址为 pF 赋值
    pF -> DispName();                  //调用 DispName()时,对应 Rectangle 类中的版本
    cout <<pF -> Area() <<endl;        //调用 Area()时,对应 Rectangle 类中的版本
    cout <<endl;
    pF = &t;                           //用三角形对象 t 的地址为 pF 赋值
    pF -> DispName();                  //调用 DispName()时,对应 Triangle 类中的版本
    cout <<pF -> Area() <<endl;        //调用 Area()时,对应 Triangle 类中的版本
    cout <<endl;
    return 0;
}
```

输出结果如图 8.6 所示。

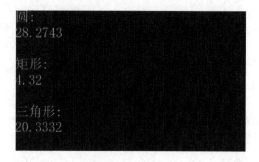

图 8.6 抽象类

8.7.3 实践：单件设计模式

前面讲了构造函数既可以为 public 型，也可以为 protected 型。其实，构造函数也可以为 private 型，此时不能直接在外部函数和派生类中使用"类名＋对象名"的形式来创建该类对象，但可以通过类的 static 函数成员来创建类的对象。

与此类似，也可以使用 static 成员函数为包含 protected 型构造函数的类创建对象。

【例 8.13】protected 型构造函数的抽象类。

代码如下：

```
//只定义了 protected 型构造函数的类也是抽象类
#include <iostream>
using namespace std;
class A                          //基类定义
{
private:
    int x;
    A(int xp = 0)                //构造函数声明为 private 型
    {
        x = xp;
    }
public:
    static A * CreatA(int n)
    {
        return new A(n);         //用 new 动态申请一个类 A 的对象,并返回对象首地址
        //注释掉上一行,然后取消本行和下面一行的注释,再次运行看看结果
//      static A a(n);           //创建对象,不用动态申请
//      return &a;               //静态函数成员只有一份,静态对象也只有一份,不管调用
                                 //几次,都是一份
    }
    void disp()
    {
        cout <<"x = " <<x <<endl;
```

```
    }
};
int main()
{
    A *a = A::CreatA(5);     //等价于"A *a;a-> CreatA(5);"
    A *b = A::CreatA(8);     //只能创建该类的指针,如果是引用,则也是在创建对象
    A *c = A::CreatA(10);
    a-> disp();
    b-> disp();
    c-> disp();
}
```

8.7.4 实践：虚析构函数

虽然构造函数不能被定义成虚函数,但析构函数可以定义为虚函数。一般来说,如果类中定义函数功能涉及动态申请内存,则需要将析构函数定义为虚析构函数,以清理和释放动态申请的内存。

以下代码中的析构函数是非虚的,释放时会造成 child 类的析构函数得不到执行,从而内存泄漏。改进代码,这样 base 类和 child 类的析构函数都得到了执行,避免了内存泄漏。

【例 8.14】析构函数调用不当带来的内存泄漏。

代码如下：

```
#include <iostream>
using namespace std;
class Base                              //基类定义
{
private:                                //字符指针
    char *data;
public:
    Base()                              //无参构造函数
    {
        data = new char[64];            //动态内存申请
        cout <<"Base 类构造函数被调用" <<endl;
    }
    ~Base()                             //析构函数
    {
        delete[] data;                  //data 指向的内存被释放
        cout <<"Base 类析构函数被调用" <<endl;
    };
};
class Child : public Base               //Child 类由基类 Base 派生而来
{
private:
    char* m_data;                       //增添的字符指针成员
```

```
public:
    Child() :Base()                     //构造函数,初始化表中执行基类的构造函数
    {
        m_data = new char[64];    //动态申请内存,并将首地址赋给 m_data
        cout <<"Child 类构造函数被调用" <<endl;
    };
    ~Child()                            //析构函数
    {
        delete[] m_data;            //内存资源释放
        cout <<"Child 类析构函数被调用" <<endl;
    };
};
int main()
{
    Base * pB = new Child;      //动态申请了一块 Child 大小的内存,赋给 Base 基类指针
    delete pB;                          //基类析构函数执行
    //执行结果为
    //Base 类构造函数被调用
    //Child 类构造函数被调用
    //Base 类析构函数被调用,只释放了一块内存空间
    //Child 类的析构函数没有被执行,这是因为上述代码的析构函数是非虚的
    //而 pB 是 Base * 类型,因此析构时只执行 Base 类的析构函数, 而 Child 类的
    //析构函数得不到执行,从而导致内存泄漏
    //解决方法: 将 Base 类的析构函数声明为虚函数,即在 ~Base() 前面加上关键字 virtual
}
```

代码改进之后如例 8.15 所示。

【例 8.15】使用虚析构函数解决内存泄漏问题。

代码如下:

```
#include <iostream>
using namespace std;
class Base                              //基类定义
{
private:                                //字符指针
    char * data;
public:
    Base()                              //无参构造函数
    {
        data = new char[64];        //动态内存申请
        cout <<"Base 类构造函数被调用" <<endl;
    }
    virtual ~Base()                     //虚析构函数
    {
        delete[] data;              //data 指向的内存被释放
        cout <<"Base 类析构函数被调用" <<endl;
    };
};
```

```
class Child : public Base                //Child 类由基类 Base 派生而来
{
private:
    char * m_data;                       //增添的字符指针成员
public:
    Child() :Base()                      //构造函数,初始化表中执行基类的构造函数
    {
        m_data = new char[64];           //动态申请内存,并将首地址赋给 m_data
        cout <<"Child 类构造函数被调用" <<endl;
    };
    ~Child()                             //析构函数
    {
        delete[] m_data;                 //内存资源释放
        cout <<"Child 类析构函数被调用" <<endl;
    };
};
class GrandChild :public Child           //GrandChild 类由 Child 类派生而来
{
private:
    char * mm_data;                      //在 Child 类基础上增加的字符指针成员 mm_data
public:
    GrandChild() :Child()                //构造函数
    {
        mm_data = new char[64];          //动态内存申请
        cout <<"GrandChild 类构造函数被调用" <<endl;
    };
    ~GrandChild()                        //虚析构函数
    {
        delete[] mm_data;                //内存释放
        cout <<"GrandChild 类析构函数被调用" <<endl;
    };
};

int main()
{
    Base * pB = new Child;        //动态申请了一块 Child 大小的内存,赋给 Base 基类指针
    delete pB;                           //Child 类的析构函数执行,释放内存,不会泄漏
    cout <<endl;
    Child * pC = new GrandChild;         //动态申请了一块 GrandChild 大小的内存,赋给
                                         //Child 类指针
    delete pC;                           //GrandChild 类的析构函数执行,释放内存,不会泄漏
    cout <<endl;
    GrandChild * pG = (GrandChild * )new Base;
    delete pG;
//如果去掉基类析构函数前的 virtual,则执行到"delete [] mm_data"时会报内存错误,因为
//mm_data 根本就没有 new
                                         //GrandChild 的析构函数没有执行
                                         //不同计算机的表示方式也不同
}
```

8.8 虚函数引入的二义性

虚函数同样存在二义性问题，本节将分别从多基派生、共同基类(非虚基派生)和共同基类(虚基派生)3 个方面展开讨论。

8.8.1 多基派生二义性消除技巧

前面在学习继承时也存在二义性，如单基派生的二义性、多基继承的二义性。下述代码中产生的二义性与多基继承产生的二义性处理方式一致。

【例 8.16】多基派生引起的虚函数访问二义性问题。

代码如下：

```
//多基派生引起的虚函数访问二义性问题
#include <iostream>
using namespace std;
class A
{
public:
    virtual void a()                          //虚函数
    {
        cout <<"a() in A" <<endl;
    }
    virtual void b()                          //虚函数
    {
        cout <<"b() in A" <<endl;
    }
    virtual void c()                          //虚函数
    {
        cout <<"c() in A" <<endl;
    }
};
class B
{
public:
    virtual void a()                          //虚函数
    {
        cout <<"a() in B" <<endl;
    }
    virtual void b()                          //虚函数
    {
        cout <<"b() in B" <<endl;
    }
    void c()                                  //非虚函数
    {
        cout <<"c() in B" <<endl;
    }
```

```
    void d()                              //非虚函数
    {
        cout <<"d() in B" <<endl;
    }
};
class C :public A, public B
{
public:
    virtual void a()                      //虚函数,覆盖
    {
        cout <<"a() in C" <<endl;
    }
    void c()                              //特殊
    {
        cout <<"c() in C" <<endl;
    }
    void d()                              //非虚函数,隐藏
    {
        cout <<"d() in C" <<endl;
    }
};
int main()
{
    C c;          //声明一个派生类对象 c
//  c.b();        //b()在类 A 和类 B 中都定义为虚函数,类 C 中无法确定使用哪个版本
                  //引起二义性错误。解决方法:“c.B::b();”
    c.B::b();
    c.A::b();
    cout <<"c.b();会引起二义性错误" <<endl;
    cout <<endl;
    A * pA = &c;  //用派生类对象 c 的地址为 A 类指针赋值
    pA -> a();    //a()在 A、B 和 C 三个类中都是虚函数,调用类 C 的 c(),输出“a() in C”
    pA -> b();    //b()在类 A 和类 B 中都是虚函数,类 C 中没有定义,编译器无法确定使
                  //用哪个版本,只能采用静态联编。由于 pA 的类型是 A *,所以输出
                  //“b() in A”
    pA -> c();    //c()在类 A 中为虚函数,在类 B 中为普通函数,在类 C 中进行了重定义,此
                  //时输出取决于指针 pA 的类型 A,由于 c()在类 A 中为虚函数,故按照虚
                  //函数的规则处理,输出“c() in C”
    cout <<endl;
    B * pB = &c;  //用派生类对象 c 的地址为 B 类指针赋值
    pB -> a();    //a()在 A、B 和 C 三个类中都是虚函数,调用类 C 的 c(),输出“a() in C”
    pB -> b();    //b()在类 A 和类 B 中都是虚函数,类 C 中没有定义,编译器无法确定使用
                  //哪个版本,只能采用静态联编。由于 pB 的类型是 B *,所以输出
                  //“b() in B”
    pB -> c();    //c()在类 A 中为虚函数,在类 B 中为普通函数,在类 C 中进行了重定义
                  //此时输出取决于指针 pB 的类型 B,由于 c()在类 B 中为普通函数,故按
                  //照普通函数的规则处理,输出“c() in B”
    pB -> d();    //d()在类 B 和类 C 中都定义为普通函数,类 C 中的 d()会隐藏基类 B 中
                  //的 d(),但 pB 类型为 B *,故输出“d() in B”
```

```
    cout <<endl;
    C * pC = &c;
    pC-> a();      //a()在 A、B 和 C 三个类中都是虚函数,调用类 C 的 c(),输出"a() in C"
    //pC-> b();    //b()在类 A 和类 B 中都定义为虚函数,类 C 中无法确定使用哪个版本
                   //引起二义性错误,解决方法:"pC-> B::b();"
    cout <<"pC-> b();会引起二义性错误" <<endl;
    pC-> c();      //c()在类 A 中为虚函数,在类 B 中为普通函数,类 C 中进行了重定义
                   //此时输出取决于指针 pC 的类型 C,c()在类 C 中无论是虚函数还是普
                   //通函数,都输出"c() in C"
    pC-> d();      //d()在类 B 和类 C 中都定义为普通函数,类 C 中的 d()会隐藏基类 B 中
                   //的 d(),但 pC 类型为 C *,故输出"d() in C"
    //总结:在派生类中,如果没有与共同基类函数名一样的成员函数(例如两个共同基类有)
    //则此时用派生类对象调用继承过来的成员函数就会发生二义性问题
}
```

输出结果如图 8.7 所示。

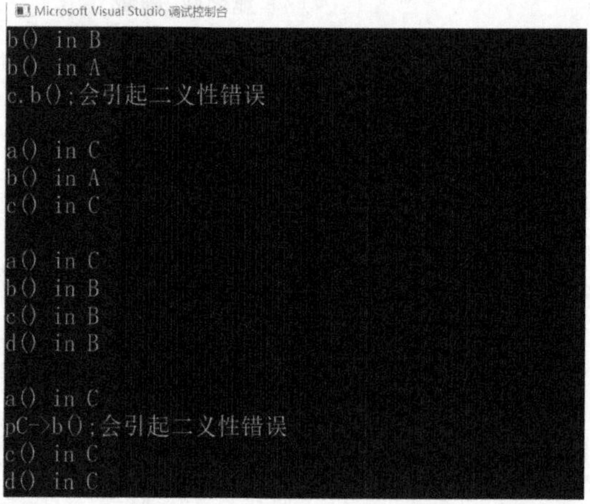

图 8.7　多基派生引起的虚函数访问二义性问题

8.8.2　共同基类和虚继承的对比

对非虚基派生方式,无法用汇聚处的派生类对象为共同基类的对象或指针赋值,即无法使用共同基类指针指向汇聚处的派生类对象,这就无法发挥出多态的威力。采用虚基派生的方式只保留基类的一份拷贝,这时,可以用汇聚处的派生类对象为共同基类的对象或指针赋值。

【例 8.17】共同基类和虚继承。

代码如下:

```
#include <iostream>
using namespace std;
class A
{
public:
```

```
    virtual void a()                    //虚函数
    {
        cout <<"a() in A" <<endl;
    }
    virtual void b()                    //虚函数
    {
        cout <<"b() in A" <<endl;
    }
    virtual void c()                    //虚函数
    {
        cout <<"c() in A" <<endl;
    }
    virtual void d()                    //虚函数
    {
        cout <<"d() in A" <<endl;
    }
};
class B : /* virtual */public A
{
public:
    void a()                            //虚函数
    {
        cout <<"a() in B" <<endl;
    }
    void b()                            //虚函数
    {
        cout <<"b() in B" <<endl;
    }
};
class C :/* virtual */ public A
{
public:
    void a()                            //虚函数
    {
        cout <<"a() in C" <<endl;
    }
    void b()                            //虚函数
    {
        cout <<"b() in C" <<endl;
    }
};
class D : public B,public C
{
public:
    void a()                            //虚函数
    {
        cout <<"a() in D" <<endl;
    }
    void d()                            //虚函数
```

```
        {
            cout <<"d() in D" <<endl;
        }
};
int main()
{
    A *pA;
    pA = (B *)new D;
    pA-> a();    //a()在4个类中都定义成虚函数,输出取决于new D的类型D *,故输出
                 //"a() in D"
    pA-> b();    //b()在A、B和C类中都定义成了虚函数,输出取决于pA的(B*)类型,故
                 //输出"b() in B"
    pA-> c();    //c()只在A类中定义成了虚函数,故输出"c() in A"
    pA-> d();    //d()只在A、D类中定义成了虚函数,输出
                 //取决于new D的类型D *,故输出"d() in D"
    cout <<endl;
    pA = (C *)new D;
    pA-> a();    //同上
    pA-> b();    //b()在A、B、C类中都定义成了虚函数,输出取决于pA的(C*)类型,故输
                 //出"b() in C"
    pA-> c();    //同上
    pA-> d();    //同上
    //如果B、C类均使用virtual派生,即取消注释/*virtual */
    //则D类会编译二义性出错,D类不知道该用哪个版本的a()和b()
    //虚基派生只有一份,如果不是,此时就会出现二义性错误,D类不知道该用B类的
    //还是C类的
    return 0;
}
```

8.9 重载、覆盖和隐藏

对类层次中的同名成员函数来说,有3种关系:重载(overload)、覆盖(override)和隐藏(hide、oversee),厘清这3种关系,有助于写出高质量代码。

8.9.1 重载应用场景

重载的概念相对简单,只有在同一类定义中的同名成员函数才存在重载关系。其主要特点是函数的参数类型和数目有所不同,但不能出现参数的个数和类型均相同,仅仅依靠返回值类型的不同来区分的函数,这与普通函数的重载是完全一致的。另外,重载和成员函数是否是虚函数无关,举例来说:

```
class A
{
    ……
    virtual int fun();
    void fun(int);
    void fun(double,double);
```

```
    ……
};
```

上述 A 类定义中的 3 个 fun 函数便是重载关系。

8.9.2 覆盖应用场景

覆盖是指在派生类中覆盖基类中的同名函数,要求两个函数的参数个数、参数类型和返回类型都相同,且基类函数必须是虚函数。如 A -> B,再以类 B 派生出类 C 时,如 B -> C,则类 C 继承的便是覆盖后的类 B 的虚函数版本,除非在类 C 中对该虚函数进行重定义。

类 B 中的 fun1 覆盖了类 A 中的 fun1,同时继承了类 A 中的 fun2,类 C 继承了类 B 中的 fun1,同时重定义覆盖了 fun2。

【例 8.18】覆盖。

代码如下:

```
//覆盖
#include <iostream>
using namespace std;
class A
{
public:
    virtual void fun1(int,int)
    {
        cout <<"fun1 in A\n";
    }
    virtual int  fun2(char * )
    {
        cout <<"fun2 in A\n";
        return 0;
    }
};
class B : public A
{
public:
    void fun1(int,int)                  //覆盖类 A 中的 fun1
    {
        cout <<"fun1 in B\n";
    }
};
class C : public B
{
public:
    int fun2(char * )                   //覆盖从类 B 继承过来的类 A 中的 fun2
    {
        cout <<"fun2 in C\n";
        return 1;
```

```
    }
    //继承了类 B 的 fun1
};
int main()
{
    A * pA = new C;
    pA -> fun1(11,22);          //fun1 函数在类 A 和类 B 中均有定义,pA 的类型为 A * ,所以
                                //参考类 A,故 fun1 按照虚函数理解,而且前指针 pA 指向的
                                //对象类型为类 C,C 类中无 fun1 按照虚函数的处理方式
                                //此处使用 B 类的 fun1
    pA -> fun2("11 - 22");      //fun2 在类 C 中进行了重定义,pA 的类型为 A * ,所以为虚
                                //函数,按照虚函数的处理方式指针指向的对象的类型为 C
                                //所以输出 C
    cout << endl;
    B b;
    b.fun1(3,4);                //类 B 的 fun1 覆盖了类 A 的 fun1
    b.A::fun1(3,4);             //如果不想被覆盖,则加类名限定作用域即可显示
    C c;
    c.fun1(2,3);                //显示的是类 C 中的 fun1,继承了类 B 的 fun1
    c.fun2("jhds");             //显示类 C 中的 fun2,把从类 B 继承过来的类 A 的 fun2
                                //覆盖掉
    c.B::fun2("sdas");          //类 B 中的 fun2 是从类 A 中继承过来的
    c.A::fun2("hjdsgs");        //显示的是类 A 中的 fun2,类 A 和类 B 一起继承到类 C 中
    return 0;
}
```

8.9.3 隐藏应用场景

隐藏指的是在某些情况下,派生类中的函数屏蔽了基类中的同名函数,这些情况包括:

① 两个函数参数相同,但基类函数不是虚函数。与覆盖的区别在于基类函数是否是虚函数。

② 两个函数参数不同,无论基类函数是否是虚函数,基类函数都会被屏蔽。与重载的区别在于两个函数不在同一类中。

【例 8.19】类层次结构中的函数隐藏。

代码如下:

```
#include <iostream>
using namespace std;
class A                         //类 A 的定义
{
public:
    void fun(int xp)            //非虚成员函数 fun,参数为 int 型
    {
        cout << xp << endl;
    }
```

```
};
class B :public A                //类 B 由类 A 派生而来
{
public:
    void fun(char * s)           //隐藏,参数为字符串
    {
        cout <<s <<endl;
    }
//    void fun(int xp)           //重载。如果没有定义该重载函数,则 main()中的
                                 //b.fun(2)语句会出错
//    {
//        A::fun(xp);
//    }
      //在本类中,两个成员函数构成重载,并隐藏了基类的成员函数
};
int main()
{
    B b;                         //声明一个 B 类对象
    b.fun("hello");              //字符串参数版本
    b.fun(2);                    //错误,发生覆盖,找不到 fun(int)
                                 //解决方法:在类 B 中重载 fun(int)版本的函数,即取消
                                 //类 B 中注释代码的注释
    b.A::fun(3);                 //加作用域限定符就可以不被隐藏
    return 0;
}
```

8.10 小 结

多态性是面向对象程序设计的又一重要特征,C++中多态性是通过虚函数实现的。通过虚函数,可以用同一个指针(尤其是指向基类的指针)访问不同对象的成员函数。多态可以为类层次中的函数调用提供统一接口,具有十分重要的意义。

本章首先介绍了静态联编和动态联编的含义,进一步引出了虚函数的定义方式。对于不同方式的访问,虚函数的响应形式也有所不同。在某些情况下,在基类中可能无法定义虚函数,这时可以将其设置为纯虚函数,此时的类称为抽象类。纯虚函数和抽象类只能提供接口的作用,抽象类无法创建对象。

与普通函数一样,多基派生时,虚拟函数也会带来二义性问题,这在类设计时要合理规划,避免出现编译器无法判断的情况。从整个类层次的角度来看,其中的同名成员函数存在 3 种关系:重载(overload)、覆盖(override)和隐藏(hide、oversee)。理解同名函数间的关系有助于代码的阅读和书写,提高程序设计的效率。

第 9 章

string 类

之所以抛弃 char * 的字符串而选用 C++标准程序库中的 string 类，是因为它与前者比较起来，不必担心内存是否足够、字符串长度等，而且作为一个类出现，它集成的操作函数足以满足大多数情况下(甚至是 100%)的需要。

我们可以用"="进行赋值操作，用"=="进行比较操作，用"+"进行串联操作(是不是很简单)，尽可以把它们看成 C++的基本数据类型。

首先，为了在我们的程序中使用 string 类，必须将其包含在头文件"<string>"中，如"#include <string>"。注意，这里不是 string.h，string.h 是 C 语言的字符串头文件。

9.1 string 类概述

9.1.1 对象的使用

很多应用程序都需要处理字符串。C 语言在 string.h (在 C++中为 cstring)中提供了一系列的字符串函数，在 C++早期，为了实现处理字符串相关操作(比如复制字符串)，已经提供了相关的类(string 类)。若需要使用 string 类，则必须包含头文件 string(注意，头文件 string.h 和 cstring 支持对 C 风格字符串进行操纵的 C 库字符串函数，但不支持 string 类)。要使用类，关键要知道它的公有接口，而 string 类就包含大量的方法，其中包括若干构造函数，用于将字符串赋给变量、合并字符串、比较字符串和访问各个元素的重载运算符以及在字符串中查找字符和子字符串等。简而言之，string 类包含的内容很多。

首先看 string 类的一个简单应用。

【例 9.1】string 类的使用。

代码如下：

```
#include <iostream>
#include <string>
using namespace std;
int main()
{
    string s1 = "hello";
    cout <<s1 <<endl;
    string s2("hello");          //创建对象
    cout <<s2 <<endl;
    //复制构造函数
    string s3(s2);
    cout <<s3 <<endl;
    //运算符重载
    string s4;
    s4 = s1 + s2;
    cout <<"s4 = " <<s4 <<endl;
    s2 += " world";
    cout <<s2 <<endl;
    return 0;
}
```

9.1.2　对象构造实战

例 9.1 简单地演示了 string 类的应用，让我们先来看 string 类的构造函数。毕竟，对于类，最重要的内容之一就是有哪些方法可用于创建其对象。表 9.1 简要地描述了 C++中 string 类的构造函数。

表 9.1　string 类的构造函数

构造函数	描　述
string(const char * s)	将 string 对象初始化为 s 指向的 NBTS
string(size_type n,char c)	创建一个包含 n 个元素的 string 对象，其中每个元素都被初始化为字符 c
string(const string & str)	将一个 string 对象初始化为 string 对象 str（复制构造函数）
string()	创建一个默认的 sting 对象，长度为 0（默认构造函数）
string(const char * s,size_type n)	将 string 对象初始化为 s 指向的 NBTS 的前 n 个字符，即使超过了 NBTS 结尾
template < class Iter: > string (Iter begin,Iter end)	将 string 对象初始化为区间[begin,end)内的字符，其中 begin 和 end 的行为就像指针，用于指定位置，范围包括 begin 在内，但不包括 end
string(const string & str,string size_type pos = 0,size_ type n = npos)	将一个 string 对象初始化为对象 str 中从位置 pos 开始到结尾的字符，或从位置 pos 开始的 n 个字符

续表 9.1

构造函数	描　述
string(string && str) noexcept	这是 C++新增的，它将一个 string 对象初始化为 string 对象 str，并可能修改 str(移动构造函数)
string(initializer_ list <char> il)	这是 C++新增的，它将一个 string 对象初始化为初始化列表 il 中的字符

string 类的构造函数的简单使用如例 9.2 所示。

【例 9.2】string 类的构造函数。

代码如下：

```
#include <iostream>
#include <string>
using namespace std;
int main()
{
    string str("12345678");
    char ch[] = "abcdefgh";
    string a;                  //定义一个空字符串
    string str_1(str);         //构造函数，全部复制
    string str_2(str,2,5);     //构造函数，从字符串 str 的第 2 个元素开始，复制 5 个元
                               //素，赋值给 str_2
    string str_3(ch,5);        //将字符串 ch 的前 5 个元素赋值给 str_3
    string str_4(5,'X');       //将 5 个"X"组成的字符串"XXXXX"赋值给 str_4
    string str_5(str.begin(),str.end()); //复制字符串 str 的所有元素，并赋值给 str_5
    cout <<str <<endl;
    cout <<a <<endl;
    cout <<str_1 <<endl;
    cout <<str_2 <<endl;
    cout <<str_3 <<endl;
    cout <<str_4 <<endl;
    cout <<str_5 <<endl;
    return 0;
}
```

9.2　字符串的转换方案

C 语言中字符串以字符数组的形式存储，以"\0"结尾，而 C++中引入 string 类作为字符串类型，它们之间可以通过以下方法相互转换。

9.2.1　利用 c_str()

语法：

```
const char *c_str();
```

功能：

将string类字符串转换成C格式，并返回C字符串的首地址。

注意：

返回的首地址要用const类型的指针进行接收。

【例9.3】c_str()。

代码如下：

```
#include <iostream>
#include <string>
#include <stdio.h>
using namespace std;
int main()
{
    string s1 = "hello world";
    cout << s1 << endl;
    const char * sp = s1.c_str();
    printf("%s\n",sp);
}
```

9.2.2 利用data()

语法：

```
const char * data();
```

功能：

将string类字符串转换成C格式，并返回C字符串的首地址。

注意：

返回的首地址要用const类型的指针进行接收。

【例9.4】data()。

代码如下：

```
#include <iostream>
#include <string>
#include <stdio.h>
using namespace std;
int main()
{
    string s1 = "hello world";
    cout << s1 << endl;
    const char * sp = s1.data();
    printf("%s\n",sp);
}
```

9.2.3 利用copy()

语法：

```
size_type copy( char * str,size_type num,size_type index );
```

功能：

copy()函数复制自己的 num 个字符到 str 中(从索引 index 开始)，返回值是复制的字符数。

注意：

复制结束后不会在字符串的末尾补“\0”。

格式：

对象名.copy(char * buf,int n);

【例 9.5】copy 函数。

代码如下：

```
#include <iostream>
#include <string>
#include <stdio.h>
#include <string.h>
using namespace std;
int main()
{
    char str[30] = { 0 };
    string s1 = "hello world";
    cout <<s1 <<endl;
    const char * sp = s1.data();
    s1.copy(str,strlen(sp));
    printf("%s\n",str);
}
```

9.3 string 类字符串的输入/输出

1. 实现输入

cin 的使用与之前的相同，在此先来了解一下 string 类字符串的新的输入方式——getline()函数。

格式：

getline(cin,string 类对象);   //会识别回车字符

语法：

```
istream &getline( char * buffer,streamsize num );
istream &getline( char * buffer,streamsize num,char delim );
```

getline()函数用于输入流，将字符读取到 buffer 中，直到下列情况发生：

① num－1 个字符已经读入；

② 碰到一个换行标志；

③ 碰到一个 EOF；

④ 任意地读入，直至读到字符 delim，delim 字符不会被放入 buffer。

【例 9.6】string 类字符串的输入/输出。

代码如下：

```
#include <iostream>
#include <string>
#include <stdio.h>
#include <string.h>
using namespace std;
int main()
{
    string s1;
    string s2;
    cin >> s1;                //只能输入不带有空格的字符串,不识别空格
    cout << s1 << endl;
    getchar();                //接收回车字符不回显
                              //可以输入带有空格的 string 类的字符串
    getline(cin,s2);          //会识别回车字符
    cout << s2 << endl;
}
```

2. 实现输出

输出该怎么用就怎么用,与 C 语言没什么区别。

9.4　string 类字符串的赋值与清空

9.4.1　赋　值

赋值主要有以下两种方式：

① 直接用赋值运算符进行操作。

② 通过成员函数 assign(“字符串”)进行赋值,具体如下：

格式：

对象名.assign(“字符串”)

语法：

```
basic_string &assign( const basic_string &str );
basic_string &assign( const char * str );
basic_string &assign( const char * str,size_type num );
basic_string &assign( const basic_string &str,size_type index,size_type len );
basic_string &assign( size_type num,char ch );
```

函数以下列方式赋值：

① 用 str 为字符串赋值；

② 用 str 开始的 num 个字符为字符串赋值；

③ 用 str 的子串为字符串赋值,子串以 index 索引开始,长度为 len；

④ 用 num 个字符 ch 为字符串赋值。

【例 9.7】string 类对象的赋值。

代码如下：

```
#include <iostream>
#include <string>
#include <stdio.h>
#include <string.h>
using namespace std;
int main()
{
    string s1;
    string s2;
    s1 = "hello";
    s2.assign("world");
    cout <<s1 <<endl;
    cout <<s2 <<endl;
}
```

9.4.2 清　空

清空主要有以下两种方式：

① 直接给所对应的对象赋值为空字符串；

② 通过成员函数 erase()进行清除。

【例 9.8】string 类对象的清空。

代码如下：

```
#include <iostream>
#include <string>
#include <stdio.h>
#include <string.h>
using namespace std;
int main()
{
    string s1;
    string s2;
    s1 = "hello";                    //赋值
    s2.assign("world");              //赋值
    cout <<s1 <<endl;
    cout <<s2 <<endl;
    s1 = "";                         //赋值空字符串,清空字符串
    s2.erase();                      //通过函数成员清空字符串
    cout <<s1 <<endl;
    cout <<s2 <<endl;
    cout <<"-------" <<endl;
}
```

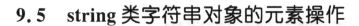

9.5 string 类字符串对象的元素操作

9.5.1 添加(追加)

成员函数：append()函数。

语法：

```
basic_string &append( const basic_string &str );
basic_string &append( const char * str );
basic_string &append( const basic_string &str,size_type index,size_type len );
basic_string &append( const char * str,size_type num );
basic_string &append( size_type num,char ch );
basic_string &append(input_iterator start,input_iterator end );
```

append() 函数可以完成以下工作：

① 在字符串的末尾添加 str;

② 在字符串的末尾添加 str 的子串，子串以 index 索引开始，长度为 len;

③ 在字符串的末尾添加 str 中的 num 个字符；

④ 在字符串的末尾添加 num 个字符 ch;

⑤ 在字符串的末尾添加以迭代器 start 和 end 表示的字符序列。

例如：

```
string str = "Hello World";
str.append( 10,'!' );
cout <<str <<endl;
```

显示：

```
Hello World!!!!!!!!!!
```

【例 9.9】string 类字符串对象的元素操作。

代码如下：

```
#include <iostream>
#include <string>
#include <stdio.h>
#include <string.h>
using namespace std;
int main()
{
    string s1 = "hello";
    s1 += " world";                //通过运算符重载的方式进行追加
    cout <<s1 <<endl;
    s1.append(" nihao");           //将整个字符串追加到对象 s1 的后面
    cout <<s1 <<endl;
    s1.append(" hello",4);         //将字符串的前 4 个字符追加到对象 s1 的后面
    cout <<s1 <<endl;
}
```

输出结果如图 9.1 所示。

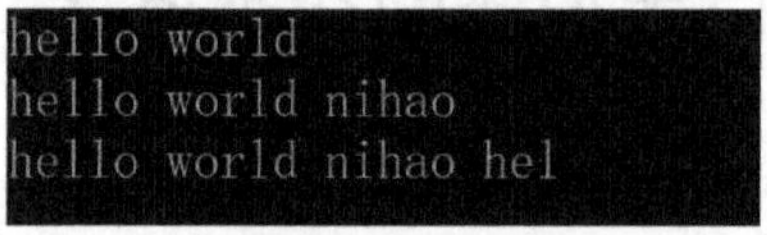

图 9.1　string 类字符串对象的元素操作

9.5.2　插　入

成员函数：insert()函数。

语法：

```
    iterator insert( iterator i,const char &ch );
    basic_string &insert( size_type index,const basic_string &str );
    basic_string &insert( size_type index,const char * str );
    basic_string &insert( size_type index1,const basic_string &str,size_type index2,size_
type num);
    basic_string &insert( size_type index,const char * str,size_type num );
    basic_string &insert( size_type index,size_type num,char ch );
    void insert( iterator i,size_type num,const char &ch );
    void insert( iterator i,iterator start,iterator end );
```

insert()函数的功能非常多，具体如下：

① 在迭代器 i 表示的位置前面插入一个字符 ch；

② 在字符串的位置 index 插入字符串 str；

③ 在字符串的位置 index 插入字符串 str 的子串(从 index2 开始，长度为 num)；

④ 在字符串的位置 index 插入字符串 str 的 num 个字符；

⑤ 在字符串的位置 index 插入 num 个字符 ch 的拷贝；

⑥ 在迭代器 i 表示的位置前面插入 num 个字符 ch 的拷贝；

⑦ 在迭代器 i 表示的位置前面插入一段字符，从 start 开始，以 end 结束。

【例 9.10】字符串类的插入。

代码如下：

```
#include <iostream>
#include <string>
#include <stdio.h>
#include <string.h>
using namespace std;
int main()
{
    string s1 = "hello";
    cout <<s1 <<endl;
    s1.insert(3," how are ");    //从下标 3 开始进行插入，将整个字符串插入到 s1 对象中
    cout <<s1 <<endl;
```

```
    s1.insert(5," welcome ",4);  //从下标5开始进行插入,插入4个字符到s1对象中
    cout <<s1 <<endl;
}
```

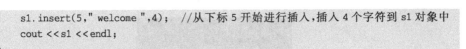

输出结果如图 9.2 所示。

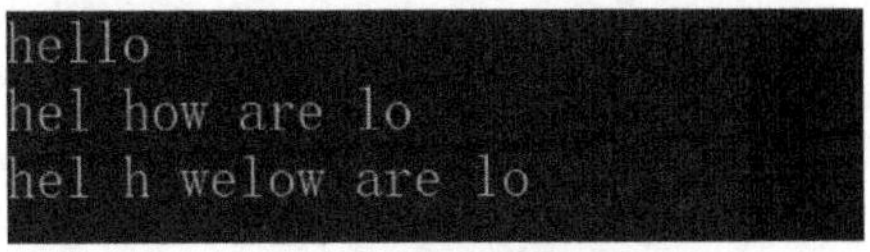

图 9.2　字符串类的插入

9.5.3　删　除

成员函数：erase()函数。

语法：

```
iterator erase( iterator pos );
iterator erase( iterator start,iterator end );
basic_string &erase( size_type index = 0,size_type num = npos );
```

erase()函数可以进行如下操作：

① 删除 pos 指向的字符，返回指向下一个字符的迭代器；

② 删除从 start 到 end 的所有字符，返回一个迭代器，指向被删除的最后一个字符的下一个位置；

③ 删除从 index 索引开始的 num 个字符，返回 * this。

【例 9.11】字符串类的删除。

代码如下：

```
#include <iostream>
#include <string>
#include <stdio.h>
using namespace std;
int main()
{
    string s = "string";
    cout <<"s = " <<s <<endl;
    //s.erase();                   //将字符串全部删除(清空)
    //cout <<"s = "<<s <<endl;
    //s.erase(4);                  //从下标4开始删除之后所有字符
    //cout <<"s = "<<s <<endl;
    s.erase(2,3);                  //从下标2开始连续删除3个字符
    cout <<"s = " <<s <<endl;
    return 0;
}
```

输出结果如图 9.3 所示。

图 9.3　字符串类的删除

9.5.4　存　取

字符串类的存取主要通过以下两种方式实现。

① 通过下标[]实现，如例 9.12 所示。

【例 9.12】下标实现字符串类的存取。

代码如下：

```
#include <iostream>
#include <string>
#include <stdio.h>
using namespace std;
int main()
{
    string s = "string";
    cout <<"s = " <<s <<endl;
    cout <<"数据：" <<s[2] <<endl;        //通过[]取元素的数据
    s[2] = 'x';                          //通过下标给元素存数据
    cout <<"s = " <<s <<endl;
    return 0;
}
```

输出结果如图 9.4 所示。

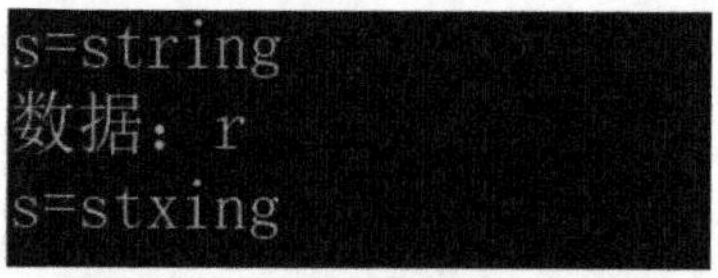

图 9.4　下标实现字符串类的存取

② 使用成员函数 at()实现。

语法：

```
reference at( size_type index );
```

at()函数返回一个引用，指向在 index 位置的字符。如果 index 不在字符串范围内，那么 at()将报告"out of range"错误，并抛出 out_of_range 异常，比如：

```
string text = "ABCDEF";
char ch = text.at( 2 );        //显示字符"C"
```

【例 9.13】字符串类的成员函数 at()。

代码如下：

```
#include <iostream>
#include <string>
#include <stdio.h>
using namespace std;
int main()
{
    string s = "string";
    cout <<"s=" <<s <<endl;
    cout <<"数据：" <<s.at(4) <<endl;
    s.at(3) = 'x';
    cout <<"s=" <<s <<endl;
    return 0;
}
```

输出结果如图 9.5 所示。

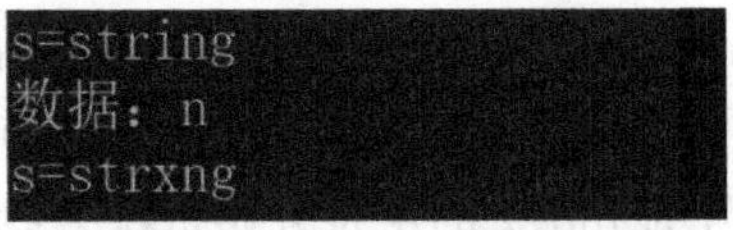

图 9.5 字符串类的成员函数 at()

9.5.5 查 找

字符串类的查找主要通过成员函数 find()来实现，位置从 0 开始。

9.5.5.1 find()函数

语法：

```
size_type find( const basic_string &str,size_type index );
size_type find( const char * str,size_type index );
size_type find( const char * str,size_type index,size_type length );
size_type find( char ch,size_type index );
```

find()函数可以进行如下操作：

① 返回 str 在字符串中第一次出现的位置（从 index 开始查找）。如果没找到，则返回“string::npos”。

② 返回 str 在字符串中第一次出现的位置（从 index 开始查找，长度为 length）。如果没找到，则返回“string::npos”。

③ 返回字符 ch 在字符串中第一次出现的位置（从 index 开始查找）。如果没找到，则返回“string::npos”。

例如：

```
string str1( "Alpha Beta Gamma Delta" );
unsigned int loc = str1.find( "Omega",0 );
if( loc != string::npos )
```

```
    cout <<"Found Omega at " <<loc <<endl;
else
    cout <<"Didn't find Omega" <<endl;
```

9.5.5.2 find_first_of()函数

语法：

```
size_type find_first_of( const basic_string &str,size_type index = 0 );
size_type find_first_of( const char * str,size_type index = 0 );
size_type find_first_of( const char * str,size_type index,size_type num );
size_type find_first_of( char ch,size_type index = 0 );
```

find_first_of()函数可以进行如下操作：

① 查找在字符串中第一个与 str 中的某个字符匹配的字符，返回它的位置。搜索从 index 开始，如果没找到就返回“string::npos”。

② 查找在字符串中第一个与 str 中的某个字符匹配的字符，返回它的位置。搜索从 index 开始，最多搜索 num 个字符，如果没找到就返回“string::npos”。

③ 从字符串 str 中编号为 index 的字符开始依次查找字符，找出第一个与 ch 匹配的字符，然后返回它的位置。

9.5.5.3 find_first_not_of()函数

语法：

```
size_type find_first_not_of( const basic_string &str,size_type index = 0 );
size_type find_first_not_of( const char * str,size_type index = 0 );
size_type find_first_not_of( const char * str,size_type index,size_type num );
size_type find_first_not_of( char ch,size_type index = 0 );
```

find_first_not_of()函数可以进行如下操作：

① 在字符串中查找第一个与 str 中的字符都不匹配的字符，返回它的位置。搜索从 index 开始，如果没找到就返回“string::nops”。

② 在字符串中查找第一个与 str 中的字符都不匹配的字符，返回它的位置。搜索从 index 开始，最多查找 num 个字符，如果没找到就返回“string::nops”。

③ 在字符串中查找第一个与 ch 不匹配的字符，返回它的位置。搜索从 index 开始，如果没找到就返回“string::nops”。

9.5.5.4 find_last_of()函数

语法：

```
size_type find_last_of( const basic_string &str,size_type index = npos );
size_type find_last_of( const char * str,size_type index = npos );
size_type find_last_of( const char * str,size_type index,size_type num );
size_type find_last_of( char ch,size_type index = npos );
```

find_last_of()函数可以进行如下操作：

① 在字符串中查找最后一个与 str 中的某个字符匹配的字符，返回它的位置。

搜索从 index 开始，如果没找到就返回“string::nops”。

② 在字符串中查找最后一个与 str 中的某个字符匹配的字符，返回它的位置。搜索从 index 开始，最多搜索 num 个字符，如果没找到就返回“string::nops”。

③ 在字符串中查找最后一个与 ch 匹配的字符，返回它的位置。搜索从 index 开始，如果没找到就返回“string::nops”。

9.5.5.5　find_last_not_of()函数

语法：

```
size_type find_last_not_of( const basic_string &str,size_type index = npos );
size_type find_last_not_of( const char * str,size_type index = npos);
size_type find_last_not_of( const char * str,size_type index,size_type num );
size_type find_last_not_of( char ch,size_type index = npos );
```

find_last_not_of()函数可以进行如下操作：

① 在字符串中查找最后一个与 str 中的字符都不匹配的字符，返回它的位置。搜索从 index 开始，如果没找到就返回“string::nops”。

② 在字符串中查找最后一个与 str 中的字符都不匹配的字符，返回它的位置。搜索从 index 开始，最多查找 num 个字符，如果没找到就返回“string::nops”。

③ 在字符串中查找最后一个与 ch 不匹配的字符，返回它的位置。搜索从 index 开始，如果没找到就返回“string::nops”。

【例 9.14】字符串类的成员函数查找。

代码如下：

```
#include <iostream>
#include <string>
#include <stdio.h>
#include <string.h>
using namespace std;
int main()
{
    string s = "slngheldehellohe";
    cout <<"s = " <<s <<endl;
    cout <<s.find("hel") <<endl;                //字符串第一次出现的位置,从 0 开始
    cout <<s.rfind("hel") <<endl;               //字符串最后一次出现的位置
    cout <<endl;
    cout <<s.find_first_of("hel") <<endl;       //字符串中某个字符第一次出现的
                                                //位置(从后向前)
    cout <<s.find_last_of("hel") <<endl;        //字符串中某个字符最后一次出现的
                                                //位置(从后向前)
    //并以最后一次和第一次出现的字符为标准
    cout <<endl;
    cout <<s.find_first_not_of("hel") <<endl;   //不是字符串中的元素第一次出现的
                                                //位置
```

```
    cout <<s.find_last_not_of("hel") <<endl;    //不是字符串中的元素最后一次出现
                                                //的位置
    //并以最后一次和第一次出现的字符为标准
}
```

输出结果如图 9.6 所示。

图 9.6　字符串类的成员函数查找

9.5.6　大　小

通过成员函数来完成：

① size()函数，其功能是返回字符串中现在拥有的字符数。

② length()函数，其功能是返回字符串的长度。这个数字应与 size()函数返回的数字相同。

【例 9.15】字符串类的大小。

代码如下：

```
#include <iostream>
#include <string>
#include <stdio.h>
using namespace std;
int main()
{
    string s = "slngheldehellohe";
    cout <<"s = " <<s <<endl;
    cout <<"size = " <<s.size() <<endl;       //字符串中字符的个数
    cout <<"size = " <<s.length() <<endl;     //字符串的长度
    return 0;
}
```

输出结果如图 9.7 所示。

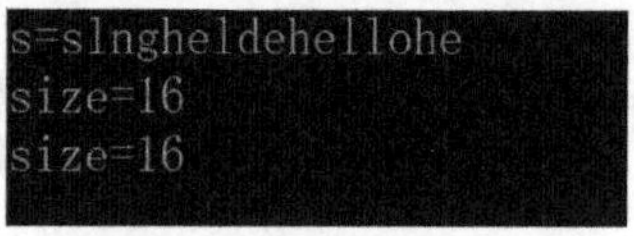

图 9.7　字符串类的大小

9.6 string 类字符串的比较和提取

9.6.1 比　较

9.6.1.1 compare()函数

成员函数：compare()函数。

说明：compare()函数是逐字符比较的，从第一位开始。若相同，则比较下一字符；若不同，就马上出结果。

语法：

```
int compare( const basic_string &str );
int compare( const char * str );
int compare( size_type index,size_type length,const basic_string &str );
int compare( size_type index,size_type length,const basic_string &str,size_type in-
dex2,size_type length2 );
int compare( size_type index,size_type length,const char * str,size_type length2 );
```

compare()函数以多种方式比较本字符串和 str，返回值情况如下：

① 小于零，this <str；

② 零，this == str；

③ 大于零，this > str。

不同的函数：

① 比较自己和 str；

② 比较自己的子串和 str，子串以 index 索引开始，长度为 length；

③ 比较自己的子串和 str 的子串，其中 index2 和 length2 引用 str，index 和 length 引用自己；

④ 比较自己的子串和 str 的子串，其中 str 的子串以索引 0 开始，长度为 length2；自己的子串以 index 开始，长度为 length。

【例 9.16】string 类字符串的比较和提取。

代码如下：

```
#include <iostream>
#include <string>
#include <stdio.h>
using namespace std;
int main()
{
    string s1 = "string";
    string s2 = "stringhghgfhjg";
    cout <<"比较的结果：" <<s1.compare(s2) <<endl;
```

```
    /*
    比较字符串中字符的 ASCII 码值
    函数返回值：相等：   0
                s1 > s2：  1
                s1 < s2：  -1
    注意：如果一个字符串与另一个字符串的前部分
    相同,那么比较的就是字符个数,返回字符个数的
    差值
    */
    return 0;
}
```

9.6.1.2 关系运算符比较

通过关系运算符进行字符串的比较(<,> ,<=,>=,!=,==),比较字符的 ASCII 码值。

【例 9.17】通过关系运算符进行字符串的比较。

代码如下：

```
#include <iostream>
#include <string>
#include <stdio.h>
using namespace std;
int main()
{
    string s1 = "string";
    string s2 = "ztrinaging";
    cout <<"比较的结果：" <<(s1 <s2) <<endl;
    return 0;
}
```

9.6.2 提　取

成员函数：substr()函数。

用途：构造 string。

格式：

对象名 s. substr(pos,n);

解释：返回一个 string,包含 s 中从下标为 pos 开始的 n 个字符的复制(pos 的默认值是 0,n 的默认值是 s. size()－pos,即不加参数会默认复制整个 s)。

补充：若 pos 的值超过 string 的大小,则 substr()函数会抛出一个 out_of_range 异常;若 pos＋n 的值超过 string 的大小,则 substr()函数会调整 n 的值,只复制到 string 的末尾。

【例 9.18】string 类字符串的提取。

代码如下：

```
#include<iostream>
#include<string>
#include<stdio.h>
using namespace std;
int main()
{
    string s = "stringabcdef";
    string s1;
    s1 = s.substr();                    //将整个字符串全部提取出来
    cout<<"s1 = "<<s1<<endl;
    string s2;
    s2 = s.substr(5);                   //从下标为 5 的位置开始提取,直到字符串结尾
    cout<<"s2 = "<<s2<<endl;
    string s3;
    s3 = s.substr(5,4);                 //从下标为 5 的位置开始提取,连续提取 4 个字符
    cout<<"s3 = "<<s3<<endl;
    return 0;
}
```

第 10 章 模板

10.1 模板概述

现在的 C++编译器实现了一项新的特性——模板(template)，简单地说，它是一种通用的描述机制。也就是说，模板允许使用通用类型来定义函数或类等。在使用时，通用类型可被具体的类型，如 int、double，甚至是用户自定义的类型来代替。模板引入了一种全新的编程思维方式，称为“泛型编程”或“通用编程”。

形象地说，把函数比喻为一个游戏过程，函数的流程就相当于游戏规则。在以往的函数定义中，总是指明参数是 int 型还是 double 型等，这就像是为张三(好比 int 型)和李四(好比 double 型)的比赛制定规则。可如果王五(char * 型)和赵六(bool 型)要比赛，则还得提供一套函数的定义，这相当于又制定了一次规则，显然这是很麻烦的。模板的引入解决了这一问题，不管是谁和谁比赛，都把他们定义成 A 与 B 比赛，制定好了 A 与 B 比赛的规则(定义了关于 A 和 B 的函数)后，比赛时只要把 A 替换成张三，把 B 替换成李四就可以了。这大大简化了程序代码量，维持了结构的清晰，大大提高了程序设计的效率，该过程称为“类型参数化”。

下述代码实现的是相加的功能。

```
int add(int x,int y)                //定义两个 int 型相加的函数
{
    return x + y;
}
double add(double x,double y)       //重载 double 型
{
    return x + y;
}
char * add(char * px,char * py)     //重载字符数组
{
```

```
    return strcat(px,py);          //调用库函数 strcat
}
```

模板的引入使得函数定义摆脱了类型的束缚，代码更为高效灵活。C++中，通过下述形式定义一个模板：

template <class T >

或

template <typename T >

早期模板定义使用的是 class，关键字 typename 是最近才加入到标准中的。相比 class，typename 更容易体现"类型"的观点，虽然这两个关键字在模板定义时是等价的，但从代码兼容的角度讲，使用 class 较好一些。模板有函数模板和类模板之分。

10.2 函数模板

10.2.1 函数模板的定义

函数模板的定义形式如下：

```
template <模板参数表>
返回类型 函数名(参数列表)
{
    //函数体
}
```

关键字 template 放在模板的定义与声明的最前面，其后是用逗号分隔的模板参数表，用尖括号(<>)括起来。模板参数表不能为空，模板参数有两种类型：

① class 或 typename 修饰的类型参数，代表某种类型；

② 非类型参数，使用已知类型符，代表一个常量表达式。

返回类型和函数的参数列表中可以包含类型参数，在函数中可以使用模板参数表中的常量表达式，如：

```
template <class T1,class T2,int number >
double fun(T1 a,int b,T2 c)
{
    //函数体,其中 number 可以作为一个 int 型常量来使用
}
```

【例 10.1】模板简单示例。

代码如下：

```
#include <iostream >
#include <string >
using namespace std;
```

```
template <typename T>
T add(const T &a,const T &b)
{
    return a + b;
}
int main()
{
    cout <<add(10,20) <<endl;          //调用 add(const int,const int)
    cout <<add(1.0,2.0) <<endl;        //调用 add(const double,const double)
    string x("Hello,"),y("world");
    cout <<add(x,y) <<endl;            //调用 add(string,string)
    return 0;
}
```

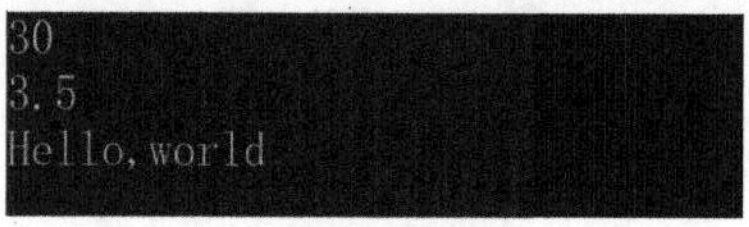

图 10.1　模板简单示例

输出结果如图 10.1 所示。

例 10.1 中的 add 函数便是一个函数模板，编译器根据函数模板的定义，检查输入的参数类型，生成相应的函数并调用。

【例 10.2】函数模板实例化。

代码如下：

```
#include <iostream>
#include <typeinfo>
using namespace std;
/************************************************************
定义了一个函数模板，模板的名字是 add，T1 和 T2 是模板的参数
它表示一种通用的数据类型，它的值可以是 int、double
float、short 等型。函数模板实例化之后便是某个具体的函数
************************************************************/
template <typename T1,typename T2>
void add(T1 x,T2 y)
{
    cout <<"函数模板:";
    cout <<"T1: " <<typeid(T1).name();            //输出 T1 的类型
    cout <<",T2: " <<typeid(T2).name() <<endl;    //输出 T2 的类型
    cout <<"x = " <<x <<",y = " <<y <<endl <<endl;
}
int main()
{
    int n = 10;
    add(1,1.2);                                   //实例化
    add('a',2.5f);                                //实例化
    return 0;
}
```

10.2.2 函数模板的使用

函数模板的使用规则与普通函数的相同，在使用函数模板之前，必须对函数模板进行声明，此声明必须在外部进行，也就是说，不能在任何一个函数（包括 main 函数）中声明，声明的格式为

template <[class T1,class T2,……]>

函数原型与普通函数一样，如果在使用函数模板前对函数模板进行了定义，则函数模板的声明可以省略。

【例 10.3】函数模板的使用。

代码如下：

```
#include <iostream>
#include <typeinfo>
using namespace std;
template <typename T1,typename T2>                    //函数模板的声明
void add(T1 x,int n,T2 y);
int main()
{
    int n = 10;
    add(1,100,1.2);                                   //隐式实例化
    add<char,float>('a',200,2.5f);  //显式实例化：char 传递给 T1,float 传递给 T2
    return 0;
}
template <typename T1,typename T2>//
void add(T1 x,int n,T2 y)
{
    cout <<"函数模板:";
    cout <<"T1: " <<typeid(T1).name();                //输出 T1 的类型
    cout <<",T2: " <<typeid(T2).name() <<endl;        //输出 T2 的类型
    cout <<"x = " <<x <<",y = " <<y <<",n = " <<n <<endl <<endl;
}
```

输出结果如图 10.2 所示。

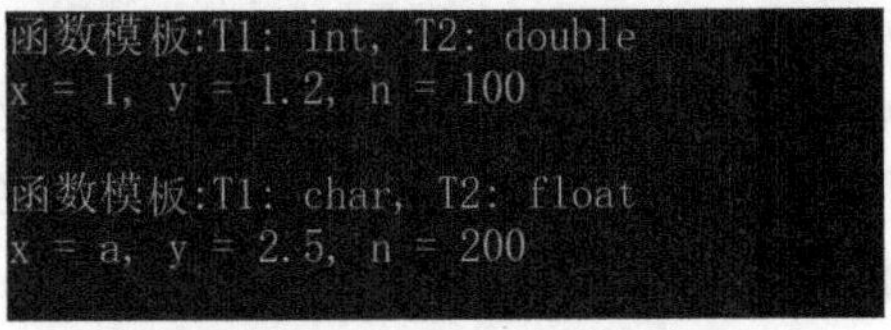

图 10.2 函数模板的使用

10.2.3 实践：隐式实例化

函数模板实际上不是完整的函数定义，因为其中的类型参数还不确定，只是定义了某些类型的角色（或变量）在函数中的操作形式，因此，必须将模板参数实例化才能

使用函数,用模板实例化后的函数也称为模板函数,最简单的实例化是"隐式实例化"(implicit instantiation)。

【例 10.4】函数模板隐式实例化。

代码如下:

```
#include <iostream>
using namespace std;
template <class T>
T Max(T x,T y);                              //函数模板的声明
int main()
{
    int intX = 1,intY = 2;
    double dblX = 3.9,dblY = 2.9;
    cout <<Max(intX,intY) <<endl;            //实参为 int 型,生成 int 型模板函数并对第二
                                             //个参数进行检查
    cout <<Max(dblX,dblY) <<endl;            //实参为 double 型,生成 double 型模板函数并
                                             //对第二个参数进行检查
    return 0;
}
template <class T>
T Max(T x,T y)                               //函数模板的实现
{
    return (x > y ? x : y);
}
```

10.2.4 实践:显式实例化

早期的编译器只支持隐式实例化,新的 C++标准允许显式实例化(explicit instantiation),由程序员直接命令编译器创建满足条件的模板函数,以解决因重载等引入的二义性问题。

显式实例化的标准格式为

template 返回类型 函数名<类型实参表>(函数参数表);

如:

```
template int Max<int>(int a,int b);
```

最前面的关键字 template 说明这是对函数模板的实例化,类型实参被显式指定在逗号分隔的列表中,用尖括号(<>)括起来,紧跟在函数名的后面。

【例 10.5】函数模板显式实例化(1)。

代码如下:

```
#include <iostream>
#include <typeinfo>
using namespace std;
template <typename T1,typename T2,int count >   //函数模板的声明
void add(T1 x,int n,T2 y);
```

```
int main()
{
    int n = 10;
//    add(1,100,1.2);                  //模板里有非类型参数时,不能采用隐式实例化
    add<char,float,500>('a',200,2.5f);        //显式实例化,char 传给 T1,float 传给
                                              //T2,500 传给 count
    return 0;
}
template<typename T1,typename T2,int count>   //count 是模板的非类型参数,必须传入
                                              //一个具体的整型值
void add(T1 x,int n,T2 y)
{
    cout<<"函数模板:";
    cout<<"T1: "<<typeid(T1).name();          //输出 T1 的类型
    cout<<"T2: "<<typeid(T2).name()<<endl;//输出 T2 的类型
    cout<<"x = "<<x<<",y = "<<y<<",n = "<<n<<endl<<endl;
    cout<<"count = "<<count<<endl;
                              //cout++;//count 在这里相当于常量,值不可以改变
}
```

【例 10.6】函数模板显式实例化(2)。

代码如下:

```
#include<iostream>
using namespace std;
template<class T>
T Max(T x,T y);
template
int Max<int>(int x,int y);                     //显式实例化 int 型的 Max 函数模板
int main()
{
    int intX = 1,intY = 2;
    double dblX = 3.0,dblY = 2.9;
    cout<<Max(intX,intY)<<endl;               //调用实例化的 Max(int,int)
    //实参为 double 型,生成 double 型模板函数,并对第二个参数进行检查
    cout<<Max<double>(dblX,dblY)<<endl;
    //隐式实例化 char 型,生成 char 型模板函数,并对第二个参数进行检查
    cout<<Max('A','8')<<endl;
    return 0;
}
template<class T>
T Max(T x,T y)
{
    return x> y ? x : y;
}
```

10.2.5　实践:特化

C++引入了特化(explicit specialization)来完成某些类型在函数中的特殊操作,

当编译器寻找到与函数调用格式匹配的特化时,先使用特化的定义,不再使用模板函数。

特化的基本格式为

template <>

返回类型 函数名[<类型实参表>](函数参数表)

{

//函数体定义

}

如:

```
template <>
double max <double > (double a,double b){return a + b;}
```

类型实参表可以省略,由后续的函数参数表来指定,如:

```
template <>
double max(double a,double b){return a + b;}
```

显式实例化的意思是"使用模板生成某些类型参数的模板函数",而特化的意思是"不使用模板生成函数定义,而是单独为某些类型参数生成函数定义",这就是为什么特化有函数体的原因。

不论是隐式实例化还是显式实例化,都是使用模板来生成类定义,而特化是特定类型(用于替换模板中的通用类型)的定义,抛开模板而使用独立、专门的类定义。

如果对某个特殊类型进行了显式特化处理,则显式特化定义的类优先于通用模板类,类似于覆盖或隐藏的操作。

【例 10.7】特化。

代码如下:

```
//特化
#include <iostream>
#include <string>
using namespace std;
template <class T>
T Add(T x,T y);
template <>
char * Add(char * ,char * );                          //特化声明
int main()
{
    int intX = 1,intY = 2;
    double dblX = 3.0,dblY = 2.9;
    char szx[] = "Hello,",szy[] = "world!";
    string sx(szx),sy(szy);
    cout <<Add(intX,intY) <<endl;                     //隐式实例化 int
    cout <<Add <double > (dblX,dblY) <<endl;          //显式实例化 double
    cout <<Add(sx,sy) <<endl;                         //隐式实例化 string
```

```
    cout <<Add(szx,szy) <<endl;                         //优先调用特化函数 char *
    cout <<Add<string> ("Hello,","world!") <<endl;    //显式实例化 string
    cout <<Add<char *> ("Hello,","world!") <<endl;    //优先调用特化函数 char *
                                                      //如果把特化函数注释掉,会编译出错
    return 0;
}
template <class T>
T Add(T x,T y)
{
    return x + y;
}
template <>
char * Add(char * x,char * y)        //char * 特化定义,因为原定义不适合 char * 类型
{
    char * z = new char[strlen(x) + strlen(y) + 1];
    strcpy_s(z,strlen(x) + strlen(y) + 1,x);
    strcat_s(z,strlen(x) + strlen(y) + 1,y);
    return z;
}
```

输出结果如图 10.3 所示。

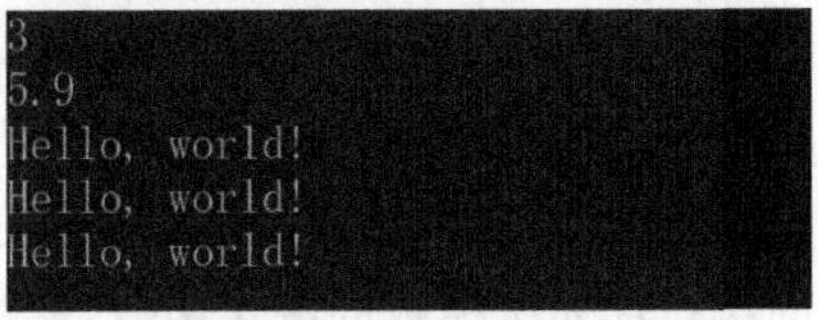

图 10.3 特 化

10.2.6 重载的原则

函数模板支持重载,既可以实现模板之间重载(同名模板),也可以实现模板和普通函数间的重载,但模板的重载相比普通函数的重载要复杂一点,首先看一个例子:

```
template <class T1,class T2>
T1 Max(T1 a,T2,b){……}
//与
template <class T3,class T4>
T3 Max(T3 c,T4,d){……}
```

看似不同的两个模板,仔细分析后发现,其本质是一样的,如果调用“Max(2,3.5);”,都实例化为“Max(int,double);”,会出现重复定义的错误。仅仅依靠返回值不同的模板重载也是不合法的,如:

```
template <class T1,class T2>
T1 Greater(T1 a,T2,b){……}
//与
template <class T3,class T4>
T3 * Greater(T3 c,T4,d){……}
```

【例 10.8】重载。

代码如下：

```
#include <iostream>
using namespace std;
//模板实例化后生成一个具体的函数
/*这是一个函数模板,T是该函数模板的参数,T的值可以是int、float、double等型*/
template <typename T>
void add(T a,T b)
{
    cout <<"模板 1" <<endl;
}
template <typename T1>
void add(T1 a)
{
    cout <<"模板 2" <<endl;
}
int main()
{
    add(3);
    add(3,4);
    return 0;
}
```

10.2.7 优先级与执行顺序

总体来说，一般函数的执行优先于模板的特化函数，模板的特化函数优先于实例化函数。

【例 10.9】优先级。

代码如下：

```
#include <iostream>
using namespace std;
//模板实例化后生成一个具体的函数
/*这是一个函数模板,T是该函数模板的参数,T的值可以是int、float、double等型*/
template <typename T>
void add(T a)
{
    cout <<"模板 1" <<endl;
}
template <>
void add <double> (double a)
{
    cout <<"double 特化函数\n";
}
void add(double a)
{
    cout <<"double 普通函数\n";
```

```
}
int main()
{
    add(3.5);
    return 0;
}
```

10.2.8 实践：函数模板实现计算

【例 10.10】用函数模板实现计算。

代码如下：

```
#include <iostream>
#include <typeinfo>
#include <cstring>
#pragma warning (disable:4996)
using namespace std;
template <class T1,class T2 >
T1 add(T1 a,T2 b)
{
    cout <<"模板函数" <<endl;
    cout <<"T1:" <<typeid(T1).name() <<endl;
    cout <<"T2:" <<typeid(T2).name() <<endl;
    return (a + b);
}
template <>
char * add<char * >(char * a,char * b)
{
    cout <<"特化" <<endl;
    return strcpy(a,b);
}
int main(void)
{
    char s1[] = "17:45";
    char s2[] = " 09/29";
    cout <<add(5,6) <<endl;
    cout <<add(5.6f,'1') <<endl;
    cout <<add(s1,3) <<endl;
    cout <<add(s1,s2) <<endl;
    return 0;
}
```

10.3 类模板

模板同样可以用在类场合中，提供通用型的类定义。C++标准库中提供了很多模板类。

10.3.1 类模板的定义

理解了函数模板的应用,类模板的提出似乎就是水到渠成的事了。

注意: 类模板和成员函数模板不是传统意义上的类定义和成员函数定义,它们是 C++编译指令,用以向编译器说明如何生成类定义和成员函数定义。

类模板的定义格式:

```
template <typename T >
class 类名
{
  //T 类型用于定义类中使用的数据的类型
};
```

【例 10.11】类模板。

代码如下:

```
#include <iostream>
using namespace std;
/*定义了一个类模板:模板名字是 A。T 是类模板的参数,值是 int、double、float 等型。类
   模板实例化之后是一个类,然后才能定义该类的对象*/
template <typename T>
class A
{
public:
    T n;
    T m;
    A(T nn,T mm)
    {
        n = nn,m = mm;
    }
    void disp()
    {
        cout <<"n+m=" <<n + m <<endl;
    }
};
int main()
{
    A<double> a(1.4,2.8);     //实例化类模板 A,并且定义一个对象 a
    a.disp();
    A<int> b(4,5);
    b.disp();
    return 0;
}
```

先编写一个普通的处理 int 型数据的栈类 Stack,然后将其改造成模板类 StackA,如例 10.12 所示。

【例 10.12】普通类改为模板类。

代码如下：

```
#include <iostream>
using namespace std;
/* 普通栈类：局限性为只能保存 int 型的数据 */
class Stack {
private:
    int point;
    int size;
    int * sz;
public:
    Stack(int n = 10)
    {
        point = 0;
        size = n;
        sz = new int[size];
    }
    ~Stack()
    {
        delete[]sz;
    }
    bool isEmpty() { return point == 0; }
    bool isFull() { return point == size; }
    int & GetPos() { return point; }
    bool push(const int & obj)              //入栈
    {
        if (isFull())
            return false;
        else
        {
            sz[point++] = obj;
            return true;
        }
    }
    bool pop(int & obj)                     //出栈
    {
        if (isEmpty())
            return false;
        else
        {
            obj = sz[--point];
            return true;
        }
    }
};
/* 模板栈类：很通用,可以保存任何类型的数据 */
template <class T,int n >
```

```
class StackA
{
private:
    int point;
    int size;
    T * sz;
public:
    StackA()
    {
        point = 0;
        size = n;
        sz = new T[size];
    }
    ~StackA()
    {
        delete[]sz;
    }
    bool isEmpty() { return point == 0; }
    bool isFull() { return point == size; }
    int & GetPos() { return point; }
    bool push(const T & obj)                    //入栈
    {
        if (isFull())
            return false;
        else
        {
            sz[point++] = obj;
            return true;
        }
    }
    bool pop(T & obj)                           //出栈
    {
        if (isEmpty())
            return false;
        else
        {
            obj = sz[--point];
            return true;
        }
    }
};
///*以下是模板类的成员函数在类定义外实现*/
//template <class T,int n >
//bool StackA <T,n > ::push(const T & obj)
//{
//    if (isFull())
//        return false;
//    else
//    {
```

```
//          sz[point + + ] = obj;
//          return true;
//      }
//}
//
//template <class T,int n >
//bool StackA <T,n > ::pop(T & obj)
//{
//      if (isEmpty())
//          return false;
//      else
//      {
//          obj = sz[ -- point];
//          return true;
//      }
//}
int main()
{
    //"Stack <int,10 >  st;"生成对象的操作称为实例化
    StackA <int,10 >  st;                    //模板类,模板参数为<class T,int num >
    cout <<"开始时 st 是否为空? " <<st.isEmpty() <<endl;
    st.push(5);                              //压入元素 5
    cout <<"此时 st 是否为空? " <<st.isEmpty() <<endl;
    for (int i = 1; i <10; i+ + )
    {
        st.push(i);                          //压入 9 个元素
    }
    cout <<"此时 st 是否已满?" <<st.isFull() <<endl;
    int rec = 0;
    while (st.pop(rec))
        cout <<rec <<"  ";
    cout <<endl;
    return 0;
}
```

输出结果如图 10.4 所示。

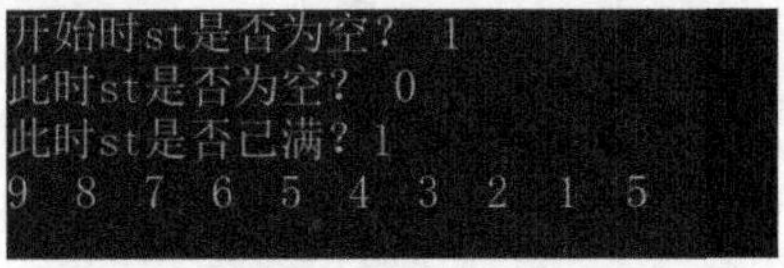

图 10.4 普通类改为模板类

10.3.2 隐式实例化

例 10.12 中使用的"Stack <int,10 > st;"语句是隐式实例化(implicit instantiation),编译器根据要求,隐式地生成类定义,但应注意,下述语句不需要创建对象,编

译器不会隐式生成类定义：

```
Stack<int,10> *pS;
```

10.3.3 显式示例化

与根据函数模板生成模板函数的过程类似，显式实例化（explicit instantiation）的基本格式为

template class 类名<类型参数表>；

如：

```
template class Stack<int,10>;
```

上述代码将 Stack<int,10>声明为一个类，此时虽未创建类对象，但编译器已经显式生成了类定义。

10.3.4 实践：显式特化

不论是隐式实例化还是显式实例化，都是使用模板来生成类定义，而特化是特定类型（用于替换模板中的通用类型）的定义，抛开模板而使用独立、专门的类定义。

显式特化（explicit specialization）也称为完全特化，其基本格式为

```
template <> class 类名<特殊类型>
{
    //类定义
}
```

【例 10.13】显式特化。

代码如下：

```
#include <iostream>
#include <typeinfo>
using namespace std;
template <typename T>
class A
{
public:
    T m;
    T n;
    A(T mm,T nn)
    {
        m = mm;
        n = nn;
    }
    void disp()
    {
        cout <<"模板类：m+n:" <<m + n <<endl;
    }
```

```
};
template <>
class A <int >
{
public:
    int m,n;
    A(int mm,int nn)
    {
        m = mm;
        n = nn;
    }
    void disp()
    {
        cout <<"特化的类：m+n:" <<m + n <<endl;
    }
};
int main()
{
    A <double > a(1.2,1.5);
    A <int > b(1,2);
    a.disp();
    b.disp();
    return 0;
}
```

10.3.5 实践：部分特化

C++引入了部分特化(partial specialization)来部分地限制类模板的通用型，例如可使用下述方式对类定义特化：

```
template <> class Stack <double,int num >
```

上述语句只限制了前一个类型参数为 double，对第二个 int 型常量没有限制。这个例子有些特殊，来看一个一般些的例子：

通用类模板：

```
template <class T1,class T2 > class Example
{
    //类定义
};
```

部分特化定义：

```
template <class T2 > class Example <int,T2 >
{
    //类定义
}
```

如果所有类型都已指定，那么 template 后的<> 内为空，这就是显式特化(完全特化)。

【例 10.14】部分特化。

代码如下：

```
#include <iostream>
using namespace std;
/*定义了一个类模板：模板名字是 A。类模板实例化之后是一个类
然后才能定义这个类的对象*/
template <typename T1,typename T2 >
class A
{
public:
    T1 n;
    T2 m;
    A(T1 nn = 0,T2 mm = 0)
    {
        n = nn,m = mm;
    }
    void disp()
    {
        cout <<"类模板\n";
        cout <<"n = " <<n <<endl;
        cout <<"m = " <<m <<endl;
    }
};
/*部分特化*/
template <class T2 >
class A <double,T2 >
{
public:
    double n;
    T2 m;
    A(double nn = 0,T2 mm = 0)
    {
        n = nn,m = mm;
    }
    void disp()
    {
        cout <<"部分特化\n";
        cout <<"n = " <<n <<endl;
        cout <<"m = " <<m <<endl;
    }
};
template <>
class A <double,int >
{
public:
    double n;
    int m;
    A(double nn = 0,int mm = 0)
    {
```

```
        n = nn,m = mm;
    }
    void disp()
    {
        cout <<"完全特化\n";          //完全特化无法在类外定义
        cout <<"n = " <<n <<endl;
        cout <<"m = " <<m <<endl;
    }
};
int main()
{
    A <double,int > a(1.4,4);
    A <double,float > b(1.4,4.0);
    A <char,float > c('c',4.0);
    a.disp();
    b.disp();
    c.disp();
    return 0;
}
//template <typename T1,typename T2 >
//void A <T1,T2 > ::disp()
//{
//  cout <<"类模板"<<endl;
//  cout <<"m = "<<m;
//  cout <<"  n = "<<n <<endl;
//}
//
//template <typename T2 >
//void A <double ,T2 > ::disp()
//{
//  cout <<"部分"<<endl;
//  cout <<"m = "<<m;
//  cout <<"  n = "<<n <<endl;
//}
//
//在类外定义错误
//template <>
//void A <double,int > ::disp()
//{
//  cout <<"完全"<<endl;
//  cout <<"m = "<<m;
//  cout <<"  n = "<<n <<endl;
//}
```

输出结果如图 10.5 所示。

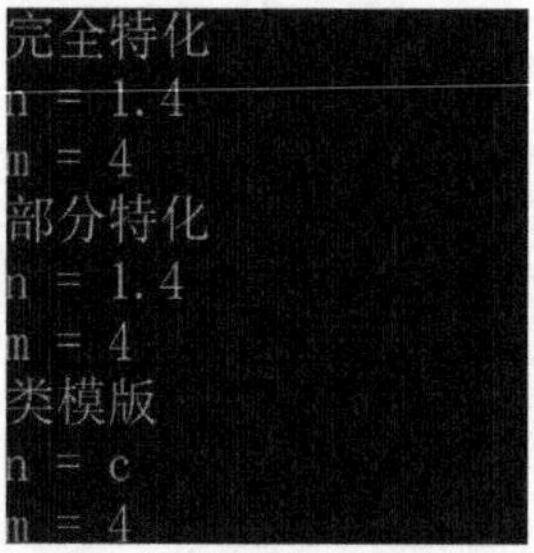

图 10.5 部分特化

10.3.6 重载和优先级

如果有多个模板供选择，那么编译器将选择特化程度最高的一个，如下所示：

```
template <class T1,class T2 > class Example{};          //通用类模板
template <class T2 > class Example <int,T2 > {};         //部分特化
template <> class Example <int,int > {};                 //显式特化
```

创建不同类的对象时，不同的模板被调用，如下所示：

```
Example <double,double > E1;       //调用通用模板
Example <int,float > E2;           //调用部分特化
Example <int,int > E3;             //调用显示特化
```

部分特化有两个应用：

① 为指针提供特殊版本的模板：

```
template <class T > class Stack{}                  //一般类型
template <class T * > class Stack{}                //指针类型
```

② 为类模板的调用设置各种限制：

```
template <class T1,class T2 > class Stack{}        //2 个类型参数不同时调用
template <class T1 > class Stack <T1,T1 > {}        //2 个类型参数相同时调用
```

10.4 模板的嵌套

模板的套嵌可以理解成在另外一个模板里面定义一个模板。以模板（类或者函数）作为另一个模板（类或者函数）的成员，也称成员模板。

成员模板是不能声明为 virtual 的。

10.4.1 实践：函数成员模板

可以将函数模板作为另一个类（必须是模板类）的成员，称为函数成员模板，其用法与普通成员函数类似。

【例 10.15】嵌套模板函数的模板类。

代码如下：

```
#include <iostream>
using namespace std;
//普通模板类
template <typename T1,typename T2 >
class Convert
{
public:
    T2 f(T1 data)
    {
        return T2(data);
    }
};
//嵌套了模板函数的模板类
template <typename T1 >
class Test                     //Test 模板类定义
{
public:
    template <typename T2 >
    T1 f(T2 b)                 //模板成员函数定义
    {
        return T1(b);          //将 b 由 T2 类型强制转换成 T1 类型
    }
};
int main()
{
    //普通模板类的使用
    Convert <char,int > c1;
    cout <<c1.f('A') <<endl;
    Convert <float,int > c2;
    cout <<c2.f(9.85f) <<endl;
    Convert <int,short > c3;
    cout <<hex <<showbase <<c3.f(0x7fffffff) <<endl <<dec;
    //通过上述 3 个例子,发现有些不太人性化,必须指明第一个模板参数
    //其实这个参数就是函数 f 的参数,没必要指定
    //这可以使用嵌套模板函数的模板类来解决,见 Test 类的实现
    //嵌套模板类的使用
    Test <int > t;
    cout <<t.f(3.14f) <<endl;
    getchar();
    return 0;
}
```

10.4.2 实践：对象成员模板

类模板的定义可以放在另一个类中，实例化后的模板类对象可以作为另一个类的成员，如例 10.16 所示的代码。该代码的理解难点在于“类模板不等于类定义，需要实例化或特化来生成类实例”。其中，Inside 类模板的访问权限为 public，因此可

以调用下述语句：

```
Outside<int>::Inside<double> obin(3.5);
```

在 Outside 类内使用“Inside<T> t;”语句声明了 Inside<T>类的对象，在 Outside 模板类对象创建时，首先采用隐式实例化先生成 Inside<T>类的定义，而后根据此定义创建对象成员 t。

【例 10.16】嵌套模板类的模板类。

代码如下：

```
#include <iostream>
#include <typeinfo>
using namespace std;
template <typename T>
class Outside                               //外部 Outside 类定义
{
public:
    template <typename R>
    class Inside                            //嵌套类模板定义
    {
    private:
        R r;
    public:
        Inside(R x)                         //模板类的成员函数可以在定义时实现
        {
            r = x;
        }
        //void disp();
        void disp()
        {
            cout <<"Inside: r:" <<r;
            cout <<",R:" <<typeid(R).name() <<endl;
        }
    };
    Outside(T x) : t(x)                     //Outside 类的构造函数
    {}
    //void disp();
    void disp()
    {
        cout <<"Outside:";
        cout <<"T:" <<typeid(T).name() <<endl;
        t.disp();
    }
private:
    Inside<T> t;
};
//template <typename T>
//template <typename R>
//void Outside<T>::Inside<R>::disp()    //模板类的成员函数也可以在定义外实现
```

```
//{                  //但必须是在所有类定义的外边,不能放在 Outside 内 Inside 外去实现
//     cout << "Inside: " << Outside < T > ::Inside < R > ::r << endl;
//}
//template < typename T >
//void Outside < T > ::disp()
//{
//     cout << "Outside:";
//     t.disp();
//}
int main()
{
    Outside < int > ::Inside < double > obin(3.5);   //声明 Inside 类对象 obin
    obin.disp();
    Outside < int > obout(2);                         //创建 Outside 类对象 obout
    obout.disp();
    return 0;
}
```

输出结果如图 10.6 所示。

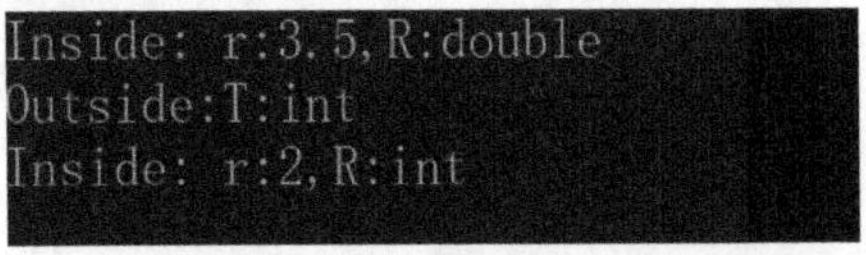
Inside: r:3.5,R:double
Outside:T:int
Inside: r:2,R:int

图 10.6 嵌套模板类的模板类

10.4.3 实践:模板作参数

模板包含类型参数(如 class Type)和非类型参数(如 int NUM,NUM 是常量)。实际上,模板的参数可以是另一个模板,也就是说,下述形式是合法的:

```
template < template < typename T1 > class temName,class T3,int Num > ;
```

上述简单示例将原来简单的“class T2”或“Typename T2”扩充为“template < class T1 > class temName”。

【例 10.17】模板作参数。

代码如下:

```
#include < iostream >
using namespace std;
//A 模板作为 B 模板的参数
template < typename T,int num >            //类型参数表
class Stack                                 //Stack 类定义
{
    private:
        T sz[num];                          //存储空间,用数组表示
    public:
        int ReturnNum();                    //判断栈是否为空
```

```
};
template <typename T1,int num1 >          //参数列表不要求字字相同,但形式要相同
int Stack <T1,num1 > ::ReturnNum()
{
    return num1;                          //返回数组大小
}
template <template <typename Type,int NUM > class TypeClass,typename T1,int N >
void disp()                               //函数模板,其类型参数表中包含一个类模板
{
    TypeClass <T1,N > ob;                 //类模板的隐式实例化,创建对象 ob
    cout <<ob.ReturnNum() <<endl;         //调用 ob 的 public 成员函数
}
int main()
{
    disp <Stack,int,8 > ();/ * 相当抽象。函数模板的类型参数是一个类模板
    参数名为 TypeClass,调用时传给 TypeClass 的值为 Stack。首先把
    函数模板实例化为具体的函数,然后在函数中把传入的类模板 Stack
    隐式实例化为一个具体的类,再创建一个该类的对象 ob,然后对象 ob
    调用该类的 ReturnNum 方法 * /
    return 0;
}
```

10.5 小　结

模板是 C++引入的新特性,也是之后要介绍的标准模板库 STL 的基础。模板有函数模板和类模板之分,两种应用有很多相似之处。学习模板,最重要的是理解模板定义(函数模板定义、类模板定义)与具体定义(函数定义和类定义)的不同,模板不是定义,要通过实例化(通过模板)或特化(避开模板)来生成具体的函数或类定义,再调用函数或创建类的对象。

模板支持嵌套,也就是说,可以在一个模板里面定义另一个模板。以模板(类或者函数)作为另一个模板(类或者函数)的成员,也称为成员模板。同时,模板也可以作为另一个模板的参数,出现在类型参数表中。

第11章 异常

程序有时会遇到运行阶段错误，导致程序无法正常地运行下去。例如，程序可能试图打开一个不可用的文件，请求过多的内存，或者遭遇无法容忍的值。通常，程序员都会试图预防这种意外情况的发生。C++异常为处理这种情况提供了一种功能强大而又灵活的工具。异常是相对较新的C++功能，有些老式编译器可能没有实现这种功能。另外，有些编译器默认关闭这种功能，可能需要通过选择编译器选项来启用它。

讨论异常之前，先来看看程序员可以使用的一些基本方法。作为试验，以一个计算两个数的调和平均数的函数为例。两个数的调和平均数的定义是：这两个数字倒数的平均值的倒数，因此表达式为

```
2.0 * x * y/(x+y)
```

如果y是x的负值，则上述公式将导致被零除——一种不允许的运算。对于被零除的情况，很多新式编译器通过生成一个表示无穷大的特殊浮点值来处理，cout将这种值显示为Inf、inf、INF或类似的东西，而其他的编译器可能生成在发生被零除时崩溃的程序。

11.1 实践：调用abort()函数

处理前文中“被零除”问题的方式之一是，如果判断出其中一个参数x是另一个参数y的负值，则调用abort()函数。abort()函数的原型位于头文件cstdlib（或stdlib.h）中，其典型实现是向标准错误流（即cerr使用的错误流）发送消息abnormal program termination（程序异常终止），然后终止程序。它还返回一个随实现而异的值，告诉操作系统（如果程序是由另一个程序调用的，则告诉父进程）处理失败。abort()是否刷新文件缓冲区（用于存储读/写到文件中的数据的内存区域）取决于该函数的实现方式。程序员也可以使用exit()，该函数刷新文件缓冲区，但不显示消息，如例11.1所示。

【例 11.1】abort()函数的使用。

代码如下：

```
#include <iostream>
#include <cstdlib>
using namespace std;
double function(double a,double b);
int main(void)
{
    double x,y,z;
    cout <<"请输入两个数：";
    while (cin >> x >> y)
    {
        z = function(x,y);
        cout <<"x = " <<x <<",y = " <<y <<",z = " <<z <<endl;
        cout <<"请再次输入两个数：" <<endl;
    }
    cout <<"结束..." <<endl;
}
double function(double a,double b)
{
    if (a == -b)
    {
        cout <<"结果有误" <<endl;
        abort();
    }
    return (2.0 * a * b / (a + b));
}
```

效果如图 11.1 所示。

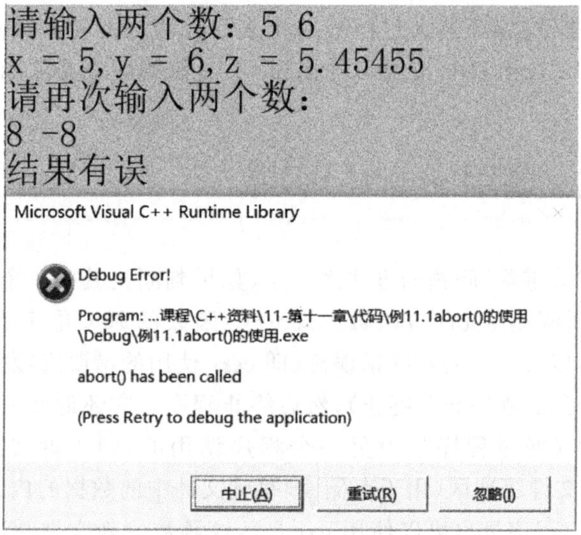

图 11.1 abort()函数的使用

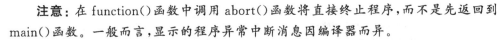

注意： 在 function()函数中调用 abort()函数将直接终止程序，而不是先返回到 main()函数。一般而言，显示的程序异常中断消息因编译器而异。

为了避免异常终止，程序应在调用 function()函数之前检查 x 和 y 的值。然而，依靠程序员来执行这种检查是不安全的。

11.2 实践：返回错误代码

一种比异常终止更灵活的方法是，使用函数的返回值来指出问题。例如，ostream 类的 get(void)成员通常返回下一个输入字符的 ASCII 码，但到达文件尾时，将返回特殊值 EOF。对 function()来说，这种方法不管用。任何数值都是有效的返回值，因此不存在可用于指出问题的特殊值。在这种情况下，可使用指针参数或引用参数来将值返回给调用程序，并使用函数的返回值来指出是成功还是失败。istream 族重载运算符>>就使用了这种技术的变体，通过告知调用程序是成功还是失败，使程序可以采取除异常终止程序之外的其他措施。例 11.2 就是采用了该方式，它将 function()的返回值重新定义为 bool，让返回值指出是成功还是失败；另外，还给该函数增加了第三个参数，用于提供答案。

【例 11.2】abort()返回错误代码。

代码如下：

```
#include <iostream>
#include <cstdlib>
#include <cfloat>
using namespace std;
bool function(double a,double b,double * answer);
int main(void)
{
    double x,y,z;
    cout <<"请输入两个数：";
    while (cin >> x >> y)
    {
        if (function(x,y,&z))
            cout <<"x = " <<x <<",y = " <<y <<",z = " <<z <<endl;
        else
            cout <<"有数据异常,请重新尝试" <<endl;
        cout <<"请再次输入两个数(q键退出)：" <<endl;
    }
    cout <<"结束..." <<endl;
}
bool function(double a,double b,double * answer)
{
    if (a == -b)
```

```
    {
        * answer = DBL_MAX;
        return false;
    }
    else
    {
        * answer = (2.0 * a * b / (a + b));
        return true;
    }
}
```

效果如图 11.2 所示。

在例 11.2 中，程序设计避免了错误输入导致的恶果，让用户能够继续输入。当然，设计确实依靠用户检查函数的返回值，这项工作是程序员所不经常做的。

第三个参数可以是指针或引用。对内置类型的参数，很多程序员都倾向于使用指针，因为这样可以明显地看出是哪个参数用于提供答案。

```
请输入两个数: 2 6
x = 2, y = 6, z = 3
请再次输入两个数:
5 -5
有数据异常，请重新尝试
请再次输入两个数:
6 9
x = 6, y = 9, z = 7.2
请再次输入两个数:
q
结束...
```

图 11.2　abort()返回错误代码

另一种在某个地方存储返回条件的方法是使用一个全局变量。可能具有问题的函数可以在出现问题时将该全局变量设置为特定的值，而调用程序可以检查该变量。传统的 C 语言数学库使用的就是这种方法，它使用的全局变量名为 errno。当然，必须确保其他函数没有将该全局变量用于其他目的。

11.3　实践：异常机制

下面介绍如何使用异常机制来处理错误。C++异常是对程序运行过程中发生的异常情况(例如被 0 除)的一种响应。异常提供了将控制权从程序的一个部分传递到另一部分的途径。对异常的处理有 3 个组成部分：

① 引发异常；

② 使用处理程序捕获异常；

③ 使用 try 块。

程序在出现问题时将引发异常。例如，可以修改例 11.1 中的 function()函数，使之引发异常，而不是调用 abort()函数。throw 语句实际上是跳转，即命令程序跳到另一条语句。throw 关键字表示引发异常，紧随其后的值(例如字符串或对象)指出了异常的特征。

程序使用异常处理(exception handler)程序来捕获异常，异常处理程序位于要处理问题的程序中。catch关键字表示捕获异常。处理程序以关键字catch开头，随后是位于括号中的类型声明，它指出了异常处理程序要响应的异常类型；然后是一个用花括号括起的代码块，指出要采取的措施。catch关键字和异常类型用作标签，指出当异常被引发时，程序应跳到这个位置执行。异常处理程序也被称为catch块。

try块标识其中特定的异常可能被激活的代码块，它后面跟一个或多个catch块。try块是由关键字try指示的，关键字try的后面是一个由花括号括起的代码块，表明需要注意这些代码引发的异常。

要了解这3个元素是如何协同工作的，最简单的方法如例11.3所示。

【例11.3】异常机制。

代码如下：

```
#include <iostream>
#include <cstdlib>
#include <cfloat>
using namespace std;
double function(double a,double b);
int main(void)
{
    double x,y,z;
    cout <<"请输入两个数：";
    while (cin >> x >> y)
    {
        try {              //使用try块
            z = function(x,y);
        }
        catch (const char * s)
        {
            cout <<s <<endl;
            cout <<"输入新的数据：" <<endl;
            continue;
        }
        cout <<"x = " <<x <<",y = " <<y <<",z = " <<z <<endl;
        cout <<"请再次输入两个数(q键退出)：" <<endl;
    }
    cout <<"结束..." <<endl;
}
double function(double a,double b)
{
    if (a == -b)
    {
        throw "失效function：a = -b不合法";
    }
    return (2.0 * a * b / (a + b));
}
```

实验现象如图11.3所示。

在例11.3中，try块与下面的代码类似：

```
请输入两个数: 3 5
x = 3,y = 5,z = 3.75
请再次输入两个数(q键退出):
9 -9
失效function: a = -b 不合法
输入新的数据:
4 6
x = 4,y = 6,z = 4.8
请再次输入两个数(q键退出):
q
结束...
```

图 11.3　异常机制

```
try {                    //使用 try 块
    z = function(x,y);
}
```

如果其中的某条语句导致异常被引发,则后面的 catch 块将对异常进行处理。如果程序在 try 块的外面调用 function()函数,将无法处理异常。

引发异常的代码与下面的代码类似:

```
if (a == - b)
{
    throw "失效 function: a = - b 不合法";
}
```

其中,被引发的异常是字符串""失效 function: a = -b 不合法""。异常类型可以是字符串(如例 11.3)或其他 C++类型,通常为类类型。

执行 throw 语句类似于执行返回语句,因为它也将终止函数的执行;但 throw 不是将控制权返回给调用程序,而是使程序沿函数调用序列后退,直至找到包含 try 块的函数。在例 11.3 中,该函数是调用函数。稍后将有一个沿函数调用序列后退多步的例子。另外,在该例中,throw 将程序控制权返回给 main()。程序将在 main()中寻找与引发的异常类型匹配的异常处理程序(位于 try 块的后面)。

处理程序(或 catch 块)与下面的代码类似:

```
catch (const char * s)
{
    cout <<s <<endl;
    cout <<"输入新的数据: " <<endl;
    continue;
}
```

catch 块类似于函数定义,但它并不是函数定义。关键字 catch 表明这是一个处理程序,而 const char * s 则表明该处理程序与字符串异常匹配。s 与函数参数定义极其类似,因为匹配的引发将被赋给 s。另外,当异常与该处理程序匹配时,程序将执行括号中的代码。

执行完 try 块中的语句后，如果没有引发任何异常，则程序跳过 try 块后面的 catch 块，直接执行处理程序后面的第一条语句。因此处理值 3 和 5 时，例 11.3 中程序执行报告结果的输出语句。

接下来看将 9 和－9 传递给 function()函数后发生的情况。if 语句导致 function()函数引发异常，这将终止 function()函数的执行。程序向后搜索时发现，function()函数是从 main()中的 try 块中调用的，因此程序查找与异常类型匹配的 catch 块。程序中唯一的一个 catch 块的参数为 const char ＊，因此它与引发异常匹配。程序将字符串“"失效 function：a ＝ －b 不合法"”赋给变量 s，然后执行处理程序中的代码。处理程序首先打印 s——捕获的异常，然后打印要求用户输入新数据的指示，最后执行 continue 语句，命令程序跳过 while 循环的剩余部分，跳到起始位置。continue 使程序跳到循环的起始处，这表明处理程序语句是循环的一部分，而 catch 行是指引程序流程的标签，如图 11.4 所示。

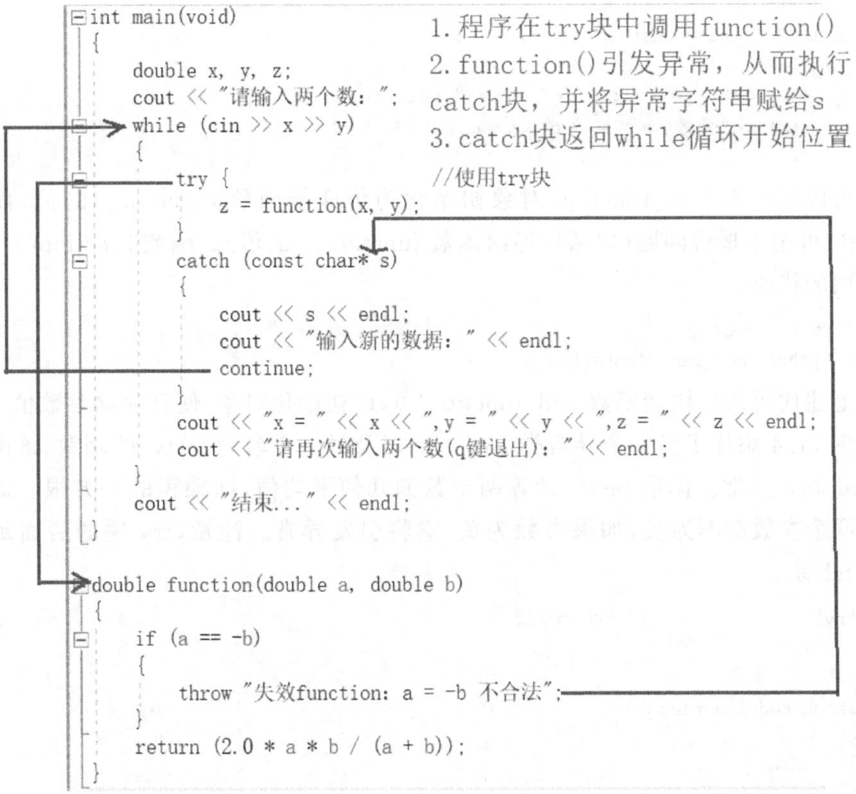

图 11.4　出现异常时的程序流程

11.4 将对象用作异常类型

通常，引发异常的函数将传递一个对象。这样做的重要优点之一是，可以使用不同的异常类型来区分不同的函数在不同情况下引发的异常。另外，对象可以携带信息，程序员可以根据这些信息来确定引发异常的原因。同时，catch 块可以根据这些信息来决定采取什么样的措施。例如，下面是针对函数 function()引发的异常而提供的一种设计：

```
class bad_function{
private:
    double v1;
    double v2 ;
public:
    bad_function (int a = 0,int b = 0) : v1(a),v2(b){ }
    void mesg();
};
inline void bad_function:: mesg ()
{
    cout <<"v1 = " <<v1 <<",v2 = " <<v2 <<endl;
    cout <<"无效: a == -b" <<endl;
}
```

可以将一个 bad_function 对象初始化为传递给函数 function()的值，而函数 mesg()可用于报告问题(包括传递给函数 function( )的值)。函数 function()可以使用下面的代码：

```
if(a == -b)
    throw bad_function(a,b);
```

上述代码调用构造函数 bad_function( )，以初始化对象，使其存储参数值。

例 11.4 添加了另一个异常类 bad_test 以及另一个名为 test()的函数，该函数引发 bad_test 异常。函数 test()计算两个数的几何平均值，即乘积的平方根。该函数要求两个参数都不为负，如果参数为负，它将引发异常。注意，try 块的后面跟着两个 catch 块：

```
try{                    //开始 try 块
    ……
}
catch(bad_function & bf)
{
    ……
}
catch(bad_test& bt)
{
    ……
}
```

如果函数 function()引发 bad_function 异常，那么第一个 catch 块将捕获该异常；如果函数 test()引发 bad_test 异常，那么异常将逃过第一个 catch 块，被第二个 catch 块捕获。

【例 11.4】将对象作为异常类。

代码如下：

```
#include <iostream>
#include <cmath>
using namespace std;
class bad_function
{
private:
    double v1;
    double v2;
public:
    bad_function(double a = 0,double b = 0) :v1(a),v2(b) {}
    void message();
};
inline void bad_function::message()
{
    cout <<"v1 = " <<v1 <<",v2 = " <<v2 <<endl;
    cout <<"无效: a == -b" <<endl;
}
class bad_test
{
public:
    double v1;
    double v2;
    bad_test(double a = 0,double b = 0) :v1(a),v2(b) {}
    const char * message();
};
inline const char * bad_test::message()
{
    return "bad_test 结果应 > = 0";
}
double function(double a,double b);
double test(double a,double b);
int main(void)
{
    double x,y,z;
    cout <<"请输入两个数: ";
    while (cin >> x >> y)
    {
        try {//使用 try 块
            z = function(x,y);
            cout <<"function:" <<  "x = " <<x <<",y = " <<y <<",z = " <<z <<endl;
            cout <<"test:" <<"x = " <<x <<",y = " <<y <<",结果为" <<test(x ,y) <<endl;
            cout <<"请再次输入两个数(q 键退出): " <<endl;
```

```
        }
        catch (bad_function &bf)
        {
            bf.message();
            cout <<"请重试" <<endl;
            continue;
        }
        catch (bad_test& bt)
        {
            cout <<bt.message();
            cout <<"数据成员：v1 = " <<bt.v1 <<",v2 = " <<bt.v2 <<endl;
            cout <<"无法继续..." <<endl;
            break;
        }
    }
    cout <<"结束..." <<endl;
}
double function(double a,double b)
{
    if (a == -b)
    {
        throw bad_function(a,b);
    }
    return (2.0 * a * b / (a + b));
}
double test(double a,double b)
{
    if (a <0 || b <0)
        throw bad_test(a,b);
    return sqrt(a * b);
}
```

实验结果如图 11.5 所示。

```
请输入两个数：9 6
function:x = 9,y = 6,z = 7.2
test:x = 9,y = 6,结果为7.34847
请再次输入两个数(q键退出)：
8 -8
v1 = 8, v2 = -8
无效：a == -b
请重试
6 -4
function:x = 6,y = -4,z = -24
bad_test结果应 >= 0数据成员：v1 = 6,v2 = -4
无法继续...
结束...
```

图 11.5　将对象作为异常类型

C++异常的主要目的是为设计容错程序提供语言级支持，即异常使得在程序设计中包含错误处理功能更容易，以免事后采取一些严格的错误处理方式。异常的灵活性和相对方便性激励着程序员在条件允许的情况下在程序设计中加入错误处理功

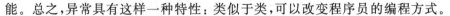

能。总之,异常具有这样一种特性:类似于类,可以改变程序员的编程方式。

较新的C++编译器将异常合并到语言中。例如,为支持该语言,exception头文件(以前为exception或except.h)定义了exception类,C++可以把它用作其他异常类的基类。代码可以引发exception异常,也可以将exception类用作基类。有一个名为what()的虚拟成员函数,它返回一个字符串,该字符串的特征因实现而异。然而,由于这是一个虚方法,因此可以在从exception派生而来的类中重新定义它:

```
# inchude <exception>
class hfunction : public std : :exception{
public:
const char * what ( ) { return "bad arguments to hfunction() " ; }
};
class gfunction: public std: : exception{
public:
const char * what () { return "bad arguments to gfunction()"; }
```

如果不想以不同的方式处理这些派生而来的异常,则可以在同一个基类处理程序中捕获它们:

```
try {
……
}
catch (std:exception & e)
{
    cout <<e.what() <<endl ;
    ……
}
```

否则,可以分别捕获它们。

C++库定义了很多基于exception的异常类型,如下:

1. stdexcept 异常类

头文件stdexcept定义了其他几个异常类。首先,该文件定义了logic_error和runtime_error类,它们都是以公有方式从exception派生而来的:

```
class logic_error : public exception
{
    public:
explicit logic_error(const string& what_arg );
};
class domain_error : public logic_error {
public:
explicit domain_error (const string& what_arg) ;
……
};
```

注意: 这些类的构造函数接收一个string对象作为参数,该参数提供了方法what(),方法what()以C风格字符串方式返回字符数据。

这两个新类被用作两个派生类系列的基类。异常类系列logic_error描述了典型的逻辑错误。总体而言,通过合理的编程可以避免这种错误,但实际上这些错误还是可能发生的。每个类的名称都指出了它用于报告的错误类型:

① domain_error;

② invalid_argument;

③ length_error;

④ out_of_bounds。

每个类都独有一个类似于 logic_error 的构造函数,该函数能够提供一个供方法 what()返回的字符串。

数学函数有定义域(domain)和值域(range),其中,定义域由参数的可能取值组成,值域由函数可能的返回值组成。例如,正弦函数的定义域为负无穷大到正无穷大,因为任何实数都有正弦值;但正弦函数的值域为$-1\sim+1$,因为它们分别是最大和最小正弦值。另外,反正弦函数的定义域为$-1\sim+1$,值域为$-\pi\sim+\pi$。如果程序员编写一个函数,该函数将一个参数传递给函数 std::sin(),则可以让该函数在参数不在定义域$-1\sim+1$之间时引发 domain_error 异常。

异常 invalid_argument 指出给函数传递了一个意料之外的值。例如,如果函数希望接收一个这样的字符串:其中的每个字符要么是“0”要么是“1”,则当传递的字符串中包含其他字符时,该函数将引发 invalid_argument 异常。

异常 length_error 用于指出没有足够的空间来执行所需的操作。例如 string 类的 append( )函数在合并得到的字符串长度超过最大允许长度时,将引发 length_error 异常。

异常 out_of_bounds 通常用于指示索引错误。例如,可以定义一个类似于数组的类,其 operator( )[]在使用的索引无效时引发 out_of_bounds 异常。

接下来,runtime_error 异常系列描述了可能在运行期间发生但难以预计和防范的错误。每个类的名称都指出了它用于报告的错误类型:

① range_error;

② overflow_error;

③ underflo_error。

每个类都独有一个类似于 runtime_error 的构造函数,该函数能够提供一个供方法 what()返回的字符串。

下溢(underflow)错误出现在浮点数计算中。一般而言,存在浮点类型可以表示的最小非零值,当计算结果比这个值还小时将导致下溢错误。整型和浮点型都可能发生上溢错误,当计算结果超过了某种类型能够表示的最大数量级时,将发生上溢错误。计算结果可能不在函数允许的范围内,但没有发生上溢或下溢错误,在这种情况下,可以使用 range_error 异常。

一般而言,logic_error 系列异常表明存在可以通过编程修复的问题,而 runtime_error 系列异常表明存在无法避免的问题。所有这些错误类都有相同的常规特征,它们之间的主要区别在于：不同的类名确保能够分别处理每种异常。另外，继承关系保证能够一起处理它们。例如，下面的代码首先单独捕获 out_of_bounds 异常，然后统一捕获其他 logic_error 系列异常，最后统一捕获 exception 异常、runtime_error 系列异常以及其他从 exception 派生而来的异常：

```
try
{
    ……
}
catch(out_of_bounds & e)
{ …… }
catch(logic_error & e)
{ …… }
catch(exception & e)
{ …… }
```

如果上述库类不能满足需求，则应从 logic_error 或 runtime_error 派生一个异常类，以确保异常类可归入同一个继承层次结构中。

2. bad_alloc 异常和 new

对于使用 new 导致的内存分配问题，C++的最新处理方式是让 new 引发 bad_alloc 异常。头文件 new 包含 bad_alloc 类的声明，它是从 exception 类公有派生而来的。但在以前，当无法分配请求的内存量时，new 返回一个空指针。

例 11.5 演示了最新的方法。捕获到异常后，程序将显示继承的 what( )方法返回的消息(该消息因实现而异)，然后终止。

【例 11.5】new 异常。

代码如下：

```
#include <iostream>
#include <new>
#include <cstdlib>
using namespace std;
struct Big {
    double errbuf[20000];
};
int main(void)
{
    Big * pb;
    try {
        cout <<"申请一块大空间：" <<endl;
        pb = new Big[1000];
        cout <<"超出请求" <<endl;
    }
    catch (bad_alloc& ba)
    {
        cout <<"捕捉到异常" <<endl;
```

```
        cout <<ba.what() <<endl;
        exit(EXIT_FAILURE);
    }
    cout <<"内存分配成功" <<endl;
    pb[0].errbuf[0] = 4;
    cout <<pb[0].errbuf[0] <<endl;
    delete[]pb;
    return 0;
}
```

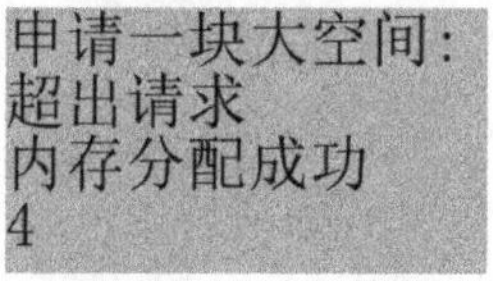

图 11.6　new 异常

程序运行结果如图 11.6 所示。

例 11.5 中，函数 what()返回字符串“std::bad_alloc”。

如果程序在系统上运行时没有出现内存分配问题，则可尝试提高请求分配的内存量。

3. 空指针和 new

很多代码都是在 new 失败返回空指针时编写的。为处理 new 的变化，有些编译器提供了一个标记(开关)，让用户选择所需的行为。当前，C++标准提供了一种在失败时返回空指针的 new，其用法如下：

```
int *pa = new(std::nothrow) int;
int *pb = new(std::nowthrow) int [500];
```

使用这种 new，可将例 11.5 中的核心代码改为

```
Big *pb;
pb = new(std::nothrow) Big[1000];
if(pb == 0)
{
    cout <<“无法分配空间” <<endl;
    exit(EXIT_FAILURE);
}
```

11.5　异常、类和继承

异常、类和继承以 3 种方式相互关联。首先，可以像标准 C++库所做的那样，从一个异常类派生出另外一个；其次，可以在类定义中嵌套异常类声明来组合异常；最后，这种嵌套声明本身可被继承，还可用作基类。

例 11.6.1 展现了上述可能性的实现。这个头文件点明了一个 Sales 类，它用于存储一个年份以及一个包含 12 个月的销售数据的数组。YearSales 类是从 Sales 派生而来的，新增了一个用于存储数据标签的成员。

【例 11.6.1】sales. h。

代码如下：

```
#ifndef _SALES_H_
#define _SALES_H_
#include <iostream>
#include <stdexcept>
#include <string>
#include <sstream>
using namespace std;
namespace FableGame
{
    class Sales
    {
    public:
        enum { MONTHS = 12 };
        class bad_index : public logic_error
        {
        private:
            int bi;
        public:
            explicit bad_index(int ix,const std::string& s = "Sales 对象索引错误\n");
            int bi_val() const { return bi; }
            virtual ~bad_index() throw() {}
        };
        explicit Sales(int yy = 0);
        Sales(int yy,const double * gr,int n);
        virtual ~Sales() {}
        int Year() const { return year; }
        virtual double operator[](int i)const;
        virtual double& operator[](int i);
    private:
        double gross[MONTHS];
        int year;
    };
    class YearSales: public Sales
    {
    public:
        class nbad_index : public Sales::bad_index
        {
        public:
            nbad_index(const std::string& lb,int ix,const std::string& s = "YearSa-
les 对象索引错误\n");
            const std::string& label_val()const { return lbl; }
            virtual ~nbad_index()throw() {}
        private:
            std::string lbl;
        };
        explicit YearSales(const string& lb = "none",int yy = 0);
        YearSales(const string& lb,int yy,const double * gr,int n);
        virtual ~YearSales() {}
```

```
        const std::string& Label() const { return label; }
        virtual double operator[](int i)const;
        virtual double& operator[](int i);
    private:
        string label;
    };
}
#endif
```

来看一下 sales.h 中的几个细节。首先,符号常量 MONTHS 位于 Sales 类的受保护部分,这使得派生类(如 YearSales)能够使用这个值。

接下来,bad_index 被嵌套在 Sales 类的公有部分中,这使得其他类的 catch 块可以使用这个类作为类型。注意,在外部使用这个类型时,需要使用 Sales::bad_index 来标识。这个类是从 logic_error 类派生而来的,能够存储和报告数组索引的超界值(out-of-bounds value)。

nbad_index 类被嵌套到 YearSales 的公有部分,这使得其他类可以通过 YearSales::nbad_index 来使用它。它是从 bad_index 类派生而来的,新增了存储和报告 YearSales 对象标签的功能。由于 bad_index 是从 logic_error 派生而来的,因此 nbad_index 归根结底也是从 logic_error 派生而来的。

这两个类都有重载的 operator[ ] ()函数,这些方法设计用于访问存储在对象中的数组元素,并在索引超界时引发异常。

bad_index 类和 nbad_index 类都使用了异常规范 throw(),这是因为它们都是从基类 exception 派生而来的,而 exception 的虚构造函数使用了异常规范 throw()。这是 C++ 98 的一项功能,在 C++ 11 中,exception 的构造函数没有使用异常规范。

例 11.6.2 中没有使用内联函数的方法的实现。注意,对于被嵌套类的函数,需要使用多个作用域解析运算符。另外,如果数组索引超界,函数 operator[]()将引发异常。

【例 11.6.2】sales.cpp。

代码如下:

```
#include "sales.h"
#include <iostream>
using namespace std;
using namespace FableGame;
FableGame::Sales::bad_index::bad_index(int ix,const std::string& s)
    :logic_error(s),bi(ix)
{
}
FableGame::Sales::Sales(int yy /* = 0 */)
{
    year = yy;
```

```
    for (int i = 0; i <MONTHS; ++i)
    {
        gross[i] = 0;
    }
}
FableGame::Sales::Sales(int yy,const double * gr,int n)
{
    year = yy;
    int lim = (n <MONTHS) ? n : MONTHS;
    for (int i = 0; i <MONTHS; ++i)
    {
        if (i <lim)
        {
            gross[i] = gr[i];
        }
        else
        {
            gross[i] = 0;
        }
    }
}
double FableGame::Sales::operator[](int i) const
{
    if (i <0 || i >= MONTHS)
    {
        throw bad_index(i);
    }
    return gross[i];
}
double& FableGame::Sales::operator[](int i)
{
    if (i <0 || i >= MONTHS)
    {
        throw bad_index(i);
    }
    return gross[i];
}
FableGame::YearSales::nbad_index::nbad_index(const std::string& lb, int ix, const
std::string& s)
    :Sales::bad_index(ix,s)
{
    lbl = lb;
}
FableGame::YearSales::YearSales(const string& lb /* = "none" */,int yy /* = 0 */)
    : Sales(yy)
{
    label = lb;
}
FableGame::YearSales::YearSales(const string& lb,int yy,const double * gr,int n)
```

```
    : Sales(yy,gr,n)
{
    label = lb;
}
double FableGame::YearSales::operator[](int i) const
{
    if (i <0 || i > = MONTHS)
    {
        throw nbad_index(Label(),i);
    }
    return Sales::operator[](i);
}
double& FableGame::YearSales::operator[](int i)
{
    if (i <0 || i > = MONTHS)
    {
        throw nbad_index(Label(),i);
    }
    return Sales::operator[](i);
}
```

在例 11.6.3 的程序中，首先试图超越 YearSales 对象 sales2 中数组的末尾，然后试图超越 Sales 对象 sales1 中数组的末尾。这些尝试是在两个 try 块中进行的，确保能够检测每种异常。

【例 11.6.3】main.cpp。

代码如下：

```
#include <iostream>
#include "sales.h"
#include <cmath>
using namespace std;
using namespace FableGame;
int main()
{
    double vals1[12] =
    {
        1400,1250,2230,1175,1020,2324,
        2765,1596,2222,3522,1477,3256
    };
    double vals2[12] =
    {
        12,17,26,36,23,14,
        38,36,25,19,33,29
    };
    Sales sales1(2020,vals1,12);
    YearSales sales2("XYD",2020,vals2,12);
    cout <<"第一个 try 块: " <<endl;
    try
```

```
    {
        int i;
        cout <<"Year = " <<sales1.Year() <<endl;
        for (i = 0; i <12; ++i)
        {
            cout <<sales1[i] <<' ';
            if (i % 6 == 5)
            {
                cout <<endl;
            }
        }
        cout <<"Year = " <<sales2.Year() <<endl;
        cout <<"Label = " <<sales2.Label() <<endl;
        for (i = 0; i <12; ++i)
        {
            cout <<sales2[i] <<' ';
            if (i % 6 == 5)
            {
                cout <<endl;
            }
        }
        cout <<"第一个 try 块结束" <<endl;
    }
    catch (YearSales::nbad_index& bad)
    {
        cout <<bad.what();
        cout <<"Company: " <<bad.label_val() <<endl;
        cout <<"bad index: " <<bad.bi_val() <<endl;
    }
    catch (Sales::bad_index& bad)
    {
        cout <<bad.what();
        cout <<"bad index: " <<bad.bi_val() <<endl;
    }
    cout <<endl;
    cout <<"第二个 try 块: " <<endl;
    try
    {
        sales2[2] = 37.5;
        sales1[20] = 23345;
        cout <<"第二个 try 块结束" <<endl;
    }
    catch (YearSales::nbad_index& bad)
    {
        cout <<bad.what();
        cout <<"Company: " <<bad.label_val() <<endl;
        cout <<"bad index: " <<bad.bi_val() <<endl;
    }
```

```
    catch (Sales::bad_index& bad)
    {
        cout <<bad.what();
        cout <<"bad index: " <<bad.bi_val() <<endl;
    }
    cout <<"结束" <<endl;
    return 0;
}
```

程序运行结果如图 11.7 所示。

```
第一个try块:
Year = 2020
1400 1250 2230 1175 1020 2324
2765 1596 2222 3522 1477 3256
Year = 2020
Label = XYD
12 17 26 36 23 14
38 36 25 19 33 29
第一个try块结束

第二个try块:
Sales对象索引错误
bad index: 20
结束
```

图 11.7 Sales 类

11.6 注意事项

从前面关于如何使用异常的讨论可知，应在设计程序时就加入异常处理功能，而不是以后再添加。这样做有些缺点，例如：使用异常会增加程序代码，降低程序的运行速度；异常规范不适用于模板，因为模板函数引发的异常可能因特定的具体化而异；异常和动态内存分配并非总能协同工作。

下面进一步讨论动态内存分配和异常。首先，请看下面的函数：

```
void test1 (int n)
{
    string message( "陷入死循环" ) ;
    if(oh_no)
    throw exception ( ) ;
    ……
    return;
}
```

string 类采用动态内存分配。通常，当函数结束时，将为 message 调用 string 的析构函数。虽然 throw 语句过早地终止了函数，但它仍然使得析构函数被调用，这要归功于栈解退。因此在这里，内存被正确地管理。

接下来看下面代码中的函数：

```
void test2 (int n)
{
    double * tr = new double [n] ;
    if (oh_no)
    throw exception ( ) ;
    ……
    delete [] tr;
    return;
}
```

这里有个问题;解退栈时,将删除栈中的变量 tr;但函数过早地终止意味着函数末尾的 delete[]语句被忽略。指针消失了,但它指向的内存块未被释放,并且不可访问。总之,这些内存被泄漏了。这种泄漏是可以避免的。例如,可以在引发异常的函数中捕获该异常,在 catch 块中包含一些清理代码,然后再重新引发异常:

```
void test3(int n)
{
    double * tr = new double [n];
    try {
        if (oh_no)
        throw exception ( ) ;
    }
    catch(exception & ex)
    {
        delete [] tr;
        throw ;
    }
    ……
    delete [] tr;
    return;
}
```

然而,这将增加疏忽和产生其他错误的机会。另一种解决方法是使用后面讨论的智能指针模板。

总之,虽然异常处理对于某些项目极为重要,但它也会增加编程的工作量、增大程序、降低程序的速度;另外,不进行错误检查的代价可能非常高。

11.7 小 结

在现代库中,异常处理的复杂程度可能再创新高,主要原因在于文档没有对异常处理例程进行解释或解释得很蹩脚。任何熟练使用现代操作系统的人都遇到过未处理的异常所导致的错误和问题,此时程序员通常面临一场艰难的战役,需要不断了解库的复杂性:什么异常将被引发,它们发生的原因和时间,如何处理它们,等等。

程序员新手将很快发现,理解库中的异常处理就像学习语言本身一样困难,现代库中包含的例程和模式像 C++语法细节一样陌生而困难。要开发出优秀的软件,必

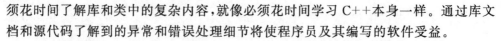

须花时间了解库和类中的复杂内容，就像必须花时间学习 C++本身一样。通过库文档和源代码了解到的异常和错误处理细节将使程序员及其编写的软件受益。

异常的优点：

① 可以清晰地展示出错误原因，不像返回错误代码那么模糊；

② 在测试框架里使用比较方便。

第12章 输入/输出流和文件接口

12.1 面对对象的标准库

C++的输入/输出(input/output)由标准库提供。标准库定义了一族类型,支持对文件和控制窗口等设备的读/写;还定义了其他一些类型,使 string 对象能够像文件一样进行操作,从而使我们无需 I/O 就能实现数据与字符之间的转换。这些 I/O 类型都定义了如何读/写内置数据类型的值。此外,一般来说,类的设计者还可以很方便地使用标准 I/O 库设施来读/写自定义类的对象。类类型通常使用标准 I/O 库为内置类型定义的操作符和规则来进行读/写。

之前的学习已经使用了标准 I/O 库提供的多种工具,如下:

① istream(输入流)类型,提供输入操作。

② ostream(输出流)类型,提供输出操作。

③ cin(发音为 see—in),读入标准输入的 istream 对象。

④ cout(发音为 see—out),写到标准输出的 ostream 对象。

⑤ cerr(发音为 see—err),输出标准错误的 ostream 对象。cerr 常用于程序错误信息。

⑥ >>操作符,用于从 istream 对象中读入输入。

⑦ <<操作符,用于把输出写到 ostream 对象中。

⑧ getline 函数,需要分别取 istream 类型和 string 类型的两个引用形参,其功能是从 istream 对象读取一个单词,然后写入 string 对象中。

本章将简要地介绍一些附加的 I/O 操作,并讨论文件对象和 string 对象的读/写。

12.1.1 浅谈标准库

迄今为止,我们已将 I/O 类型和对象读/写数据流用于与用户控制窗口的交互。当然,实际的程序不能仅限于对控制窗口的 I/O 操作,通常还需要读或写已命名的文件。此外,程序还应能方便地使用 I/O 操作格式化内存中的数据,从而避免读/写磁盘或其他设备的复杂性和运行代价。应用程序还需要支持宽字符(wide-character)语言的读/写。

从概念上看,无论是设备的类型还是字符的大小,都不影响需要执行的 I/O 操作。例如,不管我们是从控制窗口、磁盘文件中的字符串读入数据,还是从内存中的字符串读入数据,都可以使用 >> 操作符。相似地,无论我们读的是 char 类型的字符还是 wchar_t 的字符,也都可以使用该操作符。

乍看起来,要同时支持或使用不同类型设备以及不同大小的字符流,其复杂程度似乎相当可怕。为了管理这样的复杂性,标准库使用了继承(inheritance)来定义一组面向对象(object-oriented)类。不过,通过继承关联起来的类型都共享共同的接口。当一个类继承另一个类时,这两个类通常可以使用相同的操作。更确切地说,如果两种类型存在继承关系,则可以说一个类“继承”了其父类的行为——接口。C++中所提及的父类称为基类(base class),而继承而来的类则称为派生类(derived class)。

I/O 类型在 3 个独立的头文件中定义: iostream 定义读/写控制窗口的类型,fstream 定义读/写已命名文件的类型,而 sstream 所定义的类型则用于读/写存储在内存中的 string 对象。在 fstream 和 sstream 里定义的每种类型都是从 iostream 头文件中定义的相关类型派生而来的。表 12.1 列出了 C++的 I/O 类型,而图 12.1 则阐明了这些类型之间的继承关系。继承关系通常可用类似于家庭树的图解说明。最顶端的圆圈代表基类(或称“父类”),基类和派生类(或称“子类”)之间用线段连接。因此,由图 12.1 可知,istream 是 ifstream 和 istringstream 的基类,同时也是 iostream 的基类,而 iostream 则是 stringstream 和 fstream 的基类。

表 12.1 标准 I/O 库类型和头文件

头文件	类 型
iostream	istream: 从流中读取; ostream: 写到流中去; iostream: 对流进行读/写,由 istream 和 ostream 派生而来
fstream	ifstream: 从文件中读取,由 istream 派生而来; ofstream: 写到文件中去,由 ostream 派生而来; fstream: 读/写文件,由 iostream 派生而来

续表 12.1

头文件	类　型
sstream	istringstream：从 string 对象中读取，由 istream 派生而来； ostringstream：写到 string 对象中去，由 ostream 派生而来； stringstream：对 string 对象进行读/写，由 iostream 派生而来

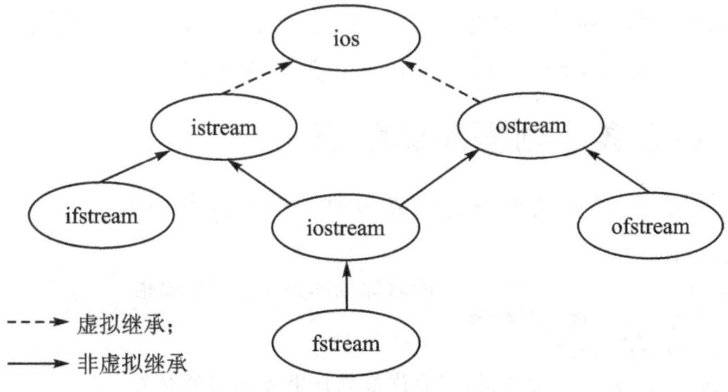

图 12.1　简单的 iostream 继承层次

由于 ifstream 和 istringstream 类型继承了 istream 类，因此已知这两种类型的大量用法。我们曾经编写过的读 istream 对象的程序也可用于读文件（使用 ifstream 类型）或者 string 对象（使用 istringstream 类型）。类似地，提供输出功能的程序同样可用 ofstream 或 ostringstream 取代 ostream 类型实现。除了 istream 和 ostream 类型之外，iostream 头文件还定义了 iostream 类型。尽管我们的程序还没用过这种类型，但事实上可以多了解一些关于 iostream 的用法。iostream 类型由 istream 和 ostream 两者派生而来，这意味着 iostream 对象共享了它的两个父类的接口。也就是说，可使用 iostream 类型在同一个流上实现输入和输出操作。标准库还定义了另外两个继承 iostream 的类型。这些类型可用于读/写文件或 string 对象。

对 I/O 类型使用继承还有另外一个重要的含义：如果函数有基类类型的引用形参，则可以给函数传递其派生类型的对象。这就意味着，对 istream& 进行操作的函数，也可以使用 ifstream 或者 istringstream 对象来调用。类似地，形参为 ostream& 类型的函数也可以用 ofstream 或者 ostringstream 对象调用。因为 I/O 类型通过继承关联，所以可以只编写一个函数，而将它应用到 3 种类型的流上：控制台、磁盘文件或者字符串流（string streams）。

12.1.2　国际字符的支持

迄今为止，所描述的流类（stream class）读/写的是由 char 类型组成的流。此外，标准库还定义了一组相关的类型，支持 wchar_t 类型。每个类都加上“w”前缀，以此与 char 类型的版本区分开来。于是，wostream、wistream 和 wiostream 类型从控制窗口读/写 wchar_t 数据。相应的文件输入/输出类是 wifstream、wofstream 和 wfstream。而 wchar_t 版本的 string 输入/输出流则是 wistringstream、wostringstream 和 wstringstream。标准库还定义了从标准输入/输出读/写宽字符的对象。这些对象加上"w"前缀,以此与 char 类型版本区分:wchar_t 类型的标准输入对象是 wcin,标准输出是 wcout,而标准错误则是 wcerr。

每一个 I/O 头文件都定义了 char 和 wchar_t 类型的类和标准输入/输出对象。基于流的 wchar_t 类型的类和对象在 iostream 中定义,宽字符文件流类型在 fstream 中定义,而宽字符 stringstream 则在 sstream 头文件中定义。

12.1.3 I/O 对象不可复制或赋值

出于某些原因,标准库类型不允许做复制或赋值操作,如:

```
ofstream out1,out2;
out1 = out2;             //错误,不能对标准库类型的对象赋值
//print ()函数执行时将复制参数
ofstream print(ofstream);
out2 = print(out2);     //错误,不允许复制标准库类型的对象
```

这个要求有两层特别重要的含义。第一个含义是:由于流对象不能复制,因此不能存储在 vector(或其他)容器中(即不存在存储流对象的 vector 或其他容器)。

第二个含义是:形参或返回类型也不能为流类型。如果需要传递或返回 I/O 对象,则必须传递或返回指向该对象的指针或引用:

```
ofstream &print(ofstream&);      //操作正确,此处使用引用,而非复制标准库类型的对象
while (print(out2)) { /* ... */ }   //操作正确,此处将引用数据传递给 out2
```

一般情况下,如果要传递 I/O 对象以便对它进行读/写,则可用非 const 引用的方式传递该流对象。对 I/O 对象的读/写会改变它的状态,因此引用必须是非 const 的。

12.2 条件状态

12.2.1 条件状态认知

在展开讨论 fstream 和 sstream 头文件中定义的类型之前,需要了解更多标准 I/O 库如何管理其缓冲区及其流状态的相关内容。谨记本小节和下一小节所介绍的内容同样适用于普通流、文件流以及 string 流。

实现 I/O 的继承正是错误发生的根源。一些错误是可恢复的;一些错误则发生在系统底层,位于程序可修正的范围之外。标准 I/O 库管理一系列条件状态(condition state)成员,用来标记给定的 I/O 对象是否处于可用状态,或者碰到了哪种特定的错误。表 12.2 列出了标准库定义的一组函数和标记,提供了访问和操纵流状态的手段。

表 12.2 标准 I/O 库的条件状态

条件状态	功能描述
strm::iostate	机器相关的整型名,由各个 iostream 类定义,用于定义条件状态
strm::badbit	strm::iostate 类型的值,用于指出被破坏的流
strm::failbit	strm::iostate 类型的值,用于指出失败的 I/O 操作
strm::eofbit	strm::iostate 类型的值,用于指出流已经到达文件结束符
s.eof()	如果设置了流 s 的 eofbit 值,则该函数返回 true
s.fail()	如果设置了流 s 的 failbit 值,则该函数返回 true
s.bad()	如果设置了流 s 的 badbit 值,则该函数返回 true
s.good()	如果流 s 处于有效状态,则该函数返回 true
s.clear()	将流 s 中的所有状态值都重设为有效状态
s.clear(flag)	将流 s 中的某个指定条件状态设置为有效,flag 的类型是 strm::iostate
s.setstate(flag)	给流 s 添加指定条件,flag 的类型是 strm::iostate
s.rdstate()	返回流 s 的当前条件,返回值类型为 strm::iostate

考虑下面 I/O 错误的例子:

```
int val;
cin >> val;
```

如果在标准输入设备中输入“Borges”,则 cin 在尝试将输入的字符串读为 int 型数据失败后,会生成一个错误状态。类似地,如果输入文件结束符(end-of-file),cin 也会进入错误状态;而如果输入“1024”,则成功读取,cin 将处于无错误状态。

流必须处于无错误状态,才能用于输入或输出。检测流用的方法是否是最简单的,可检查其真值:

```
if (cin)
//保证流数据 cin 处于无错误状态,后续再操作流数据 cin
while (cin >> word)
//之后可以成功地对 cin 执行读操作
```

if 语句直接检查流的状态,而 while 语句则检测条件表达式返回的流,从而间接地检查了流的状态。如果成功输入,则条件检测为 true。

12.2.2 条件状态成员

许多程序只需知道是否有效即可,而某些程序则需要更详细地访问或控制流的状态,此时,除了知道流处于错误状态外,还必须了解它遇到了哪种类型的错误。例如,程序员希望弄清楚是到达了文件的结尾,还是遇到了 I/O 设备上的错误。

所有流对象都包含一个条件状态成员,该成员由 setstate 和 clear 操作管理。这个状态成员为 iostate 类型,是由各个 iostream 类分别定义的机器相关的整型。该状态成员以二进制位(bit)的形式使用。

每个 I/O 类还定义了 3 个 iostate 类型的常量值,分别表示特定的位模式。这些常量值用于指出特定类型的 I/O 条件,可与位操作符一起使用,以便在一次操作中检查或设置多个标志。

以下介绍两个常用条件状态成员:

① badbit 成员标志着系统级的故障,如无法恢复的读/写错误。如果出现了这类错误,则该流通常就不能再继续使用了。(特殊情况:如果出现的是可恢复的错误,如在希望获得数值型数据时输入了字符,则此时系统会设置 failbit 标志,这种导致异常设置 failbit 的问题通常是可以通过程序弥补的。)

② eofbit 成员是在遇到文件结束符时设置的,同时此成员还设置了 failbit 成员。

流的状态由 bad、fail、eof 和 good 操作提示。如果 bad、fail 或者 eof 中的任意一个为 true,则检查流本身将显示该流处于错误状态。类似地,如果这 3 个条件没有一个为 true,则 good 操作将返回 true。

clear 和 setstate 操作用于改变条件成员的状态。clear 操作将条件重设为有效状态。在流的使用出现问题并做出补救后,如果希望把流重设为有效状态,则可以调用 clear 操作。使用 setstate 操作可打开某个指定的条件,用于表示某个问题的发生。除了添加的标记状态以外,setstate 将保留其他已存在的状态变量不变。

12.2.3 流状态的查询和控制

可以按如下代码管理输入操作。

```
int val;
//读取输入数据,并检测 EOF 事件(键盘输入到达上限)
while (cin >> val,! cin.eof())
{
    if (cin.bad())                          //输入流已损坏,退出
        throw runtime_error("IO stream corrupted");
    if (cin.fail())
    {
        //输入有误
        cerr <<"bad data,try again";        //警告用户
        cin.clear(istream::failbit);        //复位数据流
        continue;                           //获取下一次输入
    }
    //ok to process val
}
```

这个循环不断地读入 cin,直到达文件结束符或者发生不可恢复的读取错误为止。循环条件使用了逗号操作符。回顾逗号操作符的求解过程:首先计算它的每一个操作数,然后返回最右边操作数作为整个操作的结果。因此,循环条件只读入 cin 而忽略了其结果。该条件的结果是 ! cin.eof() 的值。如果 cin 到达文件结束符,则条件为假,退出循环;如果 cin 没有到达文件结束符,则在读取时无论是否发生其他可能遇到的错误,都进入循环。

在循环中，首先检查流是否已破坏。如果是，抛出异常并退出循环；如果输入无效，则输出警告并清除 failbit 状态。在本例中，执行 continue 语句回到 while 的开头，读入另一个值 val。如果没有出现任何错误，那么循环体中余下的部分可以很安全地使用 val。

12.2.4　条件状态的访问

rdstate()成员函数返回一个 iostate 类型值，该值对应于流当前的整个条件状态：

```
//记住当前的输入状态
istream::iostate old_state = cin.rdstate();
cin.clear();
process_input();            //使用输入流
cin.clear(old_state);       //复位 old+state
```

12.2.5　多种状态的处理

在编写程序时常常会出现需要设置或清除多个状态二进制位的情况。此时，可以通过多次调用 setstate() 或者 clear() 函数实现。另外一种方法则是使用按位或操作符(OR)在一次调用中生成"传递两个或更多状态位"的值。按位或操作符使用其操作数的二进制位模式产生一个整型数值。对于结果中的每一个二进制位，如果其值为 1，则该操作的两个操作数中至少有一个的对应二进制位是 1。例如：

```
//同时对 badbit 和 failbit 置位
is.setstate(ifstream::badbit | ifstream::failbit);
```

将对象 is 的 failbit 和 badbit 位同时打开，实参：

```
is.badbit | is.failbit
```

生成一个值，其对应于 badbit 和 failbit 的位都打开了，也就是将这两个位都设置为 1，该值的其他位都为 0。在调用 setstate() 时，使用这个值来开启流条件状态成员中对应的 badbit 和 failbit 位。

12.3　管理输出缓冲

每个 I/O 对象管理一个缓冲区，用于存储程序读/写的数据。如有下面的语句：

```
os <<"please enter a value: ";
```

系统将字符串字面值存储在与流 os 关联的缓冲区中。下面几种情况将导致缓冲区的内容被刷新，即写入到真实的输出设备或者文件：

① 程序正常结束。作为 main() 返回工作的一部分，将清空所有输出缓冲区。

② 在一些不确定的时候，缓冲区可能已经满了，在这种情况下，缓冲区将会在写下一个值之前刷新。

③ 用操作符(1.2.2 小节)显式地刷新缓冲区,例如行结束符 endl。

④ 在每次输出操作执行完后,用 unitbuf 操作符设置流的内部状态,从而清空缓冲区。

⑤ 可将输出流与输入流关联(tie)起来。在这种情况下,在读输入流时将刷新其关联的输出缓冲区。

12.3.1 输出缓冲区的刷新

之前程序已经使用过 endl 操作符,用于输出一个换行符并刷新缓冲区。除此之外,C++还提供了另外两个类似的操作符:第一个经常使用的是 flush,用于刷新流,但不在输出中添加任何字符;第二个则是比较少用的 ends,这个操作符在缓冲区中插入空字符 null,然后再刷新它,如下:

```
cout <<"hi!" <<flush;          //清空缓冲区,不加任何数据
cout <<"hi!" <<ends;           //插入一个 NULL,然后清空缓冲区
cout <<"hi!" <<endl;           //插入一个新行,然后清空缓冲区
```

12.3.2 unitbuf 操作符

如果需要刷新所有输出,则最好使用 unitbuf 操作符。该操作符在每次执行完写操作后都刷新流:

```
cout <<unitbuf <<"first" <<" second" <<nounitbuf;
```

等价于:

```
cout <<"first" <<flush <<" second" <<flush;
```

nounitbuf 操作符将流恢复为使用正常的、由系统管理的缓冲区刷新方式。

警告:如果程序崩溃了,则不会刷新缓冲区。如果程序不正常结束,则输出缓冲区将不会刷新。在尝试调试已崩溃的程序时,通常会根据最后的输出找出程序发生错误的区域。如果崩溃出现在某个特定的输出语句后面,则可知是在程序的该位置之后出错的。

调试程序时,必须保证期待写入的每个输出都确实被刷新了。因为系统不会在程序崩溃时自动刷新缓冲区,所以就可能出现这样的情况:程序做了写输出的工作,但写的内容并没有显示在标准输出上,而是仍然存储在输出缓冲区中等待输出。

如果需要使用最后的输出给程序错误定位,则必须确定所有要输出的都已经输出。为了确保用户看到程序实际上处理的所有输出,最好的方法是保证所有的输出操作都显式地调用了 flush 或 endl。

如果是缓冲区没有刷新,那么程序员将浪费大量的时间跟踪调试并没有执行的代码。鉴于此,输出时应多使用 endl 而非“\n”。使用 endl 不必担心程序崩溃时输出是否悬而未决(即还留在缓冲区,未输出到设备中)。

12.3.3 输入和输出绑定

当输入流与输出流绑在一起时，任何读输入流的尝试都将首先刷新其输出流关联的缓冲区。标准库将 cout 与 cin 绑在一起，因此语句：

```
cin >> val;
```

导致 cout 关联的缓冲区被刷新。交互式系统通常应确保它们的输入和输出流是绑在一起的。这样做意味着可以保证任何输出，包括给用户的提示，都在试图读之前输出。

tie() 函数可用 istream 或 ostream 对象调用，使用一个指向 ostream 对象的指针形参。调用 tie() 函数时，将实参流绑在调用该函数的对象上。如果一个流调用 tie() 函数将其本身绑在传递给 tie() 的 ostream 实参对象上，则该流上的任何 I/O 操作都会刷新实参所关联的缓冲区。

```
cin.tie(&cout);                //仅供说明：使用函数 tie()来绑定 cin 和 cout
ostream *old_tie = cin.tie();
cin.tie(0);                    //断开对 cout 的连接，当 cin 读取时 cout 不再刷新
cin.tie(&cerr);                //连接 cin 和 cerr，效果不一定好
//……
cin.tie(0);                    //断开 cin 和 cerr 的连接
cin.tie(old_tie);              //重新建立 cin 和 cout 的连接
```

一个 ostream 对象每次只能与一个 istream 对象绑在一起。如果在调用 tie()函数时传递实参 0，则打破该流上已存在的捆绑。

12.4 文件输入/输出

大多数计算机程序都使用了文件。字处理程序创建文档文件；数据库程序创建和搜索信息文件；编译器读取源代码文件并生成可执行文件。文件本身是存储在某种设备(磁带、光盘、软盘或硬盘)上的一系列字节。通常，操作系统管理文件，跟踪它们的位置、大小和创建时间等。除非在操作系统级别上编程，否则通常不必担心这些事情，需要关注的只是将程序与文件相连的途径、让程序读取文件内容的途径以及让程序创建和写入文件的途径。重定向(本章前面讨论过)可以提供一些文件支持，但它比显式程序中的文件 I/O 的局限性更大。另外，重定向来自操作系统，而非 C++，因此并非所有系统都有这样的功能。

C++ I/O 类软件包处理文件输入和输出的方式与处理标准输入和输出的方式非常相似。要写入文件，需要创建一个 ofstream 对象，并使用 ostream 方法，如<<插入运算符或 write( )。要读取文件，需要创建一个 ifstream 对象，并使用 istream 方法，如>>抽取运算符或 get()。然而，与标准输入和输出相比，文件的管理更为复杂。例如，必须将新打开的文件和流关联起来。可以以只读模式、只写模式或读/写模式打开文件。写文件时，可能想创建新文件、取代旧文件或添加到旧文件中，还可能想

在文件中来回移动。为帮助处理这些任务，C++在头文件 fstream(以前为_fstream.h)中定义了多个新类，其中包括用于文件输入的 ifstream 类和用于文件输出的 ofstream 类。C++还定义了一个 fstream 类，用于同步文件 I/O。

12.4.1 简单的文件 I/O

要让程序写入文件，必须：

① 创建一个 ofstream 对象来管理输出流；

② 将该对象与特定的文件关联起来；

③ 以使用 cout 的方式使用该对象，最终将数据输出到文件中，而不是输出到屏幕上。

要完成上述任务，首先应包含头文件 fstream。对于大多数(但不是全部)实现来说，包含该文件便自动包括 iostream 文件，因此不必显示包含 iostream。然后声明一个 ofstream 对象：

```
ofstream fout ;
```

对象名可以是任意有效的 C++名称，如 fout、outFile、cgate 或 didi。

接下来，必须将这个对象与特定的文件关联起来。为此，可以使用 open( )方法。例如，假设要打开文件 jar.txt 进行输出，代码如下：

```
out .open ("jar.txt");
```

可以使用另一个构造函数将这两步(创建对象和关联到文件)合并成一条语句：

```
ofstream fout ("jar.txt");
```

然后，以使用 cout 的方式使用 fout(或选择的其他名称)。例如，要将 Dull Data 放到文件中，代码如下：

```
fout <<"Dull Data";
```

由于 ostream 是 ofstream 类的基类，因此可以使用所有的 ostream 方法，包括各种插入运算符定义、格式化方法和控制符。ofstream 类使用被缓冲的输出，因此程序在创建像 fout 这样的 ofstream 对象时，将为输出缓冲区分配空间。如果创建了两个 ofstream 对象程序，那么将创建两个缓冲区，每个对象一个。像 fout 这样的 ofstream 对象从程序那里逐字节地收集输出，当缓冲区填满后，它便将缓冲区内容一同传输给目标文件。由于磁盘驱动器被设计为以大块的方式传输数据，而不是逐字节传输，因此通过缓冲可以大大提高从程序到文件传输数据的速度。

以这种方式打开文件进行输出时，如果没有这样的文件，则将创建一个新文件；如果有这样的文件，则打开文件将文件清空，输出将进入一个空文件中。

12.4.2 文件概述

文件的分类：

① 文本文件：一种由若干行字符构成的计算机文件，其编码为 ASCII 码、UNI-

CODE 码等，可以用文本编辑器编辑。

② 二进制文件：除上述文本文件以外的其他文件（如视频、音频、图片等）。

12.4.3　实践：文件的输入/输出（C）

每个被使用的文件都在内存中开辟一个区，用来存放文件的有关信息（如文件名、文件状态及文件当前位置等）。这些信息保存在一个 FILE 类型的结构体变量中。

例如："FILE * fp;"，其中的 fp 就称为指向文件类型的指针变量。访问文件是通过文件指针进行的。FILE 类型的结构体定义如下：

```
typedef struct{
    short level;                        //缓冲区"满"或"空"的程度
    unsigned flags;                     //文件状态标志
    char fd;                            //文件描述符
    unsigned char hold;                 //如无缓冲区不读取字符
    short bsize;                        //缓冲区的大小
    unsigned char * buffer;             //缓冲区的位置
    unsigned char * curp;               //当前读/写指针
    unsigned istemp;                    //临时文件，指示器
    short token;                        //用于有效性检验
} FILE;
```

C 语言中，文件操作函数包含在 stdio.h 中，主要有以下几种函数：

12.4.3.1　fopen()函数

函数原型：

```
FILE * fopen(char * name,char * mode);
```

功能：打开文件。

调用方式：

fopen（"文件名"，"文件模式"）

函数返回值：正常打开，返回指向文件结构体的指针；打开失败，返回 NULL。

文件名：如"e:\\c++\\file.txt"（"\\"也可以用"/"代替）表示在 e 盘 c++文件下打开名为"file"的 txt 类型的文件（文本文件）。若缺少文件路径，则默认为当前所在目录。也就是说，如果在当前目录打开一个名为"file"的 txt 文件，则可以不用写上文件路径"file.txt"。

文件模式：

r：打开一个文本文件只读（若文件不存在，则打开失败）。

w：打开一个文本文件只写（若已经有此文件，则将其原有内容清空；若文件不存在，则建新文件）。

a：打开一个文本文件只写（若已经有此文件，写入的数据将追加到文件末尾；若文件不存在，则建新文件）。

rb：打开一个二进制文件只读。

wb：打开一个二进制文件只写。

ab：对一个二进制文件添加。

r+：打开一个文本文件读/写(若文件不存在，则打开失败)。

w+：打开一个文本文件读/写(若已经有此文件，则将其原有内容清空；若文件不存在，则建新文件)。

a+：打开一个文本文件读/写（若已经有此文件，则写入的数据将追加到文件末尾；若文件不存在，则建新文件)。

rb+：打开二进制文件读/写。

wb+：打开二进制文件读/写。

ab+：打开二进制文件读/写。

在进行文件操作时，先要定义一个文件指针，例：

```
FILE * fp;
fp = fopen("d:\\user\\myfile.txt","r + ");
```

12.4.3.2 fclose()函数

函数原型：

```
int fclose(FILE * fp);
```

功能：关闭文件。

调用方式：

fclose(文件指针)

返回值：如果文件顺利关闭，则该值为 0，否则为－1。

作用：断开使文件指针与文件的关联，否则该文件指针关联的文件不能够被其他文件指针访问，该文件指针也不能关联到其他文件。

例如：

```
fclose(fp);
```

12.4.3.3 文件的读/写

读写的对象：文本文件。

(1) fscanf()函数

函数原型：

```
int fscanf(FILE * fp,char const * const,...);
```

说明：类似于 scanf 函数，例如：

```
int a;
fscanf(fp," % d",&a);
```

(2) fprintf()函数

函数原型：

```
int fprintf(FILE * fp,char const * const,...);
```

说明：类似于 fprintf 函数，例如：

```
int b = 6;
fprintf(fp,"%d",b);
```

(3) fgetc()函数

函数原型：

```
int fgetc(FILE *fp);
```

返回值：读取成功返回所读取字符的 ASCII 值，读取失败返回 EOF(−1)。

功能：读取文件中的一个字符(文件的位置指针处的字符)。

例如：

```
//文件指针 fp 打开文件的文件模式可进行读操作
char ch;
ch = fgetc(fp)
```

(4) fputc()函数

函数原型：

```
int fputc( int Character,FILE * fp);
```

功能：将一个字符写入文件。

参数：

Character：需要写入的字符；

fp：文件指针。

返回值：写入成功返回 Character 的 ASCII 值(十进制)，写入失败返回 EOF (stdio.h 文件中定义的一个宏，#define EOF (−1))。

例如：

```
//文件指针 fp 打开文件的文件模式可进行写操作
char ch = 'a';
fputc(ch,fp);
```

(5) fgets()函数

函数原型：

```
char *fgets(char *Buffer,int MaxCount,FILE *fp);
```

功能：读取文件中的一串字符。

参数：

Buffer：一个字符数组，将从文件中读取的字符放到其中。

MaxCount：要读取字符的数目(注意：读取得到的字符串会自动在字符串末尾加上结束符"\0"，由于结束符也是要算入字符串长度的，所以实际最多只会从文件中读取 MaxCount−1 个字符。为什么说是最多？因为如果在读取到 MaxCount−1 个字符之前出现了换行符(会将换行符也读入到 Buffer)，或者读到了文件末尾，则读取结束。这意味着，不管 Maxcount 的值多大，fgets()函数最多只能读取一行数据，不能跨行)。

fp：文件指针。

返回值：读取成功返回 Buffer，即字符数组的首地址，读取失败返回 nullptr(空指针)。

【例 12.1】文件读/写操作。

代码如下：

```
#include <stdio.h>
#include <stdlib.h>
int main() {
    char str1[20];
    char str2[20];
    FILE * fp;
    fp = fopen("myinfo.txt","a+");
    if (! fp) {
        exit(0);
    }
    fgets(str1,20,fp);
    printf("%s",str1);
    printf("%s",fgets(str2,20,fp));
    return 0;
}
```

程序效果如图 12.2 所示。

图 12.2　文件读/写操作

12.4.3.4　fputs()函数

函数原型：

```
int fputs(char const * Buffer,FILE * fp);
```

功能：将一串字符写入文件中。

参数：

Buffer：要写入到文件的字符串；

fp：文件指针。

返回值：若写入成功，则返回 0；若写入失败，则返回 EOF(−1)。

```
//文件指针 fp 打开文件的文件模式可进行写操作
char str[12] = "会好起来的";
fputs(str,fp);
```

12.4.4　实践：二进制文件的读/写

读写对象：二进制文件。

12.4.4.1　fread()函数

函数原型：

```
size_t fread(void * Buffer,size_t ElementSize,size_t ElementCount,FILE * fp);
```

功能：以二进制方式存放的文件输入到程序的数据结构中。

参数：

Buffer：一个泛型指针，可以接受任意类型的指针；

ElementSize：读入数据每一项的长度；

ElementCount：需要读入数据的项数；

fp：文件指针。

【例 12.2】fread()函数。

代码如下：

```
#include <stdio.h>
#include <stdlib.h>
int main() {
    FILE * fp;
    fp = fopen("file.dat","rb");
    if (! fp) {
        exit(0);
    }
    int arr[10];
    fread(arr + 2,sizeof(int),3,fp);        //将从二进制文件中读出的数据依次放到
                                            //arr[2]、arr[3]、arr[4]中
    fclose(fp);
}
```

12.4.4.2　fwrite()函数

函数原型：

```
size_t fwrite(void const * Buffer,size_t ElementSize,size_t ElementCount,FILE * fp);
```

功能：将程序数据结构中的数据以二进制方式输出到文件中。

参数：

Buffer：一个泛型 const 指针，可以接受任意类型的指针；

ElementSize：写入数据每一项的长度；

ElementCount：需要写入数据的项数；

fp：文件指针。

【例 12.3】fwrite()函数。

代码如下：

```
#include <stdio.h>
#include <stdlib.h>
int main() {
    FILE * fp;
    fp = fopen("file.dat","wb");
    if (! fp) {
        exit(0);
    }
    int arr[5] = { 1,2,3,4,5 };
    fwrite(arr + 1,sizeof(int),2,fp);        //将 arr[1]、arr[2]中的数据以二进制
                                             //形式写入文件中
    fclose(fp);
    return 0;
}
```

12.4.5 实践：文件的定位

文件中有一个位置指针，指向当前读/写位置。如果顺序读/写一个文件，则每次读/写完一个字符后，该位置指针将自动指向下一个字符位置。如果想改变这样的规律，强制使位置指针指向指定位置，则可以用有关函数。

12.4.5.1 rewind()函数

函数原型：

```
void rewind(FILE * fp);
```

功能：使位置指针重返回文件的开头。

12.4.5.2 fseek()函数

函数原型：

```
int fseek(FILE * Stream,long Offset,int Origin);
```

功能：可以将位置指针指向所需的位置。

参数：

Stream：文件指针。

Offset：位移量(以起始点为基准，向前移动的字节数)。

Origin：参考点，0 或 SEEK_SET 文件开头；1 或 SEEK_CUR 当前位置；2 或 SEEK_END 文件末尾。

例如：

```
//假设文件指针 fp 指向的是一个存放 10 个整数的二进制文件，文件模式为"rb"，将读取
//第 5 个整数到 n
int n;
fseek(fp,sizeof(int) * (5 - 1),SEEK_SET);    //注意位移量的大小
fread(&n,sizeof(int),1,fp);
```

12.4.5.3　feof()函数

函数原型：

```
int feof(FILE * fp);
```

功能：检测文件内部位置指针的位置，以确定是否到达文件的末尾。若文件结束，则返回值为 1，否则为 0。

12.4.6　实践：文件的输入/输出流（C++）

1. 文件流对象

I/O 文件流定义在头文件<fstream>中：

```
#include <fstream>
using namespace std;
```

2. 创建文件流对象

有 3 种文件流类型：ifstream（输入文件流）、ofstream（输出文件流）和 fstream（输入/输出文件流）。例如：

```
ifstream in;        //创建一个文件输入流对象 in
ofstream out;       //创建一个文件输出流对象 out
```

12.4.6.1　文件操作函数

1. 文件的打开

可以在创建一个文件流对象时，调用构造函数来将文件流对象与指定文件关联，也就是打开文件。

函数原型：略

调用方式：

文件流类型 文件流对象名(文件名,文件模式);

文件名：const char * 类型或者 const string & 类型（在构造函数内部会通过 string 库函数 c_str()将 string 类型转换为 const char * 类型）。

文件模式（默认参数）：每一个文件流都设置一个默认的文件模式，若没有指定文件模式，则以默认的文件模式打开文件。

常用的文件模式如表 12.3 所列。

表 12.3　常用的文件模式

文件模式	模式说明
ios::in (ifstream 类型)	以读方式打开文件
ios::out(ofstream 类型)	以写方式打开文件(若已经有此文件，则将其原有内容清空；若文件不存在，则建新文件)

续表 12.3

文件模式	模式说明
ios::app	以写方式打开文件(若已经有此文件,则将写入的数据追加到文件末尾;若文件不存在,则建新文件)
ios::ate	初始位置为文件末尾(若文件不存在,则打开失败)
ios::binary	以二进制方式打开一个文件,如果不这样指定,则默认为以 ASCII 码方式打开文件(若文件不存在,则打开失败)
ios::trunc	若文件已经存在,则先删除文件中的全部数据
ios::_Nocreate	不创建文件,所以文件不存在时打开失败
ios::_Noreplace	不改变文件,所以文件已经存在时打开失败

若要指定多个文件模式,则各个模式间以“|”隔开。

2. open()函数

可以在调用默认构造函数之后使用 open()函数打开文件(不可在调用构造函数指定了文件名之后且未关闭文件的情况下又使用 open()函数)

函数原型:略

调用方式:

文件流对象.open(文件名,文件模式)

文件名:const char *类型或者 const string & 类型(在 open()函数内部会通过 string 库函数 c_str()将 string 类型转换为 const char *类型)。

文件模式:请参见表 12.3。

例如:

```
ofstream out;
out.open("file.txt",ios::app);
```

检验文件是否打开成功:

```
ofstream obj;
obj.open("myf.txt");
if(! obj){
    exit(0);
}
```

3. close()函数

函数原型:

```
void close();
```

调用方式:

文件流对象.close();

注意:当读/写数据完成之后,需要断开文件流对象与文件的关联,否则与文件流对象关联的文件不可以被其他文件流对象访问,该文件流对象也不能访问其他文件。

12.4.6.2　文件的读/写

1. 输出文件流

(1) 插入运算符<<

插入运算符是所有标准 C++数据类型预先设计好的，例如：

```
int main(){
    ofstream obj;
    obj.open("myf.txt");
    if(! obj){
        exit(0);
    }
    int a = 4;
    obj <<a;
    obj.close();
}
```

(2) write()函数

函数原型：

```
ostream &write(const char * Str,long long Count);
```

功能：将一串字符写入文件中。

所属：可以看出 write()函数是 ofstream 父类 ostream 的成员函数。

参数：

　　Str：一个所要写入文件的字符数组；

　　Count：要写入数据的字节数。

例如：

```
int main(){
    ofstream out;
    out.open("myf.txt",ios::binary);
    if(! out){
        exit(0);
    }
    char str[] = "lyj";
    out.write(str,sizeof(str));        //若将第二个参数改为 2,则只写入"ly"
    out.close();
}
```

一个强大的功能：当 write()函数遇到空字符时不停止，可以写入完整的类或结构体结构(但此时的写入方式最好为二进制模式 ios::binary)。例如：

```
struct student{
    char name[20];
    int age;
};
int main(){
    ofstream out;
```

```
    student obj = {"lyj",19};
    out.open("file.dat",ios::binary);
    if(! out){
        exit(0);
    }
    out.write((char *)&obj,sizeof(student));
    out.close();
}
```

2. 输入文件流

(1) 提取运算符>>

提取运算符对于所有标准 C++数据类型都是预先设计好的,例如:

```
//文件 myf.txt 中的数据为整数
int main(){
    ifstream in;
    in.open("myf.txt");
    if(! in){
        exit(0);
    }
    int a;
    in >> a;
    in.close();
}
```

(2) read()函数

函数原型:

```
istream &read(char * Str,long long Count);
```

功能:从文件中读出一串字符到 Str 中。

所属:可以看出 read()函数是 ifstream 父类 istream 的成员函数。

参数:

Str:存放从文件中读取的一串字符。

Count:所要读取的字节数(会读取换行符,不会自动添加结束符"\0";在读取完 Count 个字符之前,只有当遇到文件结束或者在文本模式文件中遇到文件结束标记字符时才结束读取)。

【例 12.4】read()函数。

代码如下:

```
#include <cstdio>
#include <cstdlib>
#include <iostream>
#include <fstream>
using namespace std;
int main() {
    ifstream in;
    in.open("myinfo.txt");
    if (! in) {
```

```
        exit(0);
    }
    char str[15];
    str[7] = '\0';          //加上结束符
    in.read(str,10);
    cout<<str;
    in.close();
    return 0;
}
```

程序效果如图 12.3 所示。

图 12.3　read()函数

12.4.6.3　文件的定位

读指针：在输入文件流中，指向当前读取数据的位置的指针。

写指针：在输出文件流中，指向当前写入数据的位置的指针。

1. tellg()函数与 tellp()函数

(1) tellg()函数

函数原型：

```
pos_type tellg();
```

功能：返回读指针所指向的位置。

pos_type：整型，代表字节数。

只可以被文件输入流对象调用。

(2) tellp()函数

函数原型：

```
pos_type tellp();
```

功能：返回写指针所指向的位置。

pos_type：整型，代表字节数。

只可以被文件输出流对象调用，例如：

```
ofstream out("file.txt");
out.tellp();          //显然为 0
```

2. seekg()函数与 seekp()函数

(1) seekg()函数

函数原型：

```
istream& seekg(pos_type pos)
istream& seekg(off_type Off,ios_base::seekdir Way)
```

所属：可以看出 seekp()函数是 ifstream 父类 istream 的成员函数。

功能：设置读指针所指向的位置。

参数：

pos_type pos：整型数据,表示写指针所指向的新位置(距文件流的起始位置的字节数)。

off_type Off：整型数据,表示偏移量(字节数)。

ios_base::seekdir Way：枚举类型,表示参考点。

(2) seekp()函数

函数原型：

```
ostream& seekp(pos_type pos)
ostream& seekp(off_type Off,ios_base::seekdir Way)
```

所属：可以看出 seekp()函数是 ofstream 父类 ostream 的成员函数。

功能：设置写指针所指向的位置。

其他说明同 seekg()函数。

seekeg()函数与 seekp()函数参数中的类型声明为

```
enum seek_dir {beg, cur, end};
```

参数：

ios::beg：文件流的起始位置。

ios::cur：文件流的当前位置。

ios::end：文件流的结束位置。

例如：

```
ifstream in("file.txt");
in.seekg(11,ios::cur);
```

12.5 string 流

iostream 标准库支持内存中的输入/输出,只要将流与存储在程序内存中的 string 对象捆绑起来即可。此时,可使用 iostream 输入和输出操作符读/写该 string 对象。标准库定义了 3 种类型的字符串流：

① istringstream,由 istream 派生而来,提供读 string 的功能；

② ostringstream,由 ostream 派生而来,提供写 string 的功能；

③ stringstream,由 iostream 派生而来,提供读/写 string 的功能。

要使用上述类，必须包含 sstream 头文件。与 fstream 类型一样，上述类型由 iostream 类型派生而来，这意味着 iostream 上所有的操作都适用于 sstream 中的类型。sstream 类型除了继承的操作外，还各自定义了一个有 string 形参的构造函数，这个构造函数将 string 类型的实参复制给 stringstream 对象。对 stringstream 的读/写操作实际上读/写的就是该对象中的 string 对象。这些类还定义了名为 str 的成员，用来读取或设置 stringstream 对象所操纵的 string 值。

注意，尽管 fstream 和 sstream 共享相同的基类，但它们没有其他相互关系。特别是，stringstream 对象不使用 open()函数 和 close() 函数，而 fstream 对象不允许使用 str()函数。

stringstream 特定的操作如表 12.4 所列。

表 12.4 stringstream 特定的操作

操　作	功能说明
stringstream strm;	创建自由的 stringstream 对象
stringstream strm(s);	创建存储 s 的副本的 stringstream 对象，其中 s 是 string 类型的对象
strm. str()	返回 strm 中存储的 string 类型对象
strm. str(s)	将 string 类型的 s 复制给 strm，返回 void

12.5.1 stringstream 对象的使用

前面已经见过以每次一个单词或每次一行的方式处理输入的程序。第一种程序用 string 输入操作符，第二种程序使用 getline() 函数。然而，有些程序需要同时使用这两种方式：有些处理基于每行实现，而其他处理则需要操纵每行中的每个单词。此时可用 stringstreams 对象实现：

```
string line,word;                     //这两个变量分别用于存储一行输入数据和一个字数据
while (getline(cin,line))
{
    //读取一行输入数据，并存储到变量 line 中
    istringstream stream(line); //将输入数据和读取的 line 绑定
    //填充每读一行数据后执行的程序
    while (stream >>  word){      //从 line 中读取一个字数据
        //填充每读一个字后数行的程序
    }
}
```

这里，使用 getline() 函数从输入读取整行内容，然后为了获得每行中的单词，将一个 istringstream 对象与所读取的行绑定起来，这样只需要使用普通的 string 输入操作符即可读出每行中的单词。

12.5.2 stringstream 提供的转换和/或格式化

stringstream 对象的一个常见用法是，在多种数据类型之间实现自动格式化。

例如，有一个数值型数据集合，要获取它们的 string 表示形式，或反之。sstream 输入和输出操作可自动地把算术类型转化为相应的 string 表示形式，反过来也可以。例如：

```
int val1 = 512,val2 = 1024;
ostringstream format_message;
//执行正确，将数据转化为一个字符串
format_message <<"val1: " <<val1 <<"\n"
<<"val2: " <<val2 <<"\n";
```

这里创建了一个名为 format_message 的 ostringstream 类型空对象，并将指定的内容插入该对象，重点在于 int 型值自动转换为等价的可打印的字符串。format_message 的内容是以下字符：

```
val1: 512\nval2: 1024
```

相反，用 istringstream 读 string 对象，即可重新将数值型数据找回来。读取 istringstream 对象自动地将数值型数据的字符表示方式转换为相应的算术值。例如：

```
//str 成员获取与 stringstream 相关联的字符串
istringstream input_istring(format_message.str());
string dump; //对象 dump 用于从格式化的消息中转储标签的位置
//提取存储的 ASCII 值，将其转换回算术类型
input_istring >> dump >> val1 >> dump >> val2;
cout <<val1 <<" " <<val2 <<endl; //prints 512 1024
```

这里使用 str 成员获取与之前创建的 ostringstream 对象关联的 string 副本，再将 input_istring 与 string 绑定起来。在读 input_istring 时，相应的值恢复为它们原来的数值型表示形式。为了读取 input_string，必须把该 string 对象分解为若干个部分。我们要的是数值型数据，为了得到它们，必须读取(和忽略)处于所需数据周围的标号。

因为输入操作符读取的是有类型的值，因此读入的对象类型必须与由 stringstream 读入的值的类型一致。在本例中，input_istring 分成 4 个部分：string 类型的值 val1，接着是 512，然后是 string 类型的值 val2，最后是 1024。一般情况下，使用输入操作符读 string 对象时，空白符将会被忽略。于是，在读与 format_message 关联的 string 对象时，将忽略其中的换行符。

12.6 小 结

C++ 使用标准库类处理输入和输出：

① iostream 类处理面向流的输入和输出；

② fstream 类处理已命名文件的 I/O；

③ stringstream 类处理内存中字符串的 I/O。

所有的这些类都是通过继承相互关联的。输入类继承了 istream，而输出类则继承了 ostream。因此，可在 istream 对象上执行的操作同样适用于 ifstream 或 istringstream 对象，而继承 ostream 的输出类也是类似的。所有 I/O 对象都有一组条件状态，用来指示是否可以通过该对象进行 I/O 操作。如果出现了错误（例如数据输入时遇到文件结束符），则将无法再进行输入，直到修正了错误为止。另外，C++标准库还提供了一组函数用于设置和检查这些状态。

第13章 容 器

C++的标准模板库(Standard Template Library,STL)提供给开发者很多便利的工具,比如容器、迭代器、函数对象和一些常用算法等。它不是面向对象的编程,而是一种新的编程模式:泛型编程(Generic Programming)。STL是C++标准库的组成部分,是很庞大且复杂的系统。

STL是惠普实验室开发的一系列软件的统称,是由Alexander Stepanov、Meng Lee和David R Musser开发出来的。虽说它现在主要出现在C++中,但在被引入C++之前该技术就已经存在了很长一段时间。STL的代码从广义上讲分为三类:algorithm(算法)、container(容器)和iterator(迭代器),几乎所有的代码都采用了模板类和模板函数的方式,相比于传统的由函数和类组成的库来说,其提供了更好的代码重用机会。在C++标准中,STL被组织为以下13个头文件:<algorithm><deque><functional><iterator><vector><list><map><memory><numeric><queue><set><stack><utility>。STL是一项比较新的技术,VC6是微软公司比较老的一款编译器,其对STL的支持并不是太好,因此,在本章学习时,推荐采用VS2019。

容器是一个可以存储数据的模板类,类似数组,其中数据可以是用户自定义类型(对象),也可以是预定义类型。那为什么要使用容器呢?我们知道,很多时候使用数组处理问题时比较烦琐,常用操作复用率太低,同样的数组操作每次都要重复写的话工作量太大。因此,STL在容器中封装了很多功能函数,这为我们存储数据、操作数据都提供了诸多便利。因此,用容器类可以提高编码的效率和整洁性。

C++中的容器STL是标准库std中的一部分,比如std中的队列和栈就是利用STL实现的。

13.1 容器概述

数据元素之间的相互联系方式称为数据的逻辑结构,也称为数据结构。按照数据的逻辑结构来分，有两种形式：线性结构和非线性结构。其中，线性结构是指除第一个和最后一个数据元素外，每个数据元素有且只有一个前驱元素和一个后继元素，而非线性数据结构则会有零个或多个前驱元素和零个或多个后继元素。

数据元素在计算机中的存储表示方式称为数据的存储结构，也称为物理结构。按照数据的存储结构来分，有两种类型：顺序存储结构和链式存储结构。其中，顺序存储结构是把数据元素存储在一块连续地址空间的内存中，其特点是逻辑上相邻的数据元素在物理上(即内存存储位置上)也相邻，数据间的逻辑关系表现在数据元素的存储位置关系上。链式存储结构的关键是使用节点，节点是由数据元素域与指针域组合的一个整体，指针将相互关联的节点衔接起来。其特点是逻辑上相邻的元素在物理上不一定相邻，数据间的逻辑关系表现在节点的衔接关系上。

容器是存储其他对象的对象。被存储的对象必须是同一种类型的，它们可以是OOP意义上的对象，也可以是内置类型值。存储在容器中的数据为容器所有，这意味着当容器过期时，存储在容器中的数据也将过期(然而，如果数据是指针的话，则它指向的数据并不一定过期)。

不能将任何类型的对象都存储在容器中，具体地说，类型必须是可复制构造的和可赋值的。基本类型满足这些要求；只要类定义没有将复制构造函数和赋值运算符声明为私有或保护的，也满足这种要求。C++ 11 改进了这些概念，添加了术语可复制插入(Copy Insertable)和可移动插入(Move Insertable)，但这里只进行简单的概述。

基本容器不能保证其元素都按特定的顺序存储，也不能保证元素的顺序不变，但对概念进行改进后则可以增加这样的保证。所有的容器都提供某些特征和操作。

C++中有两种类型的容器：顺序容器和关联容器。顺序容器主要有 vector、list 和 deque 等，其中，vector 表示一段连续的内存，基于数组实现；list 表示非连续的内存，基于链表实现；deque 与 vector 类似，但是对首元素提供插入和删除的双向支持。关联容器主要有 map 和 set，其中，map 是 key - value 形式，set 是单值。map 和 set 只能存放唯一的 key，multimap 和 multiset 可以存放多个相同的 key。

容器类自动申请和释放内存，因此无需 new 和 delete 操作，效果如表 13.1 所列。

表 13.1 容器分类

标准容器类	特 点
顺序性容器	
vector	从后面快速地插入与删除，直接访问任何元素
deque	从前面或后面快速地插入与删除，直接访问任何元素
list	双链表，从任何地方快速地插入与删除

续表 13.1

标准容器类	特　点
关联容器	
set	快速查找,不允许重复值
multiset	快速查找,允许重复值
map	一对多映射,基于关键字快速查找,不允许重复值
multimap	一对多映射,基于关键字快速查找,允许重复值
容器适配器	
stack	后进先出
queue	先进先出
priority_queue	最高优先级元素总是第一个出列

以下是C++标准库中实现的数据结构。

(1) vector

内部数据结构：数组。

随机访问每个元素,所需要的时间为常量。在末尾增加或删除元素所需时间与元素数目无关,在中间或开头增加或删除元素所需时间随元素数目呈线性变化。可动态增加或减少元素,内存管理自动完成,但程序员可以使用reserve()成员函数来管理内存。

vector的迭代器在内存重新分配时将失效(它所指向的元素在该操作的前后不再相同)。当把超过capacity()－size()个元素插入vector中时,内存会重新分配,所有的迭代器都将失效,否则指向当前元素以后的任何元素的迭代器都将失效。当删除元素时,指向被删除元素以后的任何元素的迭代器都将失效。

(2) deque

内部数据结构：数组。

随机访问每个元素,所需要的时间为常量。在开头和末尾增加元素所需时间与元素数目无关,在中间增加或删除元素所需时间随元素数目呈线性变化。可动态增加或减少元素,内存管理自动完成,不提供用于内存管理的成员函数。增加任何元素都将使deque的迭代器失效;在deque的中间删除元素将使迭代器失效;在deque的头或尾删除元素时,只有指向该元素的迭代器失效。

(3) list

内部数据结构：双向环状链表。

不能随机访问一个元素。可双向遍历,在开头、末尾和中间任何地方增加或删除元素所需时间都为常量。可动态增加或减少元素,内存管理自动完成。增加任何元素都不会使迭代器失效。删除元素时,除了指向当前被删除元素的迭代器外,其他迭代器都不会失效。

(4) slist

内部数据结构：单向链表。

不可双向遍历，只能从前到后遍历。其他的特性与 list 相似。

(5) stack

适配器，它可以将任意类型的序列容器转换为一个堆栈，一般使用 deque 作为支持的序列容器。元素只能后进先出(LIFO)，不能遍历整个 stack。

(6) queue

适配器，它可以将任意类型的序列容器转换为一个队列，一般使用 deque 作为支持的序列容器。元素只能先进先出(FIFO)，不能遍历整个 queue。

(7) priority_queue

适配器，它可以将任意类型的序列容器转换为一个优先级队列，一般使用 vector 作为底层存储方式。只能访问第一个元素，不能遍历整个 priority_queue。第一个元素始终是优先级最高的一个元素。

(8) set

键和值相等，键唯一，元素默认按升序排列。如果迭代器所指向的元素被删除，则该迭代器失效。其他任何增加、删除元素的操作都不会使迭代器失效。

(9) multiset

键可以不唯一，其他特点与 set 相同。

(10) hash_set

与 set 相比较，它里面的元素不一定是经过排序的，而是按照所用的 hash 函数分派的，它能提供更快的搜索速度(当然跟 hash 函数有关)。其他特点与 set 相同。

(11) hash_multiset

键可以不唯一，其他特点与 hash_set 相同。

(12) map

键唯一，元素默认按键的升序排列。如果迭代器所指向的元素被删除，则该迭代器失效。其他任何增加、删除元素的操作都不会使迭代器失效。

(13) multimap

键可以不唯一，其他特点与 map 相同。

(14) hash_map

与 map 相比较，它里面的元素不一定是按键值排序的，而是按照所用的 hash 函数分派的，它能提供更快的搜索速度(当然也与 hash 函数有关)。其他特点与 map 相同。

(15) hash_multimap

键可以不唯一，其他特点与 hash_map 相同。

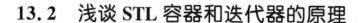

13.2 浅谈 STL 容器和迭代器的原理

13.2.1 STL 容器的原理

STL 管理数据十分方便，省去了我们自己构建数据结构的时间。其实，STL 的实现也是基于我们常见的数据结构的。

1. 序列式容器

① vector：数组，元素不够时再重新分配内存，复制原来数组的元素到新分配的数组中。

② deque：分配中央控制器 map（并非 map 容器），map 记录着一系列的固定长度的数组的地址。记住，该 map 保存的仅仅是数组的地址，真正的数据在数组中存放着。deque 先从 map 中央的位置（因为双向队列，前后都可以插入元素）找到一个数组地址，然后向该数组中放入数据，数组不够时继续在 map 中找空闲的数组来存数据。当 map 也不够时，重新分配内存当作新的 map，把原来 map 中的内容复制到新 map 中。所以，使用 deque 的复杂度要大于 vector，故尽量使用 vector。

③ stack：基于 deque。

④ queue：基于 deque。

⑤ heap：完全二叉树，使用最大堆排序，以数组（vector）的形式存放。

⑥ priority_queue：基于 heap。

⑦ slist：双向链表。

2. 关联式容器

① set、map、multiset 和 multimap：基于红黑树（RB－tree），一种加上了额外平衡条件的二叉搜索树。

② hash table：散列表。将待存数据的 key 经过映射函数变成一个数组（一般是 vector）的索引。例如：数据的 key％数组的大小＝数组的索引（一般文本通过算法也可以转换为数字），然后将数据当作此索引的数组元素。有些数据的 key 经过算法的转换可能是同一个数组的索引值（碰撞问题，可以用线性探测、二次探测来解决），STL 用开链的方法来解决，每一个数组的元素维护一个 list，它把相同索引值的数据存入一个 list，这样当 list 比较短时执行删除、插入和搜索等算法比较快。

③ hash_map、hash_set、hash_multiset 和 hash_multimap：基于 hash table。

13.2.2 STL 迭代器的原理

迭代器（iterator）是一种抽象的设计理念，通过迭代器可以在不了解容器内部原理的情况下遍历容器。除此之外，STL 中迭代器的一个最重要的作用就是作为容器（vector、list 等）与 STL 算法的黏结剂，只要容器提供迭代器的接口，同一套算法代码就可以应用在完全不同的容器中,这是抽象思想的经典应用。

迭代器的基本原理:

① 迭代器是一个“可遍历 STL 容器内全部或部分元素”的对象;

② 迭代器指出容器中的一个特定位置;

③ 迭代器就如同一个指针;

④ 迭代器提供对一个容器中的对象的访问方法,并且可以定义容器中对象的范围。

迭代器的类别:

① 输入迭代器:也称为“只读迭代器”,它从容器中读取元素,只能一次读入一个元素向前移动,只支持一遍算法,同一个输入迭代器不能两次遍历一个序列。

② 输出迭代器:也称为“只写迭代器”,它往容器中写入元素,只能一次写入一个元素向前移动,只支持一遍算法,同一个输出迭代器不能两次遍历一个序列。

③ 正向迭代器:组合输入迭代器和输出迭代器的功能,还可以多次解析一个迭代器指定的位置,可以对一个值进行多次读/写。

④ 双向迭代器:组合正向迭代器的功能,还可以通过操作符向后移动位置。

⑤ 随机访问迭代器:组合双向迭代器的功能,可以向前向后跳过任意个位置,还可以直接访问容器中任何位置的元素。

目前提到的容器有 vector、queue、deque、list、set、multiset、map 和 multimap 等,都支持双向迭代器或随机访问迭代器,下面将详细介绍这两个类别的迭代器。

(1) 双向迭代器支持的操作

双向迭代器支持的操作如下:

it++, ++it, it--, --it, *it, itA = itB,

itA == itB, itA != itB

其中,list、set、multiset、map 和 multimap 支持双向迭代器。

(2) 随机访问迭代器支持的操作

在双向迭代器支持的操作的基础上添加了以下功能:

it+=i, it-=i, it+i(或 it=it+i), it[i],

itA <itB, itA <=itB, itA > itB, itA >=itB

其中,vector 和 deque 支持随机访问迭代器,效果如图 13.1 所示。

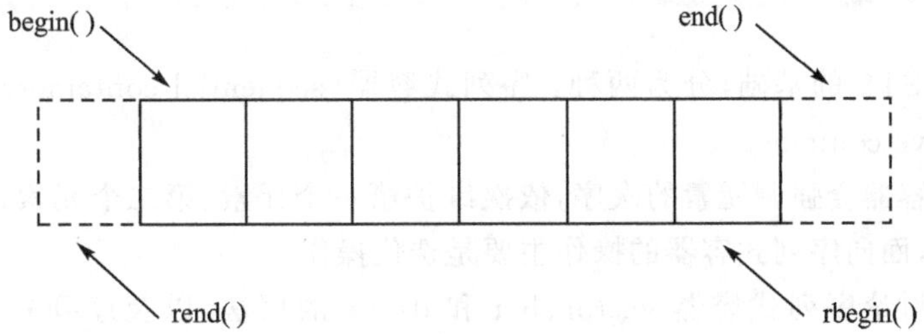

图 13.1 vector 与迭代器的配合使用

例如：

```
vector<int>  vecInt;               //假设包含1,3,5,7,9元素
vector<int>::iterator it;          //声明容器vector<int>的迭代器
it = vecInt.begin();               //*it == 1
++it;                              //或者为it++;  *it == 3,前++的效率比后++的
                                   //效率高,前++返回引用,后++返回值
it += 2;                           //*it == 7
it = it+1;                         //*it == 9
++it;                              //it == vecInt.end();  此时不能再执行*it,会出错
//正向遍历
for(vector<int>::iterator it=vecInt.begin(); it!=vecInt.end(); ++it)
{
    int iItem = *it;
    cout<<iItem;                   //或直接使用  cout<<*it;
}
//这样便打印出1,3,5,7,9
//逆向遍历
for(vector<int>::reverse_iterator rit=vecInt.rbegin(); rit!=vecInt.rend();
++rit)                             //注意,小括号内仍是++rit
{
    int iItem  = *rit;
    cout<<iItem;                   //或直接使用cout<<*rit;
}
//此时将打印出9,7,5,3,1
//注意,这里迭代器的声明采用vector<int>::reverse_iterator,而非vector<int>::
//iterator
//迭代器还有其他两种声明方法
vector<int>::const_iterator
vector<int>::const_reverse_iterator
/*以上两种分别是vector<int>::iterator与vector<int>::reverse_iterator的只读
形式,使用这两种迭代器时,不会修改到容器中的值。
备注：容器中的insert和erase方法仅接受这4种类型中的iterator,其他3种不支持。
Effective STL建议尽量使用iterator代替const_iterator、reverse_iterator和const_
reverse_iterator。*/
```

13.3 序列式容器

容器是STL的基础,分为两种：序列式容器(sequential container)和关联式容器(associative container)。

序列式容器会强调元素的次序,依次维护第一个元素、第二个元素、……直到最后一个元素,面向序列式容器的操作主要是迭代操作。

本节将讨论序列式容器vector、list和deque的用法,以及序列式容器的共同操作。

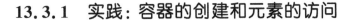

13.3.1 实践：容器的创建和元素的访问

使用序列式容器必须包含相关的头文件，vector、list 及 deque 分别对应："#include <vector>""#include <list>""#include <deque>"。

创建序列式容器的对象大体有以下 5 种方式：

① 创建空的容器，此时容器中的元素个数为 0。例如：

```
vector<int> obV;
list<float> obL;
deque<double> obD;
```

② 产生特定大小的容器，此时容器中的元素被创建，编译器使用默认值为元素隐式初始化，像 int、float 和 double 等内建的数据类型会被初始化为 0，对于类对象元素，将调用其无参构造函数（用户定义的或编译器默认提供的）或每个参数都有默认值的构造函数。例如：

```
vector<double> obV(10);      //vector 型对象 obV 中含 10 个 double 型元素，初始化为 0
list<int> obL(20);           //list 型对象 obL 中含 20 个 int 型元素，初始化为 0
deque<float> obD(30);        //deque 型对象 obD 中含 30 个 float 型元素，初始化为 0
```

③ 在②的基础上更进一步，创建特定大小的容器，并且为其中的每个元素指定初始值，此时在元素数量的参数后额外增加一个参数。例如：

```
vector<int> obV(10,8);             //10 个 int 型元素，每个都初始化为 8
list<double> obL(20,3.1);          //20 个 double 型元素，每个都初始化为 3.1
deque<string> obD(30,"Hello");     //30 个 string 型元素，每个都初始化为"Hello"
```

④ 根据已有同类型的容器创建新容器，并将其中的元素完全复制过来，设 obV1、obL1 和 obD1 都是现成的容器，里面存储的数据均为 int 型，则可用下述命令创建新容器：

```
vector<int> obV2(obV1);        //或 vector<int> obV2 = obV1;
list<int> obL2(obL1);          //或 list<int> obL2 = obL1;
deque<int> obD2(obD1);         //或 deque<int> obD2 = obD1;
```

⑤ 通过一对迭代器（可暂时理解为指针），使编译器决定元素的个数和初值。这对迭代器用于标识一组元素区间。例如：

```
int sz[5] = {11,2,3,4,45};
vector<int> obV(sz,sz + 5);
list<int> obL(sz,sz + 5);
deque<int> obD(sz,sz + 5);
```

vector 和 deque 类的容器创建后就可以通过容器名[下标]或容器名.at(序号)的形式对元素进行随机访问（这是因为这 2 种类模板对下标运算符[]进行了重载），也支持迭代器访问。

但 list 类的容器不支持下标运算符[]，无法使用[]对元素进行随机访问，但支持迭代器访问，例如：

```
list<int>::iterator iter = obL.begin();
```

【例 13.1】迭代器。

代码如下：

```
//1.1 容器的创建与元素的访问
#include <iostream>
#include <vector>
#include <list>
#include <deque>
using namespace std;
#define UINT unsigned int
int main()
{
    //1. 创建 vector 容器
    vector<int> obv;                              //创建一个空的 vector
    cout <<"obv 的元素个数为：" <<obv.size() <<endl <<endl;
                                                  //size()用于返回元素的个数
    //2. 创建 deque 容器
    double sz[5] = { 1,2,3,4,5 };                 //创建 double 型数组 sz
    deque<double> obD(sz,sz + 5);                 //创建 deque 型容器 obD,并用 sz 的首地址和
                                                  //末地址为其初始化
    //2.1 使用下标[]访问 deque 容器的元素
    for (UINT i = 0; i <obD.size(); i++) //对 obD 中的元素进行随机访问,下标表示法
    {
        cout <<obD[i] <<"  ";
    }
    cout <<endl;
    //2.2 使用迭代器访问 deque 容器的元素
    deque<double>::iterator id = obD.end();
    while (id != obD.begin())
    {
        id--;                         //注意,obD.end()指向的是最后一个元素的下一个迭代器
        cout <<( * id) <<"  ";
    }
    cout <<endl <<endl;                           //换行
    //3. 创建 list 容器
    list<float> obL(3,5);                         //创建一个容量为 3 的 list 型容器 obL,
                                                  //其中每个元素都初始化为 5
    //3.1 list 不支持下标访问
    //obL[0] = 3;                                 //错误,list 不支持下标访问
    //3.2 使用迭代器访问 list 容器的元素
    list<float>::iterator iter = obL.begin(); //创建 list<float> 型迭代器,类似
                                              //指针,并使其指向 obL 的第一个元素
    while (iter != obL.end())                     //while 结构,直到 iter 指向 obL 的尾部
    {
        ( * iter) += 2;                           //赋值
        cout <<( * iter) <<"  ";          //通过迭代器间接访问容器中的元素,与指针相似
        iter++;                                   //指向下一个元素
```

```
    }
    cout <<endl;                                    //换行
    //3.3 再创建一个 list 容器 obL2,将其内容与 obL 的内容进行交换
    list<float> obL2(4,9);
    obL.swap(obL2);
    //3.4 重新输出 obL 中的内容
    for (iter = obL.begin(); iter != obL.end(); iter++)
    {
        cout <<( *iter) <<"  ";
    }
    cout <<endl <<endl;                             //换行
    //4.
    system("pause");
    return 0;
}
```

13.3.2 所有容器的基本特征

例 13.1 中,obL. begin()返回的是指向容器第一个元素的迭代器,这是所有容器都支持的特征之一。

所有容器都支持的特征如表 13.2 所列,其中 ob、ob1 和 ob2 是容器对象名。

表 13.2 所有容器都支持的基本特征

表达式	返回值	说 明	复杂度
ob. begin()	迭代器	返回指向容器中第一个元素的迭代器	固定
ob. end()	迭代器	返回指向容器中末尾元素的下一个迭代器	固定
ob. size()	size_type	返回元素个数,等价于 ob. end()－ob. begin()	固定
ob1. swap(ob2)	void	交换 ob1 和 ob2 中的内容	固定
ob1＝ob2	bool	当 ob1 和 ob2 长度相同,且每个对应元素都相等时返回真	线性
ob1!＝ob2	bool	～(ob1＝＝ob2)	线性

13.3.3 实践:容器中元素的插入和删除

在创建普通数组时,需要指定元素的个数,元素的插入和删除很烦琐。但在序列式容器中,只要调用操作函数,所有的事情就都由 STL 类库自动完成,而且容器对象都能随着元素的插入和删除自动地增大或缩小。

下面介绍 5 类相关函数。

① 在容器尾部进行插入和删除(list、deque 和 vector 都适用):

```
void push_back(t)
//和
void pop_back(void);
```

【例 13.2】在容器尾部进行插入和删除。

代码如下：

```
//1-2 在容器尾部插入和删除元素
#include <iostream>
#include <vector>
#include <list>
#include <deque>
using namespace std;
int main()
{
    //0. 定义 vector 容器
    vector<int>::iterator it;
    vector<int> obV(3,1);            //创建一个 vector 类对象,包含 3 个 int 型元素,
                                     //每个元素都为 1
    //list<int>::iterator it;
    //list<int> obV(3,1);            //创建一个 vector 类对象,包含 3 个 int 型元素,
                                     //每个元素都为 1
    //deque<int>::iterator it;
    //deque<int> obV(3,1);           //创建一个 vector 类对象,包含 3 个 int 型元素,
                                     //每个元素都为 1
    //1. 在尾部插入元素
    obV.push_back(2);                //将 int 型数据安插在容器对象 obV 末尾
    //2. 输出,看是否安插成功
    it = obV.begin();
    while (it != obV.end())
    {
        cout<<(*it)<<"  ";           //输出处理,看是否安插成功
        it++;
    }
    cout<<endl;
    //3. 从尾部弹出元素
    obV.pop_back();                  //将最后一个元素弹出
    //4. 输出,看是否弹出成功
    it = obV.begin();
    while (it != obV.end())
    {
        cout<<(*it)<<"  ";           //输出处理,看是否弹出成功
        it++;
    }
    cout<<endl;
    getchar();
    return 0;
}
```

② 在容器头部进行插入和删除(list 和 deque 适用,vector 不适用)：

```
void push_front(t)
//和
void pop_front(void)
```

【例 13.3】在容器头部进行插入和删除。

代码如下：

```
#include <iostream>
#include <vector>
#include <list>
#include <deque>
using namespace std;
int main()
{
    //0. 定义 list 容器
    list<int>::iterator iter;
    int sz[5] = { 1,2,3,4,5 };
    list<int> obL(sz,sz + 5);              //创建一个 list 对象,包含 5 个 int 型元素
    //1. 在容器头部插入元素
    obL.push_front(9);//将 int 型数据安插在容器对象 obL 头部
    //2. 输出处理,看是否安插成功
    iter = obL.begin();
    while (iter != obL.end())
    {
        cout <<( * iter) <<"  ";           //输出处理,看是否安插成功
        iter++;
    }
    cout <<endl;
    //3. 从容器头部删除元素
    obL.pop_front();                       //将第一个元素弹出
    //4. 输出处理,看是否弹出成功
    iter = obL.begin();
    while (iter != obL.end())
    {
        cout <<( * iter) <<"  ";           //输出处理,看是否弹出成功
        iter++;
    }
    cout <<endl;
    //5. 上述插入操作对 list、vector 和 deque 三种容器都适合,可自行测试
    //测试结果表明 push_front()和 pop_front()只适用于 list 和 deque,不适用于 list
    getchar();
    return 0;
}
```

③ 获取容器头部和尾部元素(list、deque 和 vector 都适用)：

```
front(void)
//和
back(void)
```

【例 13.4】读取容器头部和尾部元素的值 front()、back()。

代码如下：

```
//同时适用于 list、vector 和 deque 三种容器
#include <iostream>
#include <vector>
#include <list>
#include <deque>                              //使用 deque 必须包含的头文件
using namespace std;
int main()
{
    double sz[6] = { 0,1,2,3,4,5 };
    deque<double> obD(sz,sz + 6);
    double dFront = obD.front();              //读取最前端元素的值
    double dBack = obD.back();                //读取最末端元素的值
    cout <<dFront <<endl;
    cout <<dBack <<endl;
    getchar();
    return 0;
}
```

④ 在容器中间插入元素。有如下 3 种重载形式：

第一种，将元素 t 插到 p 之前，返回的迭代器指向被插入的元素：

```
iterator insert(iterator p,elemType t);
```

第二种，在 p 之前插入 n 个 t，无返回值：

```
void insert(iterator p,int n,elemType t);
```

第三种，在 p 之前插入[first,last)之间的所有元素：

```
void insert(iterator p,iterator first,iterator last);
```

【例 13.5】容器的 3 种重载形式的插入操作。

代码如下：

```
#include <iostream>
#include <vector>
#include <list>
#include <deque>
using namespace std;
void disp(vector<int> & x)                //定义 disp()函数用以输出容器对象的所有元素
{
    vector<int>::iterator it = x.begin();
    while (it != x.end())
    {
        cout <<( * it) <<"  ";
        it ++ ;
    }
}
int main()
{
    //1. 创建一个 vector<int> 容器对象
```

```
    vector<int> obD(5,0);
    //2. insert()的重载形式
    vector<int>::iterator pD = obD.end();  //创建迭代器 pD
    pD = obD.insert(pD,1);          //在尾部插入元素,并使迭代器指向新插入的元素
    disp(obD);
    cout<<endl;
    //3. insert()的重载形式
    obD.insert(pD,2,3);             //在新插入的元素之前插入两个元素
    disp(obD);
    cout<<endl;
    //4. insert()的重载形式
    pD = obD.begin();               //很重要,插入后,原来的迭代器可能失效
    int sz[3] = { 7,8,9 };
    obD.insert(pD,sz,sz + 3);       //将两个指针(相当于迭代器)插入到头部
    disp(obD);
    cout<<endl;
    //5. 上述插入操作对 list、vector 和 deque 三种容器都适合,可自行测试
    getchar();
    return 0;
}
```

⑤ erase 删除操作,有以下 2 种重载形式:

第一种,删除迭代器 p 所指向的元素,返回 p 指向的下一个迭代器:

```
iterator erase(iterator p);
```

第二种,删除[first,last)之间的所有元素,返回 last 指向的下一个迭代器:

```
iterator erase(iterator first,iterator last);
```

【例 13.6】删除容器中间的元素。

代码如下:

```
#include<iostream>
#include<list>
using namespace std;
//定义 disp()函数用以输出容器对象的所有元素
void disp(list<int> & x)
{
    list<int>::iterator it = x.begin();
    for (; it != x.end(); it++)     //list 不支持下标随机访问
    {
        cout<<(*it)<<"  ";
    }
}
int main()
{
    //1. 创建容器
    int sz[9] = { 1,2,3,4,5,6,7,8,9 };
    list<int> obL(sz,sz + 9);       //使用两个迭代器(指针)创建 list<int>对象
    disp(obL);
```

```
    cout <<endl;
    //2. erase 重载版本
    list<int>::iterator iter = obL.begin();  //创建迭代器 iter,指向最前端元素
    iter++;                                  //指向第二个元素
    iter = obL.erase(iter);                  //将第二个元素抹掉,并用指向第三个元素的
                                             //迭代器为 iter 赋值
    disp(obL);
    cout <<endl;
    //3. erase 重载版本
    obL.erase(iter,obL.end());               //从第三个元素开始直到最后一个元素都抹掉
    disp(obL);
    cout <<endl;
    //4. clear
    obL.clear();
    cout <<"clear()后容器的元素个数为：" <<obL.size() <<endl;
    getchar();
    return 0;
}
```

⑥ clear 操作,用于将容器对象清空：

```
void clear(void);
```

用法很简单,不再举例,见例 13.6。

13.3.4 浅谈容器

(1) vector 容器

介绍完 vector、list 以及 deque 的通用用法,下面将分别讨论其特别之处。首先是 vector,字面翻译为向量,其用法类似于数组,但其功能比数组更强大。简单地说,vector 是数组的类表示,它实现了自动管理内存的功能,可以动态改变 vector 对象的长度,并随着元素的增删而增大或缩小,提供了对元素的随机访问。与数组一样,在 vector 尾部添加和删除元素(push_back 和 pop_back)的时间是固定的,但在 vector 中间或头部增删元素(insert,erase)的时间和复杂度线性正比于 vector 容器对象中元素的多少。

(2) deque 容器

deque 表示双端队列(double-ended queue),deque 容器对象支持下标随机访问。在 deque 头部和尾部添加和删除元素时的时间都是固定的,因此,如果有很多操作是针对序列的头部位置的,则建议使用 deque 容器。但是,如果是在 deque 的中间进行元素的增删处理,那么操作的复杂度和时间正比于 deque 对象中元素的多少。

(3) list 容器

list 类模板表示双向链表,除了首尾元素外,list 容器对象中的每个元素都和前面的元素相链接。list 不支持下标随机访问,只能通过迭代器双向遍历。

与 vector 和 deque 不同的是,在 list 的任何位置增删元素的时间都是固定的。

说明：除了上述介绍的基本操作外,序列式容器还有其他用于特定场合的成员

函数操作，限于篇幅，本章只对 STL 作入门式介绍，更详细的内容可查阅相关资料。

13.4 关联式容器

关联式容器(associative)又称“联合容器”，将值(value)和关键字(keyword)成对关联。举例来说，在学生管理系统设计时，可以将学号作为关键字，起索引的作用，而将学生姓名、性别、籍贯等信息作为值与学号配对。

标准的 STL 提供了 4 种联合容器类模板：set、map、multiset 和 multimap。总体来说，set 中仅仅包含关键字，而没有值的概念，map 中存储的是“关键字-值”对，map 和 set 中不会出现多个相同的关键字；multiset 和 multimap 可以分别看作是对 set 和 map 的扩展，multimap 和 multiset 允许相同关键字的存在。

4 种关联式容器都会根据指定的或默认的排列函数，以关键字为索引，对其中的元素进行排序。

使用 set 容器必须包含“#include <set>”。

其使用形式如下：

set <存储类型[,排序函数或对象]> 容器对象名；

其中，第 1 个参数用以指定存储类型；第 2 个参数是可选的，用来指定对关键字进行排序的函数或函数对象(函数对象后面介绍)。在默认情况下，将使用 less <> 函数模板，字面意义上可理解为按从小到大的顺序进行排列。

根据 set 的特点，STL 提供了 3 种创建 set 的方式：

① 创建空 set 容器对象，如：

```
set<int> obS;
```

② 将迭代器的区间作为参数的构造函数，如：

```
int sz[9] = {1,2,3,4,5,6,3,5,6};
set<int> A(sz,sz+9);
```

③ 根据已有同类型的容器创建新容器，如：

```
set<int> B(A);
```

set 不支持[]下标式的随机访问，必须通过迭代器访问元素。

【例 13.7】set 容器的使用。

代码如下：

```
//set 容器的使用
#include <iostream>
#include <set>                        //使用 set 必须包括此头文件
using namespace std;
int main()
{
```

```
    int sz[9] = { 2,1,3,5,4,6,3,5,6 };  //定义 int 型数组,数组名相当于指针(迭代器)
    set<int> A(sz,sz + 9);              //将迭代器区间作为参数创建容器对象 A
    cout <<A.size() <<endl;             //输出 A 中元素的个数
    set<int>::iterator it = A.begin();     //创建 set<int>::iterator 迭代器 it,
                                           //指向 A 头部
    while (it != A.end())               //输出全部元素
    {
        cout <<( *it) <<"  ";
        it++;
    }
    cout <<endl;
    getchar();
    return 0;
}
```

13.4.1 实践:multiset 容器

使用 multiset 需要包含头文件<set>。multiset 的创建方式与 set 相同,也是 3 种方式。multiset 与 set 的不同之处在于,其允许出现相同的关键字。例 13.8 和例 13.7 几乎完全一样,不同的是将 set 换成了 multiset,以帮助读者理解两者的不同。

【例 13.8】multiset 容器的使用。

代码如下:

```
//multiset 容器的使用
#include <iostream>
#include <set>                        //使用 set 必须包括此头文件
using namespace std;
int main()
{
    int sz[9] = { 2,1,3,5,4,6,3,5,6 };
    //定义 int 型数组,数组名相当于指针(迭代器)
    multiset<int> A(sz,sz + 9);
    //将迭代器区间作为参数创建容器对象 A
    cout <<A.size() <<endl;
    //输出 A 中元素的个数
    multiset<int>::iterator it = A.begin();
    //创建 multiset<int>::iterator 迭代器 it,指向 A 头部
    while (it != A.end())             //输出全部元素
    {
        cout <<( *it) <<"  ";
        it++;
    }
    cout <<endl;
    getchar();
    return 0;
}
```

13.4.2 实践：map容器

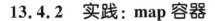

使用map必须包括头文件<map>。map的元素是一对对的“关键字-值”组合，“关键字”用于搜寻，而“值”用于表示要存取的数据。在map容器中，每个关键字只能出现一次，不能重复。

可使用模板类pair<class T1,class T2>来表示map容器中形如“关键字-值”的每个元素。如下述语句就生成了map容器对象的一个元素t：

```
pair<const int,string> t(600036,"招商银行");
cout<<t.first<<t.second<<endl;
//t.first表示600036,t.second表示"招商银行"
```

也可以创建pair<class T1,class T2>的匿名元素：

```
pair<const int,string>(600036,"招商银行");
```

const表示关键字是只读的。

创建map容器对象的格式如下，各参数含义与set的类似：

map<关键字类型，值类型[，排序函数或对象]> 容器对象名；

创建方式也是3种，如下：

① 创建空map容器对象，如：

```
map<int,string> obM;
```

② 将迭代器的区间作为参数的构造函数，如：

```
pair<int,string> sz[4]={
pair<int,string>(1,"北京"),pair<int,string>(2,"深圳"),
pair<int,string>(3,"广州"),pair<int,string>(2,"苏州")};
map<int,string> obM(sz,sz+4);
```

③ 根据已有同类型的容器创建新容器：

```
map<int,string> B(A);
```

map支持[]下标式的随机访问，也支持迭代器访问元素。

【例13.9】map容器的使用。

代码如下：

```
//map容器的使用
#include <iostream>
#include <map>                          //使用map容器要包含的头文件
#include <string>                       //使用string类要包含的头文件
using namespace std;
//#define T pair<int,string>
int main()
{
    //pair<int,string>模板类的用法
    pair<int,string> t(9,"Asia");
```

```
    cout <<t.first <<" " <<t.second <<endl <<endl;
    //创建 pair<int,string>型数组
    pair<int,string> sz[4] = { pair<int,string>(9,"Asia"),pair<int,string>
                               (4,"Africa"),
                               pair<int,string>(1,"Euro"),pair<int,string>
                               (4,"America") };
    map<int,string> obM(sz,sz + 4);  //用迭代器区间构造 obM
    cout <<obM.size() <<endl;        //输出 obM 中的元素个数
    map<int,string>::iterator it = obM.begin();  //创建 map<int,string>模板类
                                                 //的迭代器,指向 obM 的头部
    while (it != obM.end())          //按顺序逐个输出 obM 中的元素
    {
        cout <<(*it).first <<": " <<(*it).second <<endl;
        it++;
    }
    getchar();
    return 0;
}
```

13.4.3 实践：multimap 容器

multimap 与 map 的关系类似于 multiset 与 set 的关系，使用 multimap 同样需要包含头文件<map>，multimap 的创建方式与 map 相同，有 3 种方式。multimap 与 map 的不同之处在于其允许出现相同的元素。

例 13.10 和例 13.9 几乎完全一样，不同的是将 map 换成了 multimap，以帮助读者理解两者的不同。

【例 13.10】multimap 的使用。

代码如下：

```
//multimap 容器的使用
#include <iostream>
#include <map>                              //使用 map 容器要包含的头文件
#include <string>                           //使用 string 类要包含的头文件
using namespace std;
//#define T pair<int,string>
int main()
{
    //pair<int,string>模板类的用法
    pair<int,string> t(9,"Asia");
    cout <<t.first <<" " <<t.second <<endl <<endl;
    //创建 pair<int,string>型数组
    pair<int,string> sz[4] = { pair<int,string>(9,"Asia"),pair<int,string>
                               (4,"Africa"),
                               pair<int,string>(1,"Euro"),pair<int,string>
                               (4,"America") };
```

```
    multimap<int,string> obM(sz,sz + 4);    //用迭代器区间构造 obM
    cout <<obM.size() <<endl;               //输出 obM 中的元素个数
    multimap<int,string>::iterator it = obM.begin();
                        //创建 multimap<int,string>模板类的迭代器,指向 obM 的头部
    while (it != obM.end())                 //按顺序逐个输出 obM 中的元素
    {
        cout <<(*it).first <<": " <<(*it).second <<endl;
        it++;
    }
    getchar();
    return 0;
}
```

13.5 堆栈容器

13.5.1 queue(队列) 和 stack(栈)

13.5.1.1 FIFO queue

queue 是一种容器适配器,专门设计用于在 FIFO 上下文中(先进先出)操作,其中元素从容器的一端插入并从另一端提取。

queue 是使用特定容器类的封装对象作为其底层容器的类,提供一组特定的成员函数来访问其元素。元素被推入特定容器的"后面"并从其"前面" 弹出。

底层容器可以是标准容器类模板或其他一些专门设计的容器类。该底层容器应至少支持以下几种操作:

① empty;

② size;

③ front;

④ back;

⑤ push_back;

⑥ pop_front。

标准容器类 deque 和 list 满足这些需求。默认情况下,如果没有为特定队列类实例化指定容器类,则使用标准容器 deque。

13.5.1.2 LIFO stack

stack 也是一种容器适配器,专门设计用于在 LIFO 上下文中(后进先出)操作,其中元素仅从容器的一端插入和提取。

stack 是使用特定容器类的封装对象作为其底层容器的类,提供一组特定的成员函数来访问其元素。从特定容器的"后面" 送入/弹出元素,该容器称为栈的顶部(top)。

底层容器可以是任何标准容器类模板或其他一些专门设计的容器类。容器应支持以下操作：

① empty；

② size；

③ back；

④ push_back；

⑤ pop_back。

13.5.2 堆栈容器相关函数

堆栈容器相关函数的对比如表 13.3 所列。

表 13.3 堆栈容器相关函数的对比

queue		stack	
empty	判空	empty	判空
size	元素数量	size	元素数量
front	访问队头元素	top	访问栈顶元素
back	访问队尾元素	—	—
push	在队尾压入元素	push	在栈顶压入元素
pop	在队头弹出元素	pop	在栈顶弹出元素

函数详解如下：

(1) std::queue::front / back

```
value_type&front();
value_type&back();
```

说明：

① 访问队首/尾元素，返回对队列中队首/尾元素的引用；

② 队首元素是队列中“最老”的元素，当调用 queue::pop 时，从队列中弹出的元素也是这个元素；

③ 队尾元素是队列中“最新”的元素(即最后一个被推入队列中的元素)。

例如：

```
//queue::front / back
#include <iostream>                              //std::cout
#include <queue>                                 //std::queue
int main ()
{
    std::queue<int> myqueue;
    myqueue.push(77);
```

```
    myqueue.push(16);
    myqueue.front() -= myqueue.back();        //77 - 16 = 61
    std::cout <<"myqueue.front() is now " <<myqueue.front() <<'\n';
    return 0;
}
/* ========================================
函数输出: myqueue.front() is now 61
========================================*/
```

(2) std::queue::push/pop

```
void push(const value_type&val);
//val - 插入元素初始化的值
//成员类型 value_type 是容器中元素的类型(定义为第一个类模板参数的别名,T)
void pop();
```

说明:

① push:在结尾插入一个新元素队列,在其当前最后一个元素之后。此新元素的内容初始化为 val。

② pop:删除队列中的队首元素,使其大小缩小一位。删除的元素是队列中"最老"的元素,其值可以通过调用成员 queue::front 来检索。

例如:

```
//queue::push/pop
#include <iostream>          //std::cin,std::cout
#include <queue>             //std::queue
int main ()
{
    std::queue <int > myqueue;
    int myint;
    std::cout <<"Please enter some integers (enter 0 to end):\n";
    do {
        std::cin >> myint;
        myqueue.push (myint);
    } while (myint);
    std::cout <<"myqueue contains: ";
    while (! myqueue.empty())
    {
        std::cout <<' ' <<myqueue.front();
        myqueue.pop();
    }
    std::cout <<'\n';
    return 0;
}
```

(3) std::stack::top

```
value_type&front();
```

说明:

① 访问栈顶元素,返回栈顶元素的引用。

② 由于栈是后进先出容器，因此顶部元素是插入栈的最后一个元素。

例如：

```
//stack::top
#include <iostream>          //std::cout
#include <stack>             //std::stack
int main ()
{
    std::stack<int> mystack;
    mystack.push(10);
    mystack.push(20);
    mystack.top() -= 5;
    std::cout <<"mystack.top() is now " <<mystack.top() <<'\n';
    return 0;
}
//output:
//mystack.top() is now 15
```

(4) std::stack::push / pop

```
void push(const value_type&val);
//val - 插入元素初始化的值
//成员类型 value_type 是容器中元素的类型(定义为第一个类模板参数的别名,T)
void pop();
```

说明：

① push：插入元素，在栈顶部插入一个新元素，高于其目前的顶级元素。此新元素的内容初始化为 val 的副本。

② pop：删除元素，删除栈顶元素。

```
//stack::push/pop
#include <iostream>          //std::cout
#include <stack>             //std::stack
int main ()
{
    std::stack<int> mystack;
    for (int i=0; i<5; ++i) mystack.push(i);
    std::cout <<"Popping out elements...";
    while (!mystack.empty())
    {
        std::cout <<' ' <<mystack.top();
        mystack.pop();
    }
    std::cout <<'\n';
    return 0;
}
//output:
//Popping out elements... 4 3 2 1 0
```

第 14 章 STL 泛型算法

标准库中，对于容器定义的操作非常少。标准库没有给容器添加大量的功能函数，而是选择提供一组算法，这些算法大都不依赖特定的容器类型，是"泛型"的，可作用在不同类型的容器和不同类型的元素上。泛型算法以及对迭代器更详尽的描述组成了本章的主题。

标准容器(standard container)定义了很少的操作。大部分容器都支持添加和删除元素，访问第一个和最后一个元素，获取容器的大小并在某些情况下重设容器的大小，以及获取指向第一个元素和最后一个元素的下一位位置的迭代器。

可以想象，用户可能还希望对容器元素进行更多其他有用的操作：也许需要给顺序容器排序，或者查找某个特定的元素，或者查找最大或最小的元素，等等。标准库并没有为每种容器类型都定义实现这些操作的成员函数，而是定义了一组泛型算法：因为它们实现共同的操作，所以称之为"算法"；而"泛型"指的是它们可以操作在多种容器类型上，不但可作用于 vector 或 list 这些标准库类型，还可用在内置数组类型，甚至其他类型的序列上，这些将在本章的后续内容中了解。自定义的容器类型只要与标准库兼容，同样可使用这些泛型算法。

大多数算法都是通过遍历由两个迭代器标记的一段元素来实现其功能。典型情况下，算法在遍历一段元素范围时，操纵其中的每一个元素。算法通过迭代器访问元素，这些迭代器标记了要遍历的元素范围。

14.1 算法概述

假设有一个 int 的 vector 对象，名为 vec，我们想知道其中包含某个特定值。解决这个问题最简单的方法是使用标准库提供的 find 运算：

```
//设定相应的值
int search_value = 42;
```

```
    //查看对应的值是否存在
    vector<int>::const_iterator result = find(vec.begin(),vec.end(),search_value);
    //返回结果
    cout<<"The value "<<search_value<<(result == vec.end() ? " is not present" : " is
present")<<endl;
```

使用两个迭代器和一个值调用 find() 函数,检查两个迭代器实参标记范围内的每一个元素。只要找到与给定值相等的元素,find() 函数就会返回指向该元素的迭代器。如果没有匹配的元素,find() 函数就返回它的第二个迭代器实参,表示查找失败。于是,只要检查该函数的返回值是否与它的第二个实参相等,就可得知元素是否找到了。我们在输出语句中使用条件操作符实现这个检查并报告是否找到了给定值。

由于 find 运算是基于迭代器的,因此可在任意容器中使用相同的 find() 函数查找值。例如,可在一个名为 lst 的 int 型 list 对象上使用 find() 函数查找一个值:

```
    //查找列表中的元素
    list<int>::const_iterator result = find(lst.begin(),lst.end(),search_value);
    cout<<"The value "<<search_value<<(result == lst.end() ? " is not present" : " is
present")<<endl;
```

除了 result 的类型和传递给 find 的迭代器类型之外,这段代码与使用 find()函数在 vector 对象中查找元素的程序完全相同。

类似地,由于指针的行为与作用在内置数组上的迭代器一样,因此也可以使用 find()函数来搜索数组:

```
    int ia[6] = {27,210,12,47,109,83};
    int search_value = 83;
    int *result = find(ia,ia + 6,search_value);
    cout<<"The value "<<search_value<<(result == ia + 6 ? " is not present" : " is
present")<<endl;
```

这里给 find() 函数传递了两个指针:指向 ia 数组中第一个元素的指针,以及指向 ia 数组起始位置之后第 6 个元素的指针(即 ia 的最后一个元素的下一位置)。如果返回的指针等于 ia + 6,那么搜索不成功;否则,返回的指针指向找到值。

如果需要传递一个子区间,则传递指向这个子区间的第一个元素以及最后一个元素的下一位置的迭代器(或指针)。例如,在下面对 find() 函数的调用中,只搜索了 ia[1]和 ia[2]:

```
    //搜索元素
    int *result = find(ia + 1,ia + 3,search_value);
```

14.2 容器相关算法

14.2.1 初窥算法

在研究算法标准库的结构之前,先看一些例子。14.1 节已经介绍了 find() 函数的用法，本节将要使用其他算法。使用泛型算法必须包含头文件：＃include <algorithm>。

标准库还定义了一组泛化的算术算法(generalized numeric algorithm)，其命名习惯与泛型算法相同。使用这些算法必须包含头文件：＃include <numeric>。

除了少数例外情况之外，所有算法都在一段范围内的元素上操作，我们将这段范围称为“输出范围(input range)”。带有输入范围参数的算法总是使用头两个形参标记该范围。这两个形参是分别指向要处理的第一个元素和最后一个元素的下一位置的迭代器。

尽管大多数算法对输入范围的操作是类似的，但在该范围内如何操纵元素却有所不同。理解算法的最基本方法是了解该算法是否读元素、写元素或者对元素进行重新排序。在本节的后续内容中将会观察到一些算法的例子。

14.2.2　只读算法

许多算法只会读取其输入范围内的元素，而不会写这些元素。find 就是一个这样的算法。另一个简单的只读算法是 accumulate，该算法在 numeric 头文件中定义。假设 vec 是一个 int 型的 vector 对象，下面的代码：

```
//将 sum 设置为 vec 的元素之和再加上 42
int sum = accumulate(vec.begin(),vec.end(),42);
```

将 sum 设置为 vec 的元素之和再加上 42。accumulate 带有 3 个形参，头两个形参指定要累加的元素范围，第三个形参则是累加的初值。accumulate 将它的一个内部变量设置为指定的初值，然后在此初值上累加输入范围。

用于指定累加起始值的第三个实参是必要的，因为 accumulate 对将要累加的元素类型一无所知，因此，除此之外，没有别的办法创建合适的起始值或者关联的类型。

accumulate 对要累加的元素类型一无所知，这个事实有两层含义：首先，调用该函数时必须传递一个起始值，否则，accumulate 将不知道使用什么起始值；其次，容器内的元素类型必须与第三个实参的类型匹配，或者可转换为第三个实参的类型。在 accumulate 内部，第三个实参用作累加的起点；容器内的元素按顺序连续累加到总和之中。因此，必须能够将元素类型加到总和类型上。

考虑下面的例子，可以使用 accumulate 把 string 型的 vector 容器中的元素连接起来：

```
//把 string 型的 vector 容器中的元素连接起来，并将连接后的字符串赋给 sum
string sum = accumulate(v.begin(),v.end(),string(""));
```

这个函数调用的效果是：从空字符串开始，把 v 里的元素连接成一个字符串。注意：程序显式地创建了一个 string 对象，用该函数调用的第三个实参。传递一个字符串字面值，将会导致编译时错误。因为此时累加和的类型将是 const char *，而 string 的加法操作符所使用的操作数则分别是 string 和 const char * 类型，加法的结果将产生一个 string 对象,而不是 const char * 指针。

除了 find 之外,标准库还定义了其他一些更复杂的查找算法,其中一部分类似 string 类的 find 操作,例如 find_first_of() 函数。这个算法带有两对迭代器参数来标记两段元素范围,在第一段范围内查找与第二段范围中任意元素匹配的元素,然后返回一个迭代器,指向第一个匹配的元素。如果找不到元素,则返回第一个范围的 end 迭代器。假设 roster1 和 roster2 是两个存放名字的 list 对象,则可使用 find_first_of()函数统计有多少个名字同时出现在这两个列表中:

```
    size_t cnt = 0;
    list<string>::iterator it = roster1.begin();
    //查找同时存在于 roster1 和 roster2 的名字
    while ((it = find_first_of(it,roster1.end(),roster2.begin(),roster2.end())) !=
roster1.end())
    {
        ++cnt;
        //将 it 加 1,用于查找 roster1 中的下一个元素
        ++it;
    }
    cout <<"Found " <<cnt <<" names on both rosters" <<endl;
```

调用 find_first_of() 函数查找 roster2 中是否有与第一个范围内的元素匹配的元素,也就是在 it 到 roster1.end() 的范围内查找一个元素。该函数返回此范围内第一个同时存在于第二个范围中的元素。在 while 的第一次循环中,遍历整个 roster1 范围。第二次以及后续的循环迭代则只考虑 roster1 中尚未匹配的部分。

循环条件检查 find_first_of() 函数的返回值,判断是否找到匹配的名字。如果找到一个匹配,则使计数器加 1,同时给 it 加 1,使它指向 roster1 中的下一个元素。很明显,当不再有任何匹配时,find_first_of()函数返回 roster1.end(),完成统计。

通常,泛型算法都是在标记容器(或其他序列)内的元素范围的迭代器上操作的。标记范围的两个实参类型必须精确匹配,而迭代器本身必须标记一个范围:它们必须指向同一个容器中的元素(或者超出容器末端的下一位置),并且如果两者不相等,则第一个迭代器必须通过不断地自增来到达第二个迭代器。

有些算法,例如 find_first_of()函数,带有两对迭代器参数。在每对迭代器中,两个实参的类型必须精确匹配,但不要求两对之间的类型匹配。特别是,元素可存储在不同类型的序列中,只要这两个序列的元素可以比较即可。

在上述程序中,roster1 和 roster2 的类型不必精确匹配:roster1 可以是 list 对象,而 roster2 可以是 vector 对象、deque 对象或者是其他后面要学到的序列。只要这两个序列的元素可以使用相等操作符(==)进行比较即可。如果 roster1 是 list<string> 对象,则 roster2 可以是 vector<char *> 对象,因为 string 标准库为 string 对象与 char * 对象定义了相等操作符(==)。

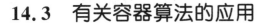

14.3　有关容器算法的应用

14.3.1　写容器元素算法的应用

一些算法写入元素值，在使用这些算法写元素时要当心，必须确保算法所写的序列至少足以存储要写入的元素。

有些算法直接将数据写入输入序列；另外一些算法则带有一个额外的迭代器参数来指定写入目标，这类算法将目标迭代器用作输出的位置；还有第三种算法，就是将指定数目的元素写入某个序列。

14.3.1.1　写入输入序列的元素

写入输入序列的算法本质上是安全的——只会写入与指定输入范围数量相同的元素。

写入输入序列的一个简单算法是 fill() 函数，考虑如下例子：

```
fill(vec.begin(),vec.end(),0);        //将每个元素赋值为 0
//设置输入序列的范围为 10
fill(vec.begin(),vec.begin() + vec.size()/2,10);
```

fill()函数带有一对迭代器形参，用于指定要写入的范围，而所写的值是它的第三个形参的副本。执行时，将该范围内的每个元素都设为给定的值。如果输入范围有效，则可安全写入。这个算法只会对输入范围内已存在的元素进行写入操作。

14.3.1.2　不检查写入操作的算法

fill_n() 函数带有的参数包括：一个迭代器、一个计数器以及一个值。该函数从迭代器指向的元素开始，将指定数量的元素设置为给定的值。fill_n() 函数假定对指定数量的元素做写操作是安全的。初学者常犯的错误是：在没有元素的空容器上调用 fill_n() 函数(或者类似的写元素算法)。

```
vector<int> vec;       //定义一个空的容器 vec
//试图往容器 vec 中填充 10 个(不存在的)元素
fill_n(vec.begin(),10,0);
```

这个 fill_n() 函数的调用将带来灾难性的后果。我们指定要写入 10 个元素，但这些元素却不存在——vec 是空的。其结果未定义，很可能导致严重的运行时错误。

对指定数目的元素做写入运算，或者写到目标迭代器的算法，都不检查目标的大小是否足以存储要写入的元素。

14.3.1.3　引入 back_inserter()函数

确保算法有足够的元素存储输出数据的一种方法是使用插入迭代器。插入迭代器是可以给基础容器添加元素的迭代器。通常，用迭代器给容器元素赋值时，被赋值的是迭代器所指向的元素。而使用插入迭代器赋值时，则会在容器中添加一个新元素，其值等于赋值运算的右操作数的值。

为了说明如何安全使用写容器的算法，下面将使用 back_inserter()函数。使用 back_inserter()函数的程序必须包含 iterator 头文件。back_inserter() 函数是迭代器适配器。与容器适配器一样，迭代器适配器使用一个对象作为实参，并生成一个适应其实参行为的新对象。在本例中，传递给 back_inserter()函数的实参是一个容器的引用。back_inserter()函数生成一个绑定在该容器上的插入迭代器。在试图通过这个迭代器给元素赋值时，赋值运算将调用 push_back() 函数在容器中添加一个具有指定值的元素。使用 back_inserter() 函数可以生成一个指向 fill_n() 函数写入目标的迭代器：

```
vector<int> vec;                        //定义一个空的容器 vec
//正确操作：用 back_inserter 创建一个插入迭代器，将元素添加到 vec
fill_n (back_inserter(vec),10,0);       //为容器 vec 添加 10 个元素
```

现在，fill_n() 函数每写入一个值，都会通过 back_inserter() 函数生成的插入迭代器实现。效果相当于在 vec 上调用 push_back()函数，在 vec 末尾添加 10 个元素，每个元素的值都是 0。

14.3.1.4 写入目标迭代器的算法

第三类算法向目标迭代器写入未知个数的元素。正如 fill_n() 函数一样，目标迭代器指向存放输出数据的序列中的第一个元素。这类算法中最简单的是 copy() 函数。copy()函数带有 3 个迭代器参数：头两个指定输入范围，第三个则指向目标序列的一个元素。传递给 copy()函数的目标序列至少要与输入范围一样大。假设 ilst 是一个存放 int 型数据的 list 对象，可按如下操作将它复制给一个 vector 对象：

```
vector<int> ivec;        //定义一个空的容器 vec
//从容器 ilst 中获取元素，复制到容器 vec 中
copy (ilst.begin(),ilst.end(),back_inserter(ivec));
```

copy()函数从输入范围中读取元素，然后将它们复制给目标 ivec。当然，这个例子的效率比较差。通常，如果要以一个已存在的容器为副本创建新容器，更好的方法是直接用输入范围作为新构造容器的初始化式：

```
//下方的复制方式更好
vector<int> ivec(ilst.begin(),ilst.end());
```

14.3.1.5 算法的_copy 版本

有些算法提供所谓的“复制(copying)”版本。这些算法对输入序列的元素做出处理，但不修改原来的元素，而是创建一个新序列存储元素的处理结果。

replace 算法就是一个很好的例子。该算法对输入序列做读/写操作，将序列中特定的值替换为新的值。该算法带有 4 个形参：一对指定输入范围的迭代器和两个

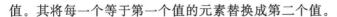

值。其将每一个等于第一个值的元素替换成第二个值。

```
//将容器 ilst 中数值为 0 的元素替换为 42
replace(ilst.begin(),ilst.end(),0,42);
```

这个调用将所有值为 0 的实例替换成 42。如果不想改变原来的序列，则调用 replace_copy()函数。这个算法接受第三个迭代器实参，指定保存调整后序列的目标位置。

```
//创建一个空容器 ivec 用于存储替换的数据
vector<int> ivec;
//根据需要使用函数 back_inserter()为容器扩容
replace_copy (ilst.begin(),ilst.end(),back_inserter(ivec),0,42);
```

调用该函数后，ilst 没有改变，ivec 存储 ilst 的一份副本，而 ilst 内所有的 0 在 ivec 中都变成了 42。

14.3.2　巧用容器元素重新排序的算法

假设我们要分析一组儿童故事中所使用的单词。例如，可能想知道它们使用了多少个由 6 个或以上字母组成的单词。每个单词只统计一次，不考虑它出现的次数，也不考虑它是否在多个故事中出现。要求以长度的大小输出这些单词，对于同样长的单词，则以字典顺序输出。

假定每本书的文本已经读入并保存在一个 string 类型的 vector 对象中，它的名字是 words。现在，应该如何解决“统计某个单词出现次数”这个问题呢？为了解此问题，要做下面几项操作：

① 去掉所有重复的单词；

② 按单词的长度排序；

③ 统计长度等于或超过 6 个字符的单词个数。

上述每一步都可使用泛型算法实现。

为了说清楚，使用下面这个简单的故事作为我们的输入：

```
the quick red fox jumps over the slow red turtle
```

对于这个输入，我们的程序应该产生如下输出：

```
1 word 6 characters or longer
```

14.3.2.1　去除重复

假设输入存储在一个名为 words 的 vector 对象中，第一个子问题是将 words 中重复出现的单词去掉：

```
//按字母顺序排列，这样就能找到重复的单词
sort(words.begin(), words.end());
/* 消除重复的单词
 * 重新对单词排序，使每个单词仅出现一次，并返回唯一范围后面的迭代器
```

```
 * 使用 erase()函数删除重复的元素
 */
vector<string>::iterator end_unique = unique(words.begin(),words.end());
words.erase(end_unique,words.end());
```

vector 对象包含每个故事中使用的所有单词。首先对此 vector 对象排序。sort 算法带有两个迭代器实参，指出要排序的元素范围。这个算法使用小于操作符(<)比较元素。在本次调用中，要求对整个 vector 对象排序。

调用 sort() 函数后，此 vector 对象的元素按字典顺序排序：

```
fox jumps over quick red red slow the the turtle
```

注意：单词 red 和 the 重复出现了。

14.3.2.2 unique 的使用

单词按字典顺序排序后，现在的问题是：让故事中所用到的每个单词都只保留一个副本。unique 算法很适用于解决这个问题，它带有两个指定元素范围的迭代器参数。该算法删除相邻的重复元素，然后重新排列输入范围内的元素，并且返回一个迭代器，表示无重复的值范围的结束。

调用 unique() 函数后，vector 中存储的内容如图 14.1 所示。

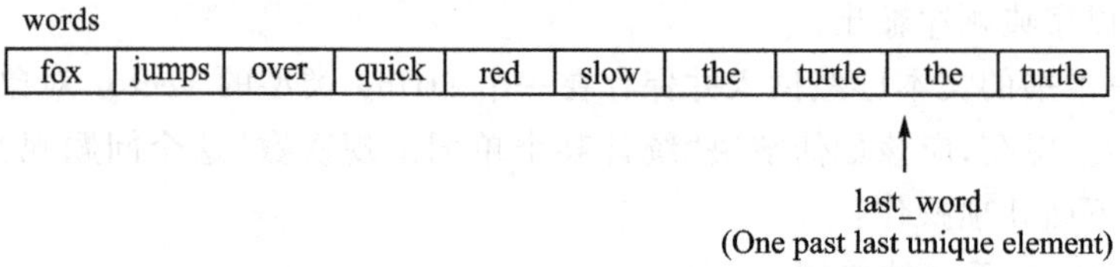

图 14.1 vector 中存储的内容

注意：words 的大小并没有改变，依然保存着 10 个元素，只是这些元素的顺序改变了。调用 unique()函数“删除”了相邻的重复值。给“删除”加上引号是因为 unique() 函数实际上并没有删除任何元素，而是将无重复的元素复制到序列的前端，从而覆盖相邻的重复元素。unique() 函数返回的迭代器指向超出无重复的元素范围末端的下一个位置。

14.3.2.3 使用容器操作删除元素

如果要删除重复的项，则必须使用容器操作，在本例中调用 erase() 函数实现该功能。该函数从 end_unique 指向的元素开始删除，直到 words 的最后一个元素也被删除为止。调用之后，words 存储输入的 8 个不相同的元素。

算法不直接修改容器的大小，如果需要添加或删除元素，则必须使用容器操作。

值得注意的是，对没有重复元素的 vector 对象，调用 erase() 函数也是安全的。如果不存在重复的元素，unique() 函数就会返回 words.end()，此时，调用 erase() 函数的两个实参值相同，都是 words.end()。两个迭代器相等这个事实意味着

erase() 函数要删除的范围是空的。删除一段空的范围没有任何作用，所以即使输入中没有重复的元素，我们的程序仍然正确。

14.3.2.4 定义需要的实用函数

下一个子问题是统计长度不小于 6 的单词个数。为了解决这个问题，需要用到另外两个泛型算法：stable_sort 和 count_if。使用这些算法还需要一个配套的实用函数，称为谓词。谓词是做某些检测的函数，返回用于条件判断的类型，指出条件是否成立。

我们需要的第一个谓词将用在基于大小的元素排序中。为了实现排序，必须定义一个谓词函数来实现两个 string 对象的比较，并返回一个 bool 值，指出第一个字符串是否比第二个短：

```
//这个比较函数的用途是为了之后按照单词长度排序
bool isShorter(const string &s1,const string &s2)
{
return s1.size() <s2.size();
}
```

另一个所需的谓词函数将判断给出的 string 对象的长度是否不小于 6：

```
//判断单词长度是否大于或等于 6
bool GT6(const string &s)
{
return s.size() > = 6;
}
```

尽管这个函数能解决问题，但存在不必要的限制——函数内部硬性规定了对长度大小的要求。如果要统计其他长度的单词个数，则必须编写另一个函数。其实很容易写出更通用的比较函数，使它带有两个形参，分别是 string 对象和一个长度大小值。但是，传递给 count_if 算法的函数只能带有一个实参，因此本程序不能使用上述更通用的方法。

14.3.2.5 排序算法

标准库定义了 4 种不同的排序算法，上面只使用了最简单的 sort 算法，使 words 按字典次序排列。除了 sort 之外，标准库还定义了 stable_sort 算法，stable_sort 保留相等元素的原始相对位置。通常，对于已排序的序列，我们并不关心其相等元素的相对位置，毕竟这些元素是相等的。但是，在这个应用中，我们将“相等”定义为“相同的长度”，有着相同长度的元素还能以字典次序的不同进行区分。调用 stable_sort() 函数后，对于长度相同的元素，将保留其字典顺序。

sort()函数和 stable_sort()函数都是重载函数。其中一个版本使用元素类型提供的小于操作符(<)实现比较。在查找重复元素之前，我们就是用这个 sort 版本对元素排序。第二个重载版本带有第三个形参：比较元素所使用的谓词函数的名字。这个谓词函数必须接受两个实参，实参的类型必须与元素类型相同，并返回一个可用

作条件检测的值。下面将比较元素的 isShorter 函数作为实参,调用第二个版本的排序函数:

```
//按大小对单词排序,但对相同大小的单词保持字母顺序
stable_sort(words.begin(),words.end(),isShorter);
```

调用后,words 中的元素按长度大小排序,而长度相同的单词则仍然保持字典顺序,如图 14.2 所示。

words

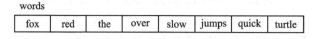

fox	red	the	over	slow	jumps	quick	turtle

图 14.2 words 中的元素

14.3.2.6 统计长度不小于 6 的单词

现在此 vector 对象已经按单词长度排序了,剩下的问题就是统计长度不小于 6 的单词个数。使用 count_if 算法处理这个问题:

```
vector<string>::size_type wc = count_if(words.begin(),words.end(),GT6);
```

执行 count_if 算法时,首先读取它的头两个实参所标记的范围内的元素。每读出一个元素,就将它传递给第三个实参表示的谓词函数。此谓词函数需要单个元素类型的实参,并返回一个可用作条件检测的值。count_if 算法返回使谓词函数返回条件成立的元素个数。在这个程序中,count_if 将每个单词传递给 GT6,而 GT6 返回一个 bool 值,如果单词长度不小于 6,则该 bool 值为 true。

14.3.2.7 综合程序

了解程序的细节之后,下面是完整的程序:

```
//这个比较函数的用途是为了之后按照单词长度排序
bool isShorter(const string &s1,const string &s2)
{
    return s1.size() <s2.size();
}
//判断单词长度是否大于或等于 6
bool GT6(const string &s)
{
    return s.size() > = 6;
}
int main()
{
    vector<string> words;
    //将每本书的内容复制到该容器 words 中
    string next_word;
    while (cin >> next_word)
        {
        //在字尾插入下一本书的内容
```

```
        words.push_back(next_word);
    }
    //按字母顺序排序,这样就能找到重复的单词
    sort (words.begin(),words.end());
    /* 按长度对单词排序,但对相同长度的单词保持字母顺序
     */
    vector<string>::iterator end_unique = unique(words.begin(),words.end());
    words.erase(end_unique,words.end());
    stable_sort(words.begin(),words.end(),isShorter);
    vector<string>::size_type wc = count_if (words.begin(),words.end(),GT6);
    cout << wc << " " << make_plural(wc,"word","s") << " 6 characters or longer" <<
endl;
    return 0;
}
```

14.4 迭代器

之前已强调标准库所定义的迭代器不依赖于特定的容器，事实上，C++还提供了另外 3 种迭代器：

① 插入迭代器：这类迭代器与容器绑定在一起，实现在容器中插入元素的功能。

② iostream 迭代器：这类迭代器可与输入或输出流绑定在一起，用于迭代遍历所关联的 I/O 流。

③ 反向迭代器：这类迭代器实现向后遍历，而不是向前遍历。所有容器类型都定义了自己的 reverse_iterator 类型，由 rbegin() 和 rend() 成员函数返回。

上述迭代器类型都在 iterator 头文件中定义。本节将详细分析上述每种迭代器，并介绍在泛型算法中如何使用这些迭代器，还会了解什么时候应该使用和如何使用 const_iterator 容器。

14.4.1 插入迭代器

back_inserter()函数是一种插入迭代器，而插入迭代器是一种迭代器适配器，带有一个容器参数，并生成一个迭代器，用于在指定容器中插入元素。当通过插入迭代器赋值时，迭代器将会插入一个新的元素。C++提供了 3 种插入迭代器，其差别在于插入元素的位置不同：

① back_inserter：创建使用 push_back 实现插入的迭代器。

② front_inserter：使用 push_front 实现插入。

③ inserter：使用 insert 实现插入操作。除了所关联的容器以外，inserter 还带有第二实参：指向插入起始位置的迭代器。

front_inserter 需要使用 push_front。front_inserter 的操作类似于 back_inserter,该函数创建一个迭代器,并调用它所关联的基础容器的 push_front 成员函数代替赋值操作。

只有当容器提供 push_front 操作时,才能使用 front_inserter。在 vector 或其他没有 push_front 运算的容器上使用 front_inserter 将产生错误。

inserter 适配器提供更普通的插入形式。这种适配器带有两个实参:所关联的容器和指示起始插入位置的迭代器。例如

```
//将迭代器定位到 ilst
list<int>::iterator it = find (ilst.begin(),ilst.end(),42);
//在 ilst 中插入替换的 ivec 副本
replace_copy (ivec.begin(),ivec.end(),inserter (ilst,it),100,0);
```

首先用 find 定位 ilst 中的某个元素,然后使用 inserter 作为实参调用 replace_copy,inserter 将会在 ilst 中由 find 返回的迭代器所指向的元素前面插入新元素。而调用 replace_copy 的效果是从 ivec 中复制元素,并将其中值为 100 的元素替换为 0。ilst 的新元素在 it 所标明的元素前面插入。在创建 inserter 时,应指明新元素在何处插入。inserter 函数总是在它的迭代器实参所标明的位置前面插入新元素。

也许我们会认为可使用 inserter 和容器的 begin 迭代器来模拟 front_inserter 的效果,然而 inserter 的行为与 front_inserter 的有很大差别。在使用 front_inserter 时,元素始终在容器的第一个元素前面插入。而使用 inserter 时,元素则在指定位置前面插入。即使此指定位置初始化为容器中的第一个元素,但一旦在该位置前插入一个新元素后,插入位置就不再是容器的首元素了。例如:

```
list<int> ilst,ilst2,ilst3; //empty lists
//在此循环之后,ilst 包含:3 2 1 0
for (list<int>::size_type i = 0; i != 4; ++i)
    ilst.push_front(i);
//在此循环之后,ilst 包含: 0 1 2 3
copy (ilst.begin(),ilst.end(),front_inserter(ilst2));
//在此循环之后,ilst 包含:3 2 1 0
copy (ilst.begin(),ilst.end(),inserter (ilst3,ilst3.begin()));
```

在复制并创建 ilst2 的过程中,元素总是在这个 list 对象的所有元素之前插入;而在复制创建 ilst3 的过程中,元素则在 ilst3 中的固定位置插入。刚开始时,这个插入位置是此 list 对象的头部,但插入一个元素后,就不再是首元素了。

14.4.2 iostream 迭代器

虽然 iostream 类型不是容器,但标准库同样提供了在 iostream 对象上使用的迭代器:istream_iterator 用于读取输入流,而 ostream_iterator 用于写输出流(见表 14.1)。这些迭代器将它们所对应的流视为特定类型的元素序列。使用流迭代器时,可以用泛型算法从流对象中读取数据(或将数据写到流对象中)。

表 14.1 iostream 迭代器的构造函数

构造函数	功能说明
istream_iterator<T> in(strm);	创建从输入流 strm 中读取 T 类型对象的 istream_iterator 对象
istream_iterator<T> in;	istream_iterator 对象的超出末端迭代器
ostream_iterator<T> in(strm);	创建将 T 类型的对象写到输出流 strm 的 ostream_iterator 对象
ostream_iterator<T> in(strm,delim);	创建将 T 类型的对象写到输出流 strm 的 ostream_iterator 对象,在写入过程中使用 delim 作为元素的分隔符。delim 是以空字符结束的字符数组

流迭代器只定义了最基本的迭代器操作：自增、解引用和赋值。此外,可比较两个 istream 迭代器是否相等(或不等),而 ostream 迭代器不提供比较运算(见表 14.2)。

表 14.2 istream_iterator 的操作

操 作	操作说明
it1 == it2 it1 != it2	比较两个 istream_iterator 对象是否相等(或不等)。迭代器读取的必须是相同的类型。如果两个迭代器都是 end 值,则它们相等。对于两个都不指向流结束位置的迭代器,如果它们使用同一个输入流构造,则它们也相等
*it	返回从流中读取的值
it-> mem	等价于 (*it).mem,返回从流中读取的对象的 mem 成员
++it it++	通过使用元素类型提供的 >> 操作从输入流中读取下一个元素值,使迭代器向前移动。通常,前缀版本使迭代器在流中向前移动,并返回对加 1 后的迭代器的引用;而后缀版本使迭代器在流中向前移动后,返回原值

14.4.3 流迭代器的定义

流迭代器都是类模板：任何已定义输入操作符(>> 操作符)的类型都可以定义 istream_iterator。类似地,任何已定义输出操作符(<<操作符)的类型也可以定义 ostream_iterator。

在创建流迭代器时,必须指定迭代器所读/写的对象类型：

```
istream_iterator<int> cin_it(cin);
istream_iterator<int> end_of_stream;
//每个元素后面都跟一个空格
ofstream outfile;
ostream_iterator<Sales_item> output(outfile," ");
```

ostream_iterator 对象必须与特定的流绑定在一起。在创建 istream_iterator 的对象时有两种方法,第一种方法可直接将它绑定到一个流上,另一种方法是在创建时不提供实参,该迭代器指向超出末端位置。而 ostream_iterator 类不提供超出末端迭代器。

在创建 ostream_iterator 对象时,可提供第二个(可选的)实参,指定将元素写入输出流时使用的分隔符,而分隔符必须是 C 风格字符串。因为分隔符是 C 风格字符串,所以必须以空字符结束;否则,其行为将是未定义的。

14.4.3.1 istream_iterator 对象上的操作

构造与流绑定在一起的 istream_iterator 对象时将对迭代器定位,以便第一次对该迭代器进行解引用时即可从流中读取第一个值。

考虑下面的例子,可使用 istream_iterator 对象将标准输入读到 vector 对象中:

```
istream_iterator<int> in_iter(cin);
istream_iterator<int> eof;
//读取直到文件结束,将读取的内容存储在 vec 中
while (in_iter != eof)
    //迭代器将指向下一个值
    //对迭代器 in_iter 解引用,并使其指向下一个值
    vec.push_back(*in_iter++);
```

这个循环从 cin 中读取 int 型数据,并将读入的内容保存在 vec 中。每次循环都检查 in_iter 是否为 eof。其中,eof 迭代器定义为空的 istream_iterator 对象,用作结束迭代器。绑在流上的迭代器在遇到文件结束或某个错误时,将等于结束迭代器的值。

本程序最难理解的部分是传递给 push_back 的实参,该实参使用解引用和后自增操作符。根据优先级规则,自增运算的结果将是解引用运算的操作数,对 istream_iterator 对象做自增运算使该迭代器在流中向前移动。然而,使用后自增运算的表达式的结果是迭代器原来的值。自增的效果是使迭代器在流中移动到下一个值,但返回指向前一个值的迭代器。对该迭代器进行解引用可获取该值。

更有趣的是可以这样重写程序:

```
istream_iterator<int> in_iter(cin);
istream_iterator<int> eof;
vector<int> vec(in_iter,eof);      //从迭代器范围构造 vec
```

这里,用一对标记元素范围的迭代器构造 vec 对象。这些迭代器是 istream_iterator 对象,意味着这段范围的元素是通过读取所关联的流获得的。这个构造函数的效果是读 cin,直至到达文件结束或输入的不是 int 型数值为止。读取的元素将用于构造 vec 对象。

14.4.3.2 ostream_iterator 对象及其使用

可使用 ostream_iterator 对象将一个值序列写入流中,其操作的过程与用迭代器将一组值逐个赋给容器中的元素相同:

```
//每行写入一个字符串到标准输出
ostream_iterator<string> out_iter(cout,"\n");
```

```
//从标准输入和结束迭代器中读取字符串
istream_iterator<string> in_iter(cin),eof;
//读取直到eof,并将读取的内容写入标准输出
while (in_iter != eof)
    //将 iter 中的值写入标准输出
    //然后递增迭代器,从 cin 中获得下一个值
    *out_iter++ = *in_iter++;
```

这个程序读 cin,并将每个读入的值依次写到 cout 中的不同的行中。首先,定义一个 ostream_iterator 对象,用于将 string 类型的数据写到 cout 中,每个 string 对象后跟一个换行符。定义两个 istream_iterator 对象,用于从 cin 中读取 string 对象。while 循环类似前一个例子,但是这一次不是将读取的数据存储在 vector 对象中,而是将读取的数据赋给 out_iter,从而输出到 cout 上。

这个赋值类似于将一个数组复制给另一个数组的程序。对这两个迭代器进行解引用,将右边的值赋给左边的元素,然后两个迭代器都自增 1。其效果就是:将读取的数据输出到 cout 上,然后两个迭代器都加 1,再从 cin 中读取下一个值。

14.4.3.3 在类类型上使用 istream_iterator

提供了输入操作符(>>)的任何类型都可以创建 istream_iterator 对象。例如,可使用 istream_iterator 对象读取一系列的 Sales_iter 对象,并求和,代码如下:

```
istream_iterator<Sales_item> item_iter(cin),eof;
Sales_item sum;
sum = *item_iter++;          //将第一个业务读入 sum,并获取下一个记录
while (item_iter != eof)
{
    if (item_iter-> same_isbn(sum))
        sum = sum + *item_iter;
    else
    {
        cout <<sum <<endl;
        sum = *item_iter;
    }
    ++item_iter;             //读取下一个业务
}
cout <<sum <<endl;           //记得打印上一套记录
```

该程序将迭代器 item_iter 与 cin 绑在一起,意味着迭代器将读取 Sales_item 类型的对象;然后给迭代器加 1,使流从标准输入中读取下一个记录。例如:

```
sum = *item_iter++;
```

这条语句使用解引用操作符获取标准输入的第一个记录,并将这个值赋给 sum;然后给迭代器加 1,使流从标准输入中读取下一个记录。

while 循环反复执行直至到达 cin 的结束位置为止。在 while 循环中,将刚读入记录的 isbn 与 sum 的 isbn 比较。while 中的第一条语句使用了箭头操作符对 istream 迭代器进行解引用,获得最近读入的对象,然后在该对象和 sum 对象上调用

same_isbn 成员。

如果 isbn 值相同，则增加总和 sum；否则，输出 sum 的当前值，并将它重设为最近读取对象的副本。循环的最后一步是给迭代器加 1，在本例中，将导致从标准输入中读入下一个 Sales_item 对象。循环持续直到遇到错误或结束位置为止。在结束程序之前，记住输出从输入中读入的最后一个 ISBN 所关联的值。

14.4.3.4 流迭代器的限制

流迭代器有下面几个重要的限制：

① 不可能从 ostream_iterator 对象读入，也不可能写到 istream_iterator 对象中。

② 一旦给 ostream_iterator 对象赋一个值，写入就提交。赋值后，没有办法再改变这个值。此外，ostream_iterator 对象中每个不同的值都只能输出一次。

③ ostream_iterator 没有 -> 操作符。

14.4.3.5 与算法一起使用流迭代器

正如大家所知，算法是基于迭代器操作实现的。如同前面所述，流迭代器至少定义了一些迭代器操作。由于流迭代器操作，因此，至少可在一些泛型算法上使用这类迭代器。考虑下面的例子，从标准输入读取一些数，再将读取的不重复的数写到标准输出：

```
istream_iterator<int> cin_it(cin);
istream_iterator<int> end_of_stream;
//从标准输入中初始化
vector<int> vec(cin_it,end_of_stream);
sort(vec.begin(),vec.end());
//使用" "作为分隔符将 int 类型数据写入 cout
ostream_iterator<int> output(cout," ");
//只将 vec 中不重复的元素写入标准输出
unique_copy(vec.begin(),vec.end(),output);
```

如果程序的输入为

```
23 109 45 89 6 34 12 90 34 23 56 23 8 89 23
```

则输出为

```
6 8 12 23 34 45 56 89 90 109
```

程序用一对迭代器 input 和 end_of_stream 创建了 vec 对象。这个初始化的效果是读取 cin 直到文件结束或者出现错误为止。读取的值保存在 vec 里。

读取输入和初始化 vec 后，调用 sort 对输入的数进行排序。sort 调用完成后，重复输入的数就会相邻存储。

程序再使用 unique_copy 算法，这是 unique 的“复制”版本。该算法将输入范围中不重复的值复制到目标迭代器，而该调用将输出迭代器用作目标，其效果是将 vec 中不重复的值复制给 cout，每个复制的值后面都输出一个空格。

14.4.4 反向迭代器

反向迭代器是一种反向遍历容器的迭代器,也就是说,从最后一个元素到第一个元素遍历容器。反向迭代器将自增(和自减)的含义反过来了:对于反向迭代器,++运算将访问前一个元素,而-- 运算则访问下一个元素。

回想一下,所有容器都定义了 begin 和 end 成员,分别返回指向容器首元素和尾元素下一位置的迭代器。容器还定义了 rbegin 和 rend 成员,分别返回指向容器尾元素和首元素前一位置的反向迭代器。与普通迭代器一样,反向迭代器也有常量(const)和非常量(nonconst)类型。如图 14.3 所示,使用一个假设名为 vec 的 vector 类型对象阐明了这 4 种迭代器之间的关系。

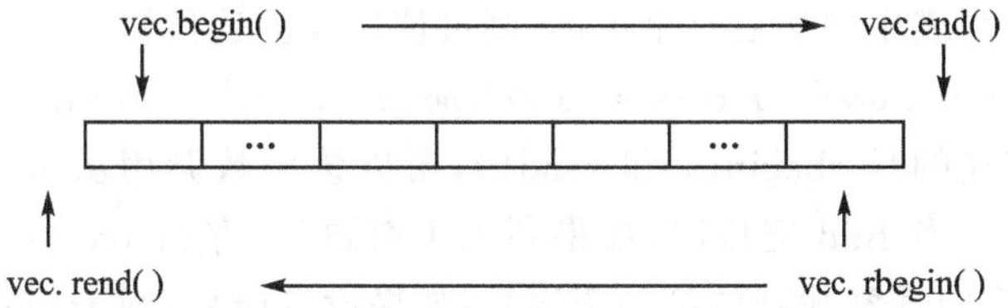

图 14.3 比较 begin/end 和 rbegin/rend 迭代器

假设有一个 vector 容器对象,存储 0~9 这 10 个以升序排列的数字:

```
vector<int> vec;
for (vector<int>::size_type i = 0; i != 10; ++i)
vec.push_back(i); //元素初值为 0,1,2,…,9
```

下面的 for 循环将以逆序输出这些元素:

```
//逆序输出 vector 容器的内容
vector<int>::reverse_iterator r_iter;
for (r_iter = vec.rbegin();              //将 iter 绑定到最后一个元素
     r_iter != vec.rend();               //判断 iter 是否指向容器 vec 的第一个元素
     ++r_iter)                           //使迭代器指向前一个元素
     cout << *r_iter <<endl; //prints 9,8,7,…,0
```

虽然颠倒自增和自减这两个操作符的意义似乎容易使人迷惑,但是它让程序员可以透明地向前或向后处理容器。例如,为了以降序排列 vector,只需向 sort 传递一对反向迭代器:

```
//将 vec 按升序排序
sort(vec.begin(),vec.end());
//反向排序:将最小的元素放在 vec 的末尾
sort(vec.rbegin(),vec.rend());
```

14.4.4.1 反向迭代器需要使用自减操作符

由一个既支持--操作又支持++操作的迭代器就可以定义反向迭代器,对此不用感到吃惊。毕竟,反向迭代器的目的是移动迭代器反向遍历序列。标准容器上的迭代器既支持自增运算,也支持自减运算。但是,流迭代器却不然,由于不能反向遍历流,因此流迭代器不能创建反向迭代器。

14.4.4.2 反向迭代器与其他迭代器之间的关系

假设有一个名为 line 的 string 对象,存储以逗号分隔的单词列表。假设希望输出 line 中的第一个单词,使用 find 能够很简单地实现这个任务:

```
string::iterator comma = find(line.begin(),line.end(),',');
cout <<string(line.begin(),comma) <<endl;
```

如果在 line 中有一个逗号,则 comma 指向这个逗号;否则,comma 的值为 line.end()。在输出 string 对象中从 line.begin() 到 comma 的内容时,从头开始输出字符直到遇到逗号为止。如果该 string 对象中没有逗号,则输出整个 string 字符串。

如果要输出列表中的最后一个单词,则可使用反向迭代器:

```
string::reverse_iterator rcomma = find(line.rbegin(),line.rend(),',');
```

因为此时传递的是 rbegin() 和 rend(),所以该函数调用从 line 的最后一个字符开始往回搜索。当 find 完成时,如果列表中有逗号,那么 rcomma 指向其最后一个逗号,即指向反向搜索找到的第一个逗号;如果没有逗号,则 rcomma 的值为 line.rend()。

在尝试输出所找到的单词时,有趣的事情发生了,直接尝试:

```
cout <<string(line.rbegin(),rcomma) <<endl;
```

会产生假的输出。例如,如果输入为

```
FIRST,MIDDLE,LAST
```

则将输出"TSAL"!

图 14.4 阐明了这个问题:使用反向迭代器时,以逆序从后向前处理 string 对象。为了得到正确的输出,必须将反向迭代器 line.rbegin() 和 rcomma 转换为从前向后移动的普通迭代器。其实没必要转换 line.rbegin(),因为我们知道转换的结果必定是 line.end()。只需调用反向迭代器都具有的成员函数 base() 来转换 rcomma 即可,如图 14.4 所示。

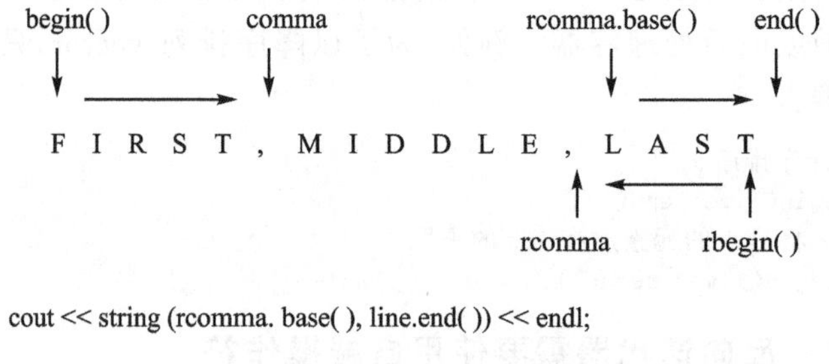

图 14.4 反向迭代器与普通迭代器之间的区别

图 14.4 显示的对象直观地解释了普通迭代器与反向迭代器之间的关系。与 line_rbegin() 和 line.end() 一样，rcomma 和 rcomma.base() 也指向不同的元素。为了确保正向和反向处理元素的范围相同，这些区别是必要的。

从技术上来说，设计普通迭代器与反向迭代器之间的关系是为了适应左闭合范围这个性质，所以[line.rbegin(),rcomma) 和 [rcomma.base(),line.end()) 标记的是 line 中的相同元素。

反向迭代器用于表示范围，而所表示的范围是不对称的，由这个事实可推导出一个重要的结论：使用普通的迭代器对反向迭代器进行初始化或赋值时，所得到的迭代器并不是指向原迭代器所指向的元素。

14.4.5　const 迭代器

在之前使用 find 的程序中，我们将 result 定义为 const_iterator 类型。这样做是因为我们不希望使用这个迭代器来修改容器中的元素。另外，虽然前面的程序也不打算改变容器内的任何元素，但是它却使用了普通的非 const 迭代器来保存 find_first_of 的返回值。这两种处理存在细微的差别，值得解释一下。原因是，在第二个例子中，程序将迭代器用作 find_first_of 的实参：

```
find_first_of(it,roster1.end(),roster2.begin(),roster2.end())
```

该函数调用的输入范围由 it 和调用 roster1.end() 返回的迭代器指定。算法要求用于指定范围的两个迭代器必须具有完全一样的类型。roster1.end()返回的迭代器依赖于 roster1 的类型。如果该容器是 const 对象，则返回的迭代器是 const_iterator 类型；否则，就是普通的 iterator 类型。在这个程序中，roster1 不是 const 对象，因而 end 返回的只是一个普通的迭代器。

如果我们将 it 定义为 const_iterator，那么 find_first_of 的调用将无法编译。用来指定范围的两个迭代器的类型不相同，其中，it 是 const_iterator 类型的对象，而 rotser1.end() 返回的是一个 iterator 对象。

14.4.6　五种迭代器

迭代器定义了常用的操作集，但有些迭代器具有比其他迭代器更强大的功能。例如 ostream_iterator 只支持自增、解引用和赋值运算，而 vector 容器提供的迭代器除了这些运算以外，还支持自减、关系和算术运算。因此，迭代器可根据所提供的操作集进行分类。

类似地，还可根据算法要求它的迭代器提供相应类型的操作，对算法分类。有一些算法，例如 find，只要求迭代器提供读取所指向内容和自增的功能；另一些算法，比如 sort，则要求其迭代器有读、写和随机访问元素的能力。算法要求的迭代器操作分为五个类别，分别对应表 14.3 列出的五种迭代器。

表 14.3 迭代器种类

迭代器	功 能
Input iterator(输入迭代器)	读,不能写;只支持自增运算
Output iterator(输出迭代器)	写,不能读;只支持自增运算
Forward iterator(前向迭代器)	读和写;只支持自增运算
Bidirectional iterator(双向迭代器)	读和写;支持自增和自减运算
Random access iterator(随机访问迭代器)	读和写;支持完整的迭代器算术运算

① 输入迭代器可用于读取容器中的元素,但是不保证能支持容器的写入操作。输入迭代器必须至少提供下列支持:

- 相等和不等操作符(==,!=),比较两个迭代器。
- 前置和后置的自增运算(++),使迭代器向前递进指向下一个元素。
- 用于读取元素的解引用操作符(*),此操作符只能出现在赋值运算的右操作数上。
- 箭头操作符(->),这是(*it).member 的同义语,也就是说,对迭代器进行解引用可获取其所关联的对象的成员。

输入迭代器只能顺序使用,一旦输入迭代器自增了,就无法再用它检查之前的元素了。要求在这个层次上提供支持的泛型算法包括 find 和 accumulate。

② 输出迭代器可视为与输入迭代器功能互补的迭代器;输出迭代器可用于向容器写入元素,但是不保证能支持读取容器内容。输出迭代器要求:

- 前置和后置的自增运算(++),使迭代器向前递进指向下一个元素。
- 解引用操作符(*),只能出现在赋值运算的左操作数上。给解引用的输出迭代器赋值,将对该迭代器所指向的元素做写入操作。

输出迭代器可以要求每个迭代器的值必须正好写入一次。使用输出迭代器时,对于指定的迭代器值应使用一次 * 操作符,而且只能用一次。输出迭代器一般用作算法的第三个实参,标记起始写入的位置。例如,copy 算法使用一个输出迭代器作为它的第三个实参,将输入范围内的元素复制到输出迭代器指定的目标位置。

③ 前向迭代器用于读/写指定的容器。这类迭代器只会以一个方向遍历序列。前向迭代器支持输入迭代器和输出迭代器提供的所有操作,除此之外,还支持对同一个元素的多次读/写。可复制前向迭代器来记录序列中的一个位置,以便将来返回此处。需要前向迭代器的泛型算法包括 replace。

④ 双向迭代器从两个方向读/写容器。除了提供前向迭代器的全部操作之外,双向迭代器还提供前置和后置的自减运算(--)。需要使用双向迭代器的泛型算法包括 reverse。所有标准库容器提供的迭代器都至少达到双向迭代器的要求。

⑤ 随机访问迭代器提供在常量时间内访问容器任意位置的功能。这种迭代器

除了支持双向迭代器的所有功能之外，还支持下面的操作：

- 关系操作符 <、<=、> 和 >=，比较两个迭代器的相对位置。
- 迭代器与整型数值 n 之间的加法和减法操作符 +、+=、- 和 -=，结果是迭代器在容器中向前（或退回）n 个元素。
- 两个迭代器之间的减法操作符（--），得到两个迭代器间的距离。
- 下标操作符 iter[n]，是 *(iter + n) 的同义词。

需要随机访问迭代器的泛型算法包括 sort 算法。vector、deque 和 string 迭代器是随机访问迭代器，用作访问内置数组元素的指针也是随机访问迭代器。

除了输出迭代器外，其他类别的迭代器形成了一个层次结构：需要低级类别迭代器的地方，可使用任意一种更高级的迭代器。当需要调用输入迭代器的算法时，可传递前向、双向或随机访问迭代器调用该算法。调用需要随机访问迭代器的算法时，必须传递随机访问迭代器。

map、set 和 list 类型提供双向迭代器，而 string、vector 和 deque 容器上定义的迭代器都是随机访问迭代器，用作访问内置数组元素的指针也是随机访问迭代器。istream_iterator 是输入迭代器，而 ostream_iterator 是输出迭代器。

14.5　泛型算法的结构

正如所有的容器都建立在一致的设计模式上一样，算法也具有共同的设计基础。理解标准算法库的设计基础有利于学习和使用算法。C++ 提供了 100 多个算法，了解它们的结构显然要比死记所有的算法更好。

算法最基本的性质是需要使用的迭代器种类。所有算法都指定了它的每个迭代器形参可使用的迭代器类型。如果形参必须为随机访问迭代器，则可提供 vector 或 deque 类型的迭代器，或者提供指向数组的指针。而其他容器的迭代器不能用在这类算法上。

另一种算法分类的方法则如本章开头介绍的一样，根据对元素的操作将算法分为下面几种：

① 只读算法，不改变元素的值顺序。

② 给指定元素赋新值的算法。

③ 将一个元素的值移给另一个元素的算法。

正如本节后续部分所介绍的，C++ 还提供了另外两种算法模式：一种算法模式由算法所带的形参定义；另一种算法模式则通过两种函数命名和重载的规范定义。

14.5.1　算法的形参模式

任何其他的算法分类都含有一组形参规范。理解这些形参规范有利于学习新的算法——只要知道形参的含义，就可专注于了解算法实现的操作。大多数算法都采用下面的 4 种形式之一：

```
alg (beg,end,other parms);
alg (beg,end,dest,other parms);
alg (beg,end,beg2,other parms);
alg (beg,end,beg2,end2,other parms);
```

其中，alg 是算法的名字，beg 和 end 指定算法操作的元素范围。我们通常将该范围称为算法的“输入范围”。尽管几乎所有的算法都有输入范围，但算法是否使用其他形参则取决于它所执行的操作。这里列出了比较常用的其他形参：dest、beg2 和 end2，它们都是迭代器。除了这些迭代器形参之外，有些算法还带有其他的非迭代器形参，它们是这些算法所特有的。

14.5.1.1 带有单个目标迭代器的算法

dest 形参是一个迭代器，用于指定存储输出数据的目标对象。算法假定无论需要写入多少个元素都是安全的。

调用这些算法时，必须确保输出容器有足够大的容量存储输出数据，这正是通常要使用插入迭代器或者 ostream_iterator 来调用这些算法的原因。如果使用容器迭代器调用这些算法，那么算法将假定容器里有足够多个需要的元素。

如果 dest 是容器上的迭代器，则算法将输出内容写到容器中已存在的元素上。更普遍的用法是，将 dest 与某个插入迭代器或者 ostream_iterator 绑定在一起。插入迭代器在容器中添加元素，以确保容器有足够的空间存储输出；ostream_iterator 则实现写输出流的功能，无需考虑所写的元素个数。

14.5.1.2 带第二个输入序列的算法

有一些算法带有一个 beg2 迭代器形参，或者同时带有 beg2 和 end2 迭代器形参，来指定它的第二个输入范围。这类算法通常将联合两个输入范围的元素来完成计算功能。算法同时使用 beg2 和 end2 时，这些迭代器用于标记完整的第二个范围。也就是说，算法完整地指定了两个范围：beg 和 end 标记第一个输入范围，而 beg2 和 end2 则标记第二个输入范围。

带有 beg2 而不带 end2 的算法将 beg2 视为第二个输入范围的首元素，但没有指定该范围的最后一个元素。这些算法假定以 beg2 开始的范围至少与 beg 和 end 指定的范围一样大。

与写入 dest 算法一样，只带有 beg2 的算法也假定以 beg2 开始的序列与 beg 和 end 标记的序列一样大。

14.5.2 算法的命名规范

标准库使用一组相同的命名和重载规范，了解这些规范有助于更容易地学习标准库。它们包括两种重要模式：第一种模式包括测试输入范围内元素的算法，第二种模式应用于对输入范围内元素重新排序的算法。

14.5.2.1　区别带有一个值或一个谓词函数参数的算法版本

很多算法通过检查其输入范围内的元素实现其功能。这些算法通常要用到标准关系操作符：== 或 <。其中的大部分算法会提供第二个版本的函数，允许程序员提供比较或测试函数取代操作符的使用。

重新对容器元素排序的算法要使用 < 操作符。这些算法的第二个重载版本带有一个额外的形参，表示用于元素排序的不同运算：

```
sort (beg,end);              //使用<操作符对元素排序
sort (beg,end,comp);         //使用 comp 函数对元素排序
```

指定值的算法默认使用 == 操作符。系统为这类算法提供另外命名的(而非重载的)版本，带有谓词函数形参。带有谓词函数形参的算法，其名字带有后缀“_if”：

```
find(beg,end,val);              //在输入范围内找到 val 的第一个实例
find_if(beg,end,pred);          //找到 pred 为真的第一个实例
```

上述两个算法都在输入范围内寻找指定元素的第一个实例。其中，find 算法查找一个指定的值，而 find_if 算法则用于查找一个使谓词函数 pred 返回非零值的元素。

标准库为这些算法提供另外命名的版本，而非重载版本，其原因在于这两种版本的算法带有相同数目的形参。对于排序算法，只要根据参数的个数就很容易消除函数调用的歧义。而对于查找指定元素的算法，不管检查的是一个值还是谓词函数，函数调用都需要相同个数的参数。此时，如果使用重载版本，则可能导致二义性，尽管这个可能出现的概率很低。因此，标准库为这些算法提供两种不同名字的版本，而没有使用重载。

14.5.2.2　区别是否实现复制的算法版本

无论算法是否检查它的元素值，都可能重新对输入范围内的元素进行排列。在默认情况下，这些算法将重新排列的元素写回其输入范围。标准库也为这些算法提供另外命名的版本，将元素写到指定的输出目标。此版本的算法在名字中添加了“_copy”后缀：

```
reverse(beg,end);
reverse_copy(beg,end,dest);
```

reverse 函数的功能就如它的名字所意味的：将输入序列中的元素反射重新排列。其中，第一个函数版本将自己的输入序列中的元素反向重排；而第二个函数版本复制输入序列的元素，并将它们逆序存储到 dest 开始的序列中。

14.6　容器特有的算法

list 容器上的迭代器是双向的，而不是随机访问类型。由于 list 容器不支持随机访问，因此，在此容器上不能使用需要随机访问迭代器的算法。这些算法包括 sort

及其相关的算法。还有一些其他的泛型算法，如 merge、remove、reverse 和 unique，虽然可以用在 list 容器上，但却付出了性能上的代价。如果这些算法利用 list 容器实现的特点，则可以更高效地执行。

如果可以结合利用 list 容器的内部结构，则可以编写出更快的算法。与其他顺序容器所支持的操作相比，标准库为 list 容器定义了更精细的操作集合，使它不必只依赖于泛型操作。表 14.4 列出了 list 容器特有的操作，其中不包括要求支持双向或更弱的迭代器类型的泛型算法，这类泛型算法无论是用在 list 容器上，还是用在其他容器上，都具有相同的效果。

表 14.4 list 容器特有的操作

操 作	说 明
lst. merge(lst2) lst. merge(lst2, comp)	将 lst2 的元素合并到 lst 中；这两个 list 对象都必须排序；lst2 中的元素将被删除；合并后，lst2 为空；返回 void 类型。第一个版本使用<操作符，第二个版本使用 comp 指定的比较运算
lst. remove(val) lst. remove_if(unaryPred)	调用 lst. remove 删除所有等于指定值或使指定的谓词函数返回非零值的元素。返回 void 类型
lst. reverse()	反向排列 lst 中的元素
lst. sort	对 lst 中的元素排序
lst. splice(iter, lst2) lst. splice(iter, lst2, iter2) lst. splice(iter, beg, end)	将 lst2 的元素移到 lst 中迭代器 iter 指向的元素前面。在 lst2 中删除移出的元素。第一个版本将 lst2 的所有元素移到 lst 中；合并后，lst2 为空；lst 和 lst2 不能是同一个 list 对象。第二个版本只移动 iter2 所指向的元素，这个元素必须是 lst2 中的元素。在这种情况下，lst 和 lst2 可以是同一个 list 对象。也就是说，可在一个 list 对象中使用 splice 运算移动一个元素。第三个版本移动迭代器 beg 和 end 标记的范围内的元素。beg 和 end 照例必须指定一个有效的范围。这两个迭代器可标记任意 list 对象内的范围，包括 lst。当它们指定 lst 的一段范围时，如果 iter 也指向这个范围的一个元素，则该运算未定义
lst. unique() lst. unique(binaryPred)	第一个版本使用 == 操作符判断元素是否相等，第二个版本使用指定的谓词函数进行判断

对于 list 对象，应优先使用 list 容器特有的成员版本，而不是泛型算法。

大多数 list 容器特有的算法类似于其泛型形式中已经见过的相应的算法，但并不相同：

```
L.remove(val);            //从 L 中删除 val 的所有实例
L.remove_if(pred);        //从 L 中删除 pred 为 true 的所有实例
L.reverse();              //颠倒 L 中元素的顺序
L.sort();                 //使用元素类型<运算符比较元素
```

```
L.sort(comp);                //使用 comp 比较元素
L.unique();                  //删除相邻的重复项
L.unique(comp);              //使用 comp 删除重复的相邻副本
```

list 容器特有的算法与其泛型算法版本之间有两个至关重要的差别，其中一个差别是 remove 和 unique 的 list 版本修改了其关联的基础容器：真正删除了指定的元素。例如，list::unique 将 list 中第二个和后续重复的元素删除。

与对应的泛型算法不同，list 容器特有的操作能添加和删除元素。

另一个差别是 list 容器提供的 merge 和 splice 运算会破坏它们的实参。使用 merge 的泛型算法版本时，合并的序列将写入目标迭代器指向的对象，而它的两个输入序列保持不变。但是，使用 list 容器的 merge 成员函数时则会破坏它的实参 list 对象，当实参对象的元素合并到调用 merge 函数的 list 对象时，实参对象的元素被移出并删除。

14.7 小 结

C++标准化过程做出的重要的贡献之一是：创建和扩展了标准库。容器和算法库是标准库的基础。标准库定义了 100 多个算法，幸运的是，这些算法具有相同的结构，使它们更易于学习和使用。

算法与类型无关：它们通常在一个元素序列上操作，这些元素可以存储在标准库容器类型、内置数组甚至是生成的序列(例如读/写流所生成的序列)上。算法基于迭代器操作，从而实现类型无关性。大多数算法使用一对指定元素范围的迭代器作为其头两个实参。其他的迭代器实参包括指定输出目标的输出迭代器，或者用于指定第二个输入序列的另一个或一对迭代器。

迭代器可通过其所支持的操作来分类。标准库定义了 5 种迭代器类别：输入、输出、前向、双向和随机访问迭代器。如果一个迭代器支持某种迭代器类别要求的运算，则该迭代器属于这个迭代器类别。

正如迭代器根据操作来分类一样，算法的迭代器形参也通过其所要求的迭代器操作来分类。只需要读取其序列的算法通常只要求输入迭代器的操作；而写目标迭代器的算法则通常只要求输出迭代器的操作。

查找某个值的算法通常用于查找使谓词函数返回非零值的元素。对于这种算法，第二个版本的函数名字以“_if”后缀标识。类似地，很多算法提供所谓的复制版本，将(修改过的)元素写到输出序列，而不是写回输入范围。这种版本的名字以“_copy”结束。

在使用过程中要考虑算法是否对元素读、写或者重新排序。算法从不直接改变它所操纵的序列的大小(如果算法的实参是插入迭代器，则该迭代器会添加新元素，但算法并不直接这么做)。算法可以从一个位置将元素复制到另一个位置，但不直接添加或删除元素。

第 15 章

简述 STL 算法

前面介绍了一般算法并列出了它们的底层体系结构。标准库定义了 100 多个算法，学习如何使用它们需要理解它们的结构，而不是记住每个算法的细节。

本章将描述每个算法，并按照算法执行行为的类型组织这些算法。

15.1 查找对象的算法

find 和 count 算法在输入范围中查找指定值，其中，find 返回元素的迭代器，count 返回匹配元素的数目。

15.1.1 简单查找算法

这些算法要求输入迭代器。当使用 find 和 count 算法查找特定元素时，find 算法返回引用第一个匹配元素的迭代器，count 算法返回元素在输入序列中出现次数的计数。

```
find(beg,end,val)
count(beg,end,val)
```

上述代码在输入范围中查找等于 val 的元素，使用基础类型的相等(==)操作符。其中，find 返回第一个匹配元素的迭代器，如果不存在匹配元素就返回 end；count 返回 val 出现次数的计数。

```
find_if(beg,end,unaryPred)
count_if(beg,end,unaryPred)
```

上述代码在 unaryPred 为真的输入范围中查找。谓词必须接受一个形参，形参类型为输入范围的 value_type，并且返回可以用作条件的类型。find_if 返回第一个使 unaryPred 为真的元素的迭代器，如果不存在这样的元素就返回 end。count_if 对每个元素应用 unaryPred，并返回使 unaryPred 为真的元素的数目。

15.1.2　查找许多值中的一个的算法

这些算法要求使用两对前向迭代器。它们在第一个范围中查找与第二个范围中任意元素相等的第一个(或最后一个)元素。beg1 和 end1 的类型必须完全匹配，beg2 和 end2 的类型也必须完全匹配。

不要求 beg1 和 beg2 的类型完全匹配，但是，必须有可能对这两个序列的元素类型进行比较。例如，如果第一个序列是 list <string>，则第二个可以是 vector <char *>。

每个算法都是重载的。默认情况下，使用元素类型的 == 操作符测试元素，或者，可以指定一个谓词，该谓词接受两个形参，并返回表示这两个元素间测试成功或失败的 bool 值。

下述代码返回第二个范围的任意元素在第一个范围首次出现的迭代器，如果找不到匹配就返回 end1。

```
find_first_of(beg1,end1,beg2,end2)
```

下述代码使用 binaryPred 比较来自两个序列的元素，返回第一个范围中第一个这种元素的迭代器：当对该元素和来自第二个范围的一个元素应用 binaryPred 时，binaryPred 为真，如果不存在这样的元素，就返回 end1。

```
find_first_of(beg1,end1,beg2,end2,binaryPred)
```

find_end()会在一个序列中查找最后一个和另一个元素匹配的匹配项。

```
find_end(beg1,end1,beg2,end2)
find_end(beg1,end1,beg2,end2,binaryPred)
```

作为例子，如果第一个序列是 0,1,1,2,2,4,0,1，而第二个序列是 1,3,5,7,9，则 find_end 返回表示输入范围中最后一个元素的迭代器，而 find_first_of 将返回第二个元素的迭代器——本例中，它返回输入序列中的第一个 1。

15.1.3　查找子序列的算法

这些算法要求使用前向迭代器。它们查找子序列而不是单个元素。如果找到子序列，就返回子序列中第一个元素的迭代器；如果找不到子序列，就返回输入范围的 end 迭代器。

每个函数都是重载的。默认情况下，使用相等操作符==比较元素；第二个版本允许程序员提供一个谓词代替==操作符进行测试。

下述代码返回重复元素的第一个相邻对。如果没有相邻的重复元素，就返回 end。在第一种情况下，使用相等操作符==找到重复元素；在第二种情况下，重复元素是使 binaryPred 为真的那些元素。

```
adjacent_find(beg,end)
adjacent_find(beg,end,binaryPred)
```

下述代码返回输入范围中第二个范围作为子序列出现的第一个位置。如果找不到子序列，就返回 end1。beg1 和 beg2 的类型可以不同，但必须是兼容的：必须能够比较两个序列中的元素。

```
search(beg1,end1,beg2,end2)
search(beg1,end1,beg2,end2,binaryPred)
```

下述代码返回 count 个相等元素的子串的开关迭代器。如果不存在这样的子串，就返回 end。第一个版本查找给定 val 的 count 次出现，第二个版本查找使 binaryPred 为真的 count 次出现。

```
search_n(beg,end,count,val)
search_n(beg,end,count,val,binaryPred)
```

15.2 其他只读算法

这些算法要求用于前两个实参的输入迭代器。equal 和 mismatch 算法还接受一个附加输入迭代器，该迭代器表示第二个范围。第二个序列中的元素至少与第一个序列一样多，如果第二个序列的元素较多，就忽略多余元素；如果第二个序列的元素较少，就会出错并导致未定义的运行时行为。

照常，表示输入范围的迭代器的类型必须完全匹配。beg2 的类型必须与 beg1 的类型兼容，即必须能够比较两个序列中的元素。

equal 和 mismatch 函数是重载的：一个版本使用元素相等操作符==测试元素对，另一个使用谓词。

下述代码对其输入范围中的每个元素应用函数(或函数对象(参见 14.8 节))f。如果 f 有返回值，就忽略该返回值。迭代器是输入迭代器，所以 f 不能写元素。例如，f 可以显示范围中的值。

```
for_each(beg,end,f)
```

下述代码比较两个序列中的元素，返回一对表示第一个不匹配元素的迭代器。如果所有元素都匹配，则返回的 pair 是 end1，以及 beg2 中偏移量为第一个序列长度的迭代器。

```
mismatch(beg1,end1,beg2)
mismatch(beg1,end1,beg2,binaryPred)
```

下述代码确定两个序列是否相等。如果输入范围中的每个元素都与从 beg2 开始的序列中的对应元素相等，就返回 true。

```
equal(beg1,end1,beg2)
equal(beg1,end1,beg2,binaryPred)
```

例如，给定序列 meet 和 meat，调用 mismatch，将返回一个 pair 对象，其中包含指向第一个序列中第二个 e 的迭代器，以及指向第二个序列中元素 a 的迭代器。如果第二个序列是 meeting，并调用 equal，则返回的将是 end1 和表示第二个范围中元素 i 的迭代器。

15.3　二分查找算法

虽然可以与前向迭代器一起使用这些算法，但它们还是提供了与随机访问迭代器一起使用的特殊版本，它们的速度更快。

这些算法执行二分查找，这意味着输入序列必须是已排列的。这些算法的表现类似于同名的关联容器成员。equal_range、lower_bound 和 upper_bound 算法返回一个迭代器，该迭代器指向容器中的位置，可以将给定元素插入到这个位置而仍然保持容器的排序。如果元素比容器中的任意其他元素都大，则返回的迭代器将是一个超出末端的迭代器。

每个算法提供两个版本：第一个版本使用元素类型的小于操作符<测试元素，第二个版本使用指定的比较关系。

下述代码返回第一个这种位置的迭代器：可以将 val 插入到该位置而仍然保持顺序。

```
lower_bound(beg,end,val)
lower_bound(beg,end,val,comp)
```

下述代码返回最后一个这种位置的迭代器：可以将 val 插入到该位置而仍然保持顺序。

```
upper_bound(beg,end,val)
upper_bound(beg,end,val,comp)
```

下述代码返回一个表示子范围的迭代器对，可以将 val 插入到该子范围而仍然保持顺序。

```
equal_range(beg,end,val)
equal_range(beg,end,val,comp)
```

下述代码返回一个 bool 值，表示序列是否包含与 val 相等的元素。如果 x <y 和 y <x 都获得假值，就认为 x 和 y 相等。

```
binary_search(beg,end,val)
binary_search(beg,end,val,comp)
```

15.4　写容器元素的算法

许多算法都可以用于写容器元素。这些算法可以根据所操作的迭代器种类，以及是写输入范围的元素还是写到特定目的地来区分。最简单的算法是读序列中的元素，只要求输入迭代器。那些写回输入序列的算法要求使用前向迭代器。一些算法用于反向读取序列，所以要求使用双向迭代器。写至单独目的地的算法，照常假定目的地足以保存输入内容。

15.4.1 只写元素不读元素的算法

这些算法要求使用表示目的地的输出迭代器。它们接受指定数量的第二个实参并将该数目的元素写到目的地。

下述代码将 cnt 个值写到 dest。fill_n() 函数写 val 值的 cnt 个副本，generate_n()对发生器 Gen 进行 cnt 次计算。发生器是一个函数（或函数对象），每次调用它都期待产生一个不同的返回值。

```
fill_n(dest,cnt,val)
generate_n(dest,cnt,Gen)
```

15.4.2 使用输入迭代器写元素的算法

这些操作每次将读一个输入序列，并写到由 dest 表示的输出序列中。它们要求 dest 是一个输出迭代器，而表示输入范围的迭代器必须是输入迭代器。调用者负责保证 dest 可以保存给定输入序列所需数量的元素。这些算法返回 dest，dest 增量至指向所写最后元素的下一位置。

下述代码将输入范围复制到从迭代器 dest 开始的序列。

```
copy(beg,end,dest)
```

下述代码对输入范围中的每个元素应用指定操作，将结果写到 dest。第一个版本对输入范围中的每个元素应用一元操作。第二个版本对元素对应用二元操作，它从由 beg 和 end 表示的序列接受二元操作的第一个实参，从开始于 beg2 的第二个序列接受第二个实参。程序员必须保证开始于 beg2 的序列具有至少与第一个序列一样多的元素。

```
transform(beg,end,dest,unaryOp)
transform(beg,end,beg2,dest,binaryOp)
```

下述代码将每个元素复制到 dest，用 new_val 代替指定元素。第一个版本代替那些"==old_val"的元素，第二个版本代替那些使 unaryPred 为真的元素。

```
replace_copy(beg,end,dest,old_val,new_val)
replace_copy_if(beg,end,dest,unaryPred,new_val)
```

下述两个函数的功能主要是将输入序列合并，然后写到 dest。第一个版本使用<操作符比较元素，第二个版本使用给定的比较关系。

```
merge(beg1,end1,beg2,end2,dest)
merge(beg1,end1,beg2,end2,dest,comp)
```

15.4.3 使用前向迭代器写元素的算法

这些算法要求使用前向迭代器，因为它们修改输入序列中的元素。

下述代码中函数的形参是引用，所以实参必须是可写的。交换指定元素或由给定迭代器表示的元素。

```
swap(elem1,elem2)
iter_swap(iter1,iter2)
```

下述代码用开始于 beg2 的第二个序列中的元素交换输入范围中的元素，其中范围必须不重叠。程序员必须保证开始于 beg2 的序列至少与输入序列一样大。返回 beg2，beg2 增量至指向被交换的最后一个元素之后的元素。

```
swap_ranges(beg1,end1,beg2)
```

下述代码将新值赋给输入序列中的每个元素。fill() 赋 val 值，generate() 执行 Gen 来创建新值。

```
fill(beg,end,val)
generate(beg,end,Gen)
```

下述代码用 new_val 代替每个匹配元素。第一个版本使用 == 操作符将元素与 old_val 进行比较；第二个版本对每个元素执行 unaryPred，代替使 unaryPred 为真的那些元素。

```
replace(beg,end,old_val,new_val)
replace_if(beg,end,unaryPred,new_val)
```

15.4.4　使用双向迭代器写元素的算法

这些算法要求具有在序列中往回走的能力，所以它们要求使用双向迭代器。

下述代码按逆序将元素复制到输出迭代器 dest。返回 dest，dest 增量至指向被复制的最后一个元素的下一位置。

```
copy_backward(beg,end,dest)
```

下述代码将同一序列中的两个相邻子序列合并为一个有序序列：将从 beg 到 mid 和从 mid 到 end 的子序列合并为从 beg 到 end 的序列。第一个版本使用 < 操作符比较元素；第二个版本使用指定的比较关系。

```
inplace_merge(beg,mid,end)
inplace_merge(beg,mid,end,comp)
```

15.5　划分与排序算法

划分和排序算法为容器元素排序提供不同的策略。

将输入范围中的元素划分为两组，第一组由满足给定谓词的元素构成，第二组由不满足谓词的元素构成。例如，可以根据元素是否为奇数划分容器中的元素，或者，根据单词是否以大写字母开头进行划分，诸如此类。每个划分和排序算法都提供稳定和不稳定版本，稳定算法维持相等元素的相对次序。例如，给定序列：

```
{ "pshew","Honey","tigger","Pooh" }
```

基于单词是否以大写字母开头的稳定算法，产生维持两个单词类的相对次序的序列：

```
{ "Honey","Pooh","pshew","tigger" }
```

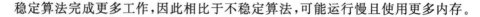

稳定算法完成更多工作，因此相比于不稳定算法，可能运行慢且使用更多内存。

15.5.1 划分算法

这些算法要求使用双向迭代器。

下述代码使用 unaryPred 划分输入序列。使 unaryPred 为真的元素放在序列开头，使 unaryPred 为假的元素放在序列末尾。返回一个迭代器，该迭代器指向使 unaryPred 为真的最后元素的下一位置。

```
stable_partition(beg,end,unaryPred)
partition(beg,end,unaryPred)
```

15.5.2 排序算法

这些算法要求使用随机访问迭代器。每个排序算法都提供两个重载版本，一个版本使用元素操作符 <比较元素，另一个版本接受一个指定比较关系的额外形参。这些算法返回 void，除了一个例外，那就是 partial_sort_copy 返回目的地迭代器。

partial_sort 和 nth_element 算法只完成序列排序的部分工作，经常用它们解决通过对整个序列排序来处理的问题。因为这些操作做的工作较少，所以它们一般比排序整个输入范围要快一些。

下述代码对整个范围进行排序。

```
sort(beg,end)
stable_sort(beg,end)
sort(beg,end,comp)
stable_sort(beg,end,comp)
Sorts the entire range.
```

下述代码对 mid－beg 个元素进行排序，也就是说，如果 mid－beg 等于 42，则该函数将有序次序中的最小值元素放在序列中的前 42 个位置。partial_sort 完成之后，从 beg 到 mid(但不包括 mid)范围内的元素是有序的。已排序范围内没有元素大于 mid 之后的元素，未排序元素之间的次序是未指定的。

```
partial_sort(beg,mid,end)
partial_sort(beg,mid,end,comp)
```

例如，有一个赛跑成绩的集合，我们想要知道前三名的成绩但并不关心其他名次的次序，可以这样对该序列进行排序：

```
partial_sort(scores.begin(),
scores.begin() + 3,scores.end());
partial_sort_copy(beg,end,destBeg,destEnd)
partial_sort_copy(beg,end,destBeg,destEnd,comp)
```

对输入序列中的元素进行排序，将已排序序列中适当数目的元素放入由迭代器 destBeg 和 destEnd 表示的序列。如果目的地范围与输入范围一样大，或者比输入范围大，则将整个输入范围排序且有序序列从 destBeg 开始；如果目的地较小，则只复制适当数目的有序元素。

返回目的地中的迭代器，指向已排序的最后一个元素之后。如果目的地序列比输入范围小或者与输入范围大小相等，那么返回的迭代器将是 destEnd。

下述代码中实参 nth 必须是一个迭代器，定位输入序列中的一个元素。运行 nth_element() 之后，如果整个序列是已排序的，则该迭代器表示的元素的值就是这个位置上应放置的值。容器中的元素也围绕 nth 划分：nth 之前的元素都小于或等于 nth 所表示的值，nth 之后的元素都大于或等于它。

```
nth_element(beg,nth,end)
nth_element(beg,nth,end,comp)
```

可以使用 nth_element()查找与中值最接近的值：

```
nth_element(scores.begin(),scores.begin() + scores.size()/2,scores.end());
```

15.6 通用程序排序操作

有几个算法用指定方法对元素进行重新排序。最前面的两个 remove 和 unique 对容器重新排序，以便序列中的第一部分满足一些标准，它们返回标志这个子序列末尾的迭代器。其他算法，如 reverse、rotate 和 random_shuffle，则重新安排整个序列。

这些算法“就地”操作，它们在输入序列本身中重新安排元素。3 个重新排序算法提供“复制”版本。算法 remove_copy、rotate_copy 和 unique_copy 将重新排序之后的序列写至目的地，而不是直接重新安排元素。

15.6.1 使用前向迭代器的重新排序算法

这些算法对输入序列进行重新排序，它们要求迭代器至少是前向迭代器。

下述代码通过用要保存的元素覆盖元素而从序列中“移去”元素。被移去的元素是“==val”或使 unaryPred 为真的那些元素。返回一个迭代器，该迭代器指向未移去的最后一个元素的下一位置。

```
remove(beg,end,val)
remove_if(beg,end,unaryPred)
```

例如，如果输入序列是“hello world”，而 val 是 o，则调用 remove 将序列左移两次覆盖两个元素，即字母“o”。新序列将是“hell wrldld”，返回的迭代器将指向第一个 d 之后的元素。

下述代码“移去”匹配元素的每个连续组，除了第一个之外。返回一个迭代器，该迭代器指向最后一个单一元素的下一位置。第一个版本使用 == 操作符确定两个元素是否相同，第二个版本使用谓词测试相邻元素。

例如，如果输入序列是 boohiss，则调用 unique 之后，第一个序列将包含 bohisss。返回的迭代器指向第一个 s 之后的元素，序列中剩余的两个元素的值是未指定的。

```
unique(beg,end)
unique(beg,end,binaryPred)
```

下述代码围绕由 mid 表示的元素旋转元素。mid 处的元素成为第一个元素，从 mid +1 到 end 的元素其次，后面是从 beg 到 mid 的范围。返回 void。

```
rotate(beg,mid,end)
```

例如，给定输入序列 hissboo，如果 mid 表示字符 b，则旋转将序列重新排序为 boohiss。

15.6.2 使用双向迭代器的重新排序算法

因为这些算法向后处理输入序列，所以它们要求使用双向迭代器。

下述代码颠倒序列中的元素。reverse() 就地操作，它将重新安排的元素写回输入序列。reverse_copy() 将元素按逆序复制到输出迭代器 dest。照常，程序员必须保证可以安全地使用 dest。reverse() 返回 void；reverse_copy() 返回一个迭代器，该迭代器指向复制到目的地的最后一个元素的下一位置。

```
reverse(beg,end)
reverse_copy(beg,end,dest)
```

15.6.3 写至输出迭代器的重新排序算法

这些算法要求使用输入序列的前向迭代器以及目的地的输出迭代器。前面的每个通用重新排序算法都有一个 _copy 版本，这些 _copy 版本执行相同的重新排序，但是将重新排序之后的元素写至指定目的地序列，而不是改变输入序列。除 rotate_copy()（它要求使用前向迭代器）之外，其他的都由迭代器指定输入范围。dest 迭代器必须是输出迭代器，而且，程序员也必须保证可以安全地写目的地。这些算法返回 dest 迭代器，dest 迭代器增量至指向被复制的最后元素的下一位置。

下述代码中，除了与 val 匹配或使 unaryPred 返回真的元素之外，其他元素都复制到 dest。

```
remove_copy(beg,end,dest,val)
remove_copy_if(beg,end,dest,unaryPred)
```

下述代码将唯一元素复制到 dest。

```
unique_copy(beg,end,dest)
unique_copy(beg,end,dest,binaryPred)
```

下述代码除了保持输入序列不变并将旋转后的序列写至 dest 之外，与 rotate() 很像。返回 void。

```
rotate_copy(beg,mid,end,dest)
```

15.6.4 使用随机访问迭代器的重新排序算法

因为这些算法按随机次序重新安排元素，所以它们要求使用随机访问迭代器。

下述代码打乱了输入序列中的元素。第二个版本接受随机数发生器，该函数必须接受并返回迭代器的 difference_type 值。两个版本都返回 void。

```
random_shuffle(beg,end)
random_shuffle(beg,end,rand)
```

15.7 排序算法

考虑 3 个字符的序列：abc。这个序列有 6 种可能的排列：abc、acb、bac、bca、cab 和 cba。基于小于操作符按字典序列出这些排列，即 abc 是第一排列，因为它的第一个元素小于或等于其他每个排列中的首元素，而且它的第二个元素小于首元素的任意排列中的第二个元素。类似地，acb 是下一个排列，因为它以 a 开头，a 小于其余任意排列中的首元素。以 b 开头的那些排列出现在以 c 开头的那些之前。

对于任意给定的排列，可以指出哪个排列出现在它之前以及哪个出现在它之后。给定排列 bca，可以指出它的前一排列是 bac，它的下一排列是 cab。序列 abc 之前没有排列，cba 之后也没有下一排列。

标准库提供了两种排列算法，按字典序产生序列的排列。这些算法对序列重新排列，以便(按字典序)保存给定序列的下一个或前一个排列。它们的返回指出是否存在下一个或前一个排列的 bool 值。

每个算法都有两个版本：一个使用元素类型的<操作符，另一个接受指定用于比较元素的比较关系的实参。这些算法假定序列中的元素是唯一的，也就是说，算法假定序列中没有两个元素具有相同的值。

使用双向迭代器的排列算法

为了产生排列，必须对序列进行前向和后向处理，因此要求使用双向迭代器。

如果序列已经是在最后一个排列中，则 next_permutation() 将序列重新排列为最低排列并返回 false；否则，它将输入序列变换为下一个排列，即字典序的下一个排列，并返回 true。第一个版本使用元素的<操作符比较元素，第二个版本使用指定的比较关系，如下：

```
next_permutation(beg,end)
next_permutation(beg,end,comp)
```

与 next_permutation 很像，变换序列后形成原排列的上一个排列。如果这是最小的排列，那么它将会使序列重新排列为最大排列，并返回 false，如下：

```
prev_permutation(beg,end)
prev_permutation(beg,end,comp)
```

15.8 有序序列的集合算法

集合算法实现有序序列的通用集合运算。这些算法不同于标准库中的 set 容器，不应与 set 的操作相混淆；相反，这些算法提供普通顺序容器(vector、list 等)或其他序列(如输入流)上的集合式行为。

除了 include 之外，它们也接受输出迭代器。程序员照常必须保证目的地足以保存生成的序列。这些算法执行后，将返回它们的 dest 迭代器，dest 迭代器增量至指向紧接在写至 dest 的最后一个元素之后的元素。

每个算法都提供两种形式：第一种形式使用元素类型的<操作符比较两个输入序列中的元素；第二种形式接受一个用于比较元素的比较关系。

使用输入迭代器的集合算法

这些算法顺序处理元素，要求使用输入迭代器。

如果输入序列包含第二个序列中的每个元素，则返回 true；否则，返回 false，代码如下：

```
includes(beg,end,beg2,end2)
includes(beg,end,beg2,end2,comp)
```

创建在任一序列中存在的元素的有序序列。两个序列中都存在的元素在输出序列中只出现一次，将序列存储在 dest 中，代码如下：

```
set_union(beg,end,beg2,end2,dest)
set_union(beg,end,beg2,end2,dest,comp)
```

创建在两个序列中都存在的元素的有序序列，将序列存储在 dest 中，代码如下：

```
set_intersection(beg,end,beg2,end2,dest)
set_intersection(beg,end,beg2,end2,dest,comp)
```

创建在第一个容器中但不在第二个容器中的元素的有序序列，代码如下：

```
set_difference(beg,end,beg2,end2,dest)
set_difference(beg,end,beg2,end2,dest,comp)
```

创建在任一容器中存在但不在两个容器中同时存在的元素的有序序列，代码如下：

```
set_symmetric_difference(beg,end,beg2,end2,dest)
set_symmetric_difference(beg,end,beg2,end2,dest,comp)
```

15.9 最大值和最小值

这些算法的第一组在标准库中是独特的，它们操作值而不是序列；第二组接受一个由输入迭代器表示的序列。

下述代码中，返回 val1 和 val2 的最大值/最小值；实参必须是完全相同的类型；使用元素类型的<操作符或指定的比较关系；实参和返回类型都是 const 引用，表示

对象不是复制的。

```
min(val1,val2)
min(val1,val2,comp)
max(val1,val2)
max(val1,val2,comp)
```

下述代码中，返回指向输入序列中最小/最大元素的迭代器，使用元素类型的<操作符或指定的比较关系。

```
min_element(beg,end)
min_element(beg,end,comp)
max_element(beg,end)
max_element(beg,end,comp)
```

字典序比较关系

字典序比较关系检查两个序列中的对应元素，并基于第一个不相等的元素对确定比较关系。因为算法顺序地处理元素，所以它们要求使用输入迭代器。如果一个序列比另一个短，并且它的元素与较长序列中对应元素相匹配，则较短的序列在字典序上较小。如果序列长短相同且对应元素匹配，则在字典序上两者都不小于另一个。

对两个序列中的元素进行逐个比较。如果第一个序列在字典序上小于第二个序列，就返回 true；否则，返回 false。使用元素类型的<操作符或指定的比较关系。具体代码如下：

```
lexicographical_compare(beg1,end1,beg2,end2)
lexicographical_compare(beg1,end1,beg2,end2,comp)
```

15.10　算术算法

算术算法要求使用输入迭代器，如果算法修改输出，它就使用目的地输出迭代器。这些算法执行它们的输入序列的简单算术操纵。要使用算术算法必须包含头文件 numeric。

返回输入范围中所有值的总和。求和从指定的初始值 init 开始。返回类型是与 init 相同的类型。给定序列 1,1,2,3,5,8 以及初始值 0，结果是 20。第一个版本应用元素类型的 + 操作符，第二个版本应用指定的二元操作符。具体代码如下：

```
accumulate(beg,end,init)
accumulate(beg,end,init,BinaryOp)
```

返回作为两个序列乘积而生成的元素的总和。步调一致地检查两个序列，将来自两个序列的元素相乘，将相乘的结果求和。由 init 指定和的初值。假定从 beg2 开始的第二个序列具有至少与第一个序列一样多的元素，忽略第二个序列中超出第一个序列长度的任何元素。init 的类型决定返回类型。具体如下：

```
inner_product(beg1,end1,beg2,init)
inner_product(beg1,end1,beg2,init,BinOp1,BinOp2)
```

第一个版本使用元素的乘操作符(*)和加操作符(+)：给定两个序列 2,3,5,8 和 1,2,3,4,5,6,7,结果是初值加上下面的乘积对：

```
initial_value + (2 * 1) + (3 * 2) + (5 * 3) + (8 * 4)
```

如果提供初值 0,则结果是 55。

第二个版本应用指定的二元操作,使用第一个操作代替加而第二个操作代替乘。作为例子,可以使用 inner_product 来产生以括号括住的元素的名-值对的列表,这里从第一个输入序列获得名字,从第二个输入序列获得对应的值：

```
//将元素组合成用圆括号括起来、逗号分隔的内容
string combine(string x,string y)
{
    return "(" + x + "," + y + ")";
}
//添加两个字符串,每个字符串之间用逗号分隔
string concatenate(string x,string y)
{
    if (x.empty())
        return y;
    return x + "," + y;
}
cout << inner_product(names.begin(),names.end(),values.begin(),string(),concate-
nate,combine);
```

如果第一个序列包含 if、string 和 sort,且第二个序列包含 keyword、library type 和 algorithm,则输出将是：

```
(if,keyword),(string,library type),(sort,algorithm)
partial_sum(beg,end,dest)
partial_sum(beg,end,dest,BinaryOp)
```

将新序列写至 dest,其中每个新元素的值表示输入范围中在它的位置之前(不包括它的位置)的所有元素的总和。第一个版本使用元素类型 + 操作符,第二个版本应用指定的二元操作符。程序员必须保证 dest 至少与输入序列一样大。返回 dest,dest 增量至指向被写入的最后元素的下一位置。

给定输入序列 0,1,1,2,3,5,8,目的序列将是 0,1,2,4,7,12,20。例如,第四个元素是前三值(0,1,1)的部分和加上它自己的值(2),获得值 4。

将新序列写至 dest,其中除了第一个元素之外,每个新元素都表示当前元素和前一元素的差。第一个版本使用元素类型的操作符,第二个版本应用指定的二元操作。程序员必须保证 dest 至少与输入序列一样大。具体代码如下：

```
adjacent_difference(beg,end,dest)
adjacent_difference(beg,end,dest,BinaryOp)
```

给定序列 0,1,1,2,3,5,8,新序列的第一个元素是原序列第一个元素的副本,为 0;第二个元素是前两个元素的差,为 1;第三个元素是原序列第三个元素和第二个元素的差,为 0;以此类推,新序列是 0,1,0,1,1,2,3。

附录 A

VS2019 安装教程

A.1 安装.net framework

① 在微软官方网站中选择“所有 Microsoft”→“.NET”，如图 A.1 所示。

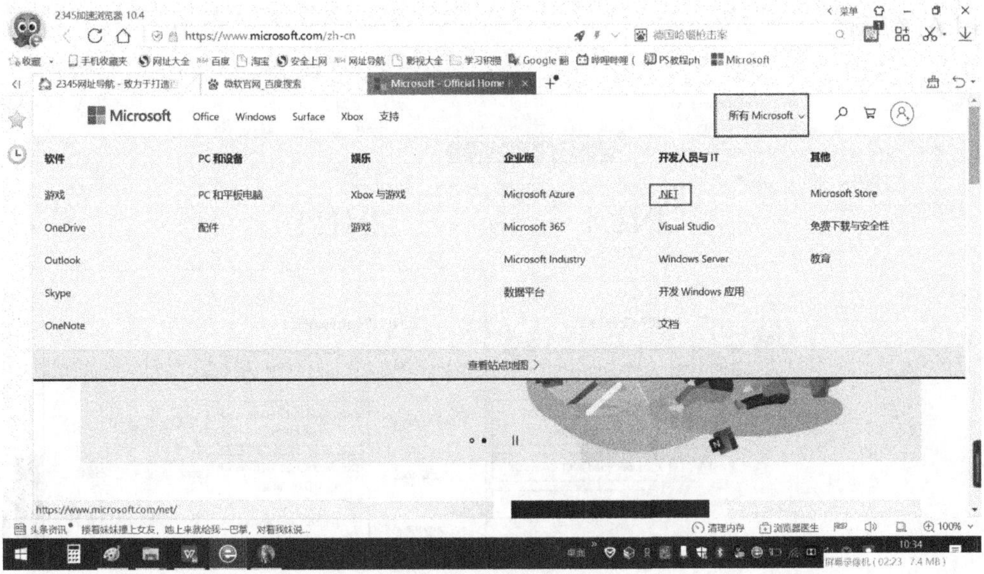

图 A.1 选择.NET

② 单击“.NET”后，进入下载界面，单击 Download，如图 A.2 所示。

③ 下载最新版本的.NET，有两种方案：

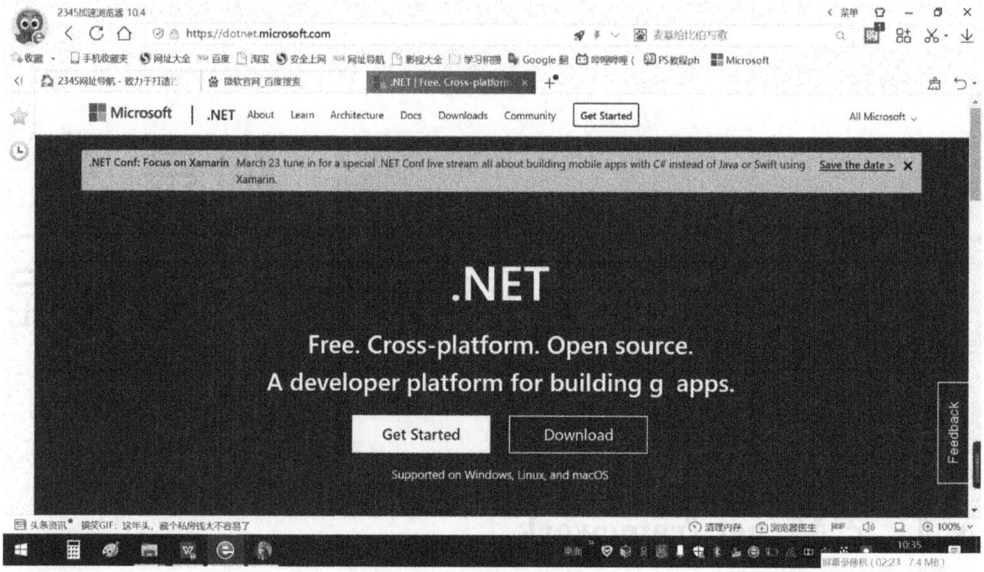

图 A.2 单击 Download

第一种，直接在当前页面单击 Download .NET Framework Runtime 下载，如图 A.3 所示。

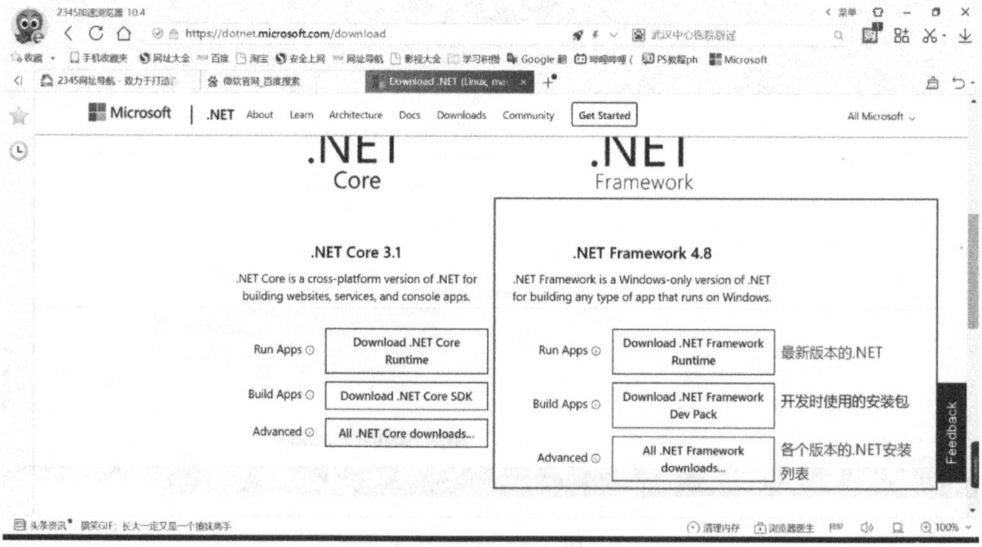

图 A.3 下载.NET(1)

第二种，单击 All .NET Framework downloads...，然后选择最新版本的.NET，如图 A.4 所示。

单击.NET Framework 4.8，选择下载，如图 A.5 所示。

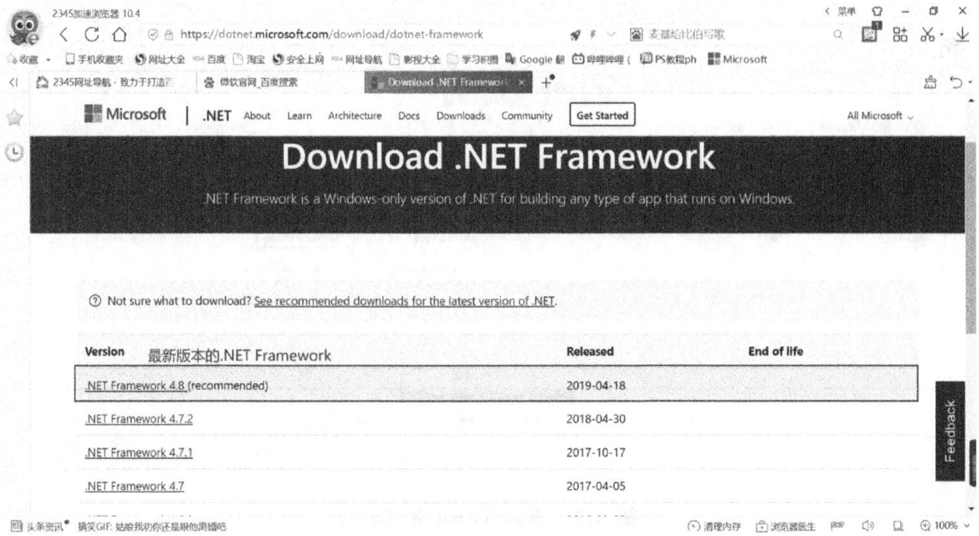

图 A.4　下载.NET(2)

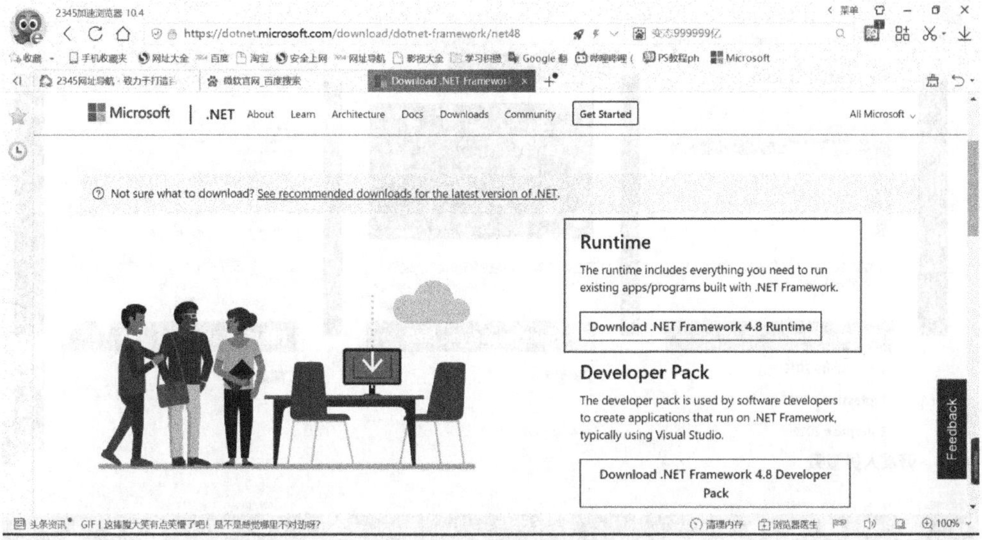

图 A.5　下载.NET(3)

④ 下载后，单击安装，一直单击“下一步”按钮，直到完成安装，此时.NET 安装完成！

A.2　VS2019 的安装与配置

① 在微软官方网站中选择“所有 Microsoft”→“Visual Studio”，如图 A.6 所示。

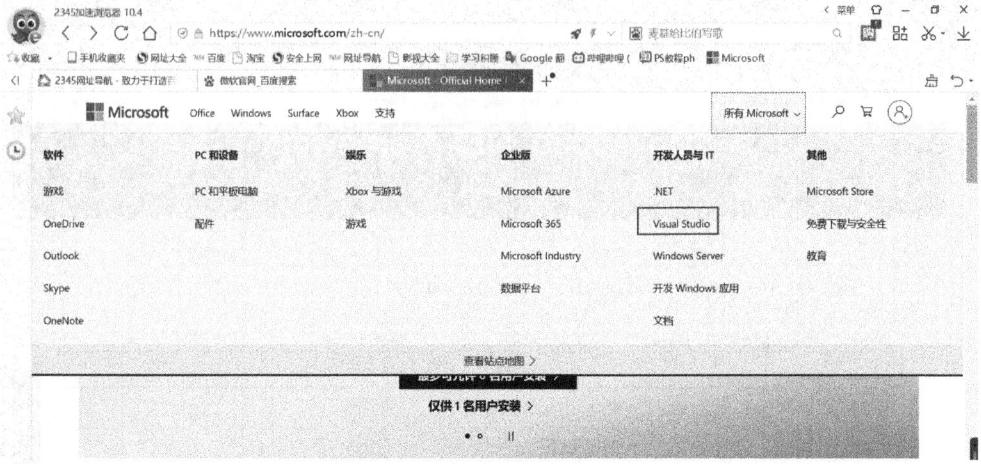

图 A.6　选择 Visual Studio(1)

② 3 种版本的 VS2019 如图 A.7 所示。

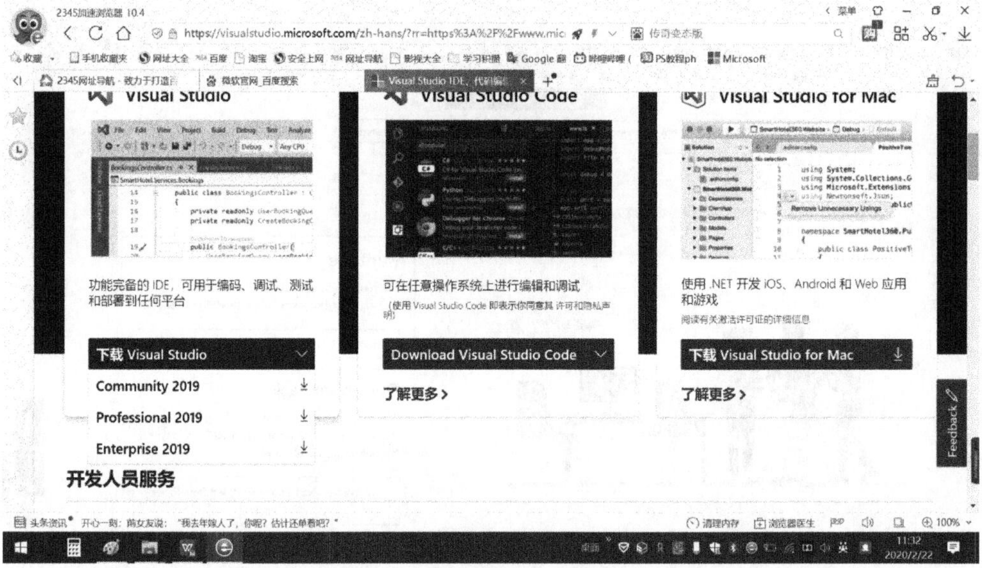

图 A.7　选择 Visual Studio(2)

Community 2019：社区版，免费的，适用于学习方面，是我们当前的选择。

Professional 2019：个人版，收费的，适用于个人开发。

Enterprise 2019：企业版，收费的，适用于公司。

区别：主要应用在商业上。

社区版：

第一，安装后有试用期，可以通过邮箱注册账户，登录后可以免费长时间使用，选择“帮助”→“注册产品”，注册帐户，如图 A.8 所示。

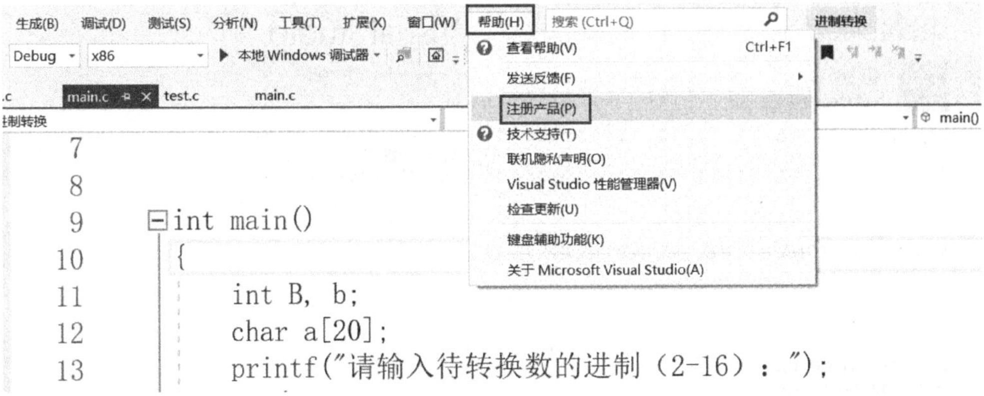

图 A.8 注册产品(1)

第二，通过邮箱注册产品，如图 A.9 所示。

图 A.9 注册产品(2)

第三，注册成功后可长期使用，如图 A.10 所示。

个人版和企业版：

第一，社区版为最基础版本，如有更高的需求，可安装个人版或者企业版，只是这

图 A.10　注册产品(3)

两个版本需要注册产品，选择“帮助”→“注册产品”。

第二，选择“使用产品密钥解锁”，如图 A.11 所示。

图 A.11　使用产品密钥解锁(1)

第三，输入激活密钥，如下：

Visual Studio 2019 Enterprise：BF8Y8-GN2QH-T84XB-QVY3B-RC4DF

Visual Studio 2019 Professional：NYWVH-HT4XC-R2WYW-9Y3CM-X4V3Y

若密钥失效，则需要自己到网上去搜索。

第四，单击“应用”，然后完成激活，如图 A.12 所示。

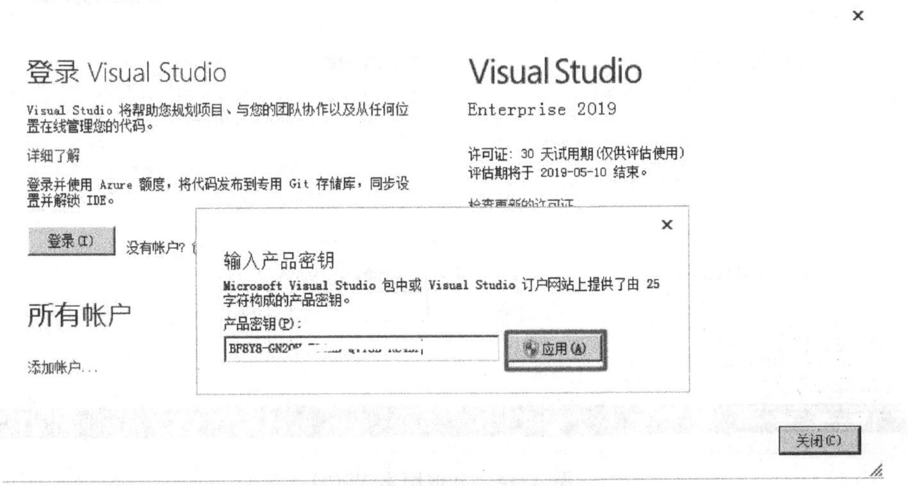

图 A.12　使用产品密钥解锁(2)

③ 其他版本的 VS 软件。

回到 Visual Studio 首页，选择“支持”→Visual Studio 2019，如图 A.13 所示。

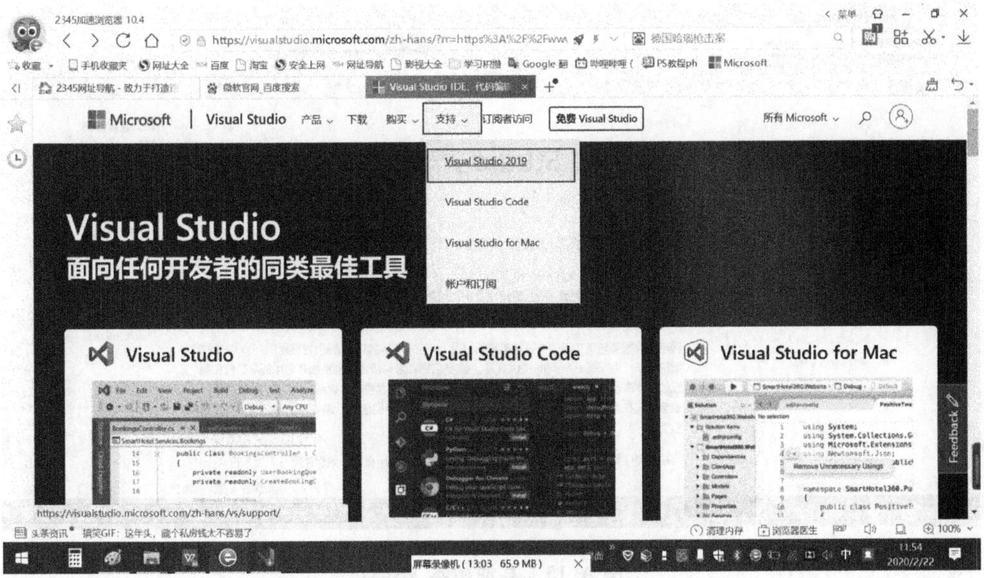

图 A.13　其他版本 VS(1)

进入页面后，选择“支持策略(1)”，然后单击 Visual Studio IDE，如图 A.14 所示。

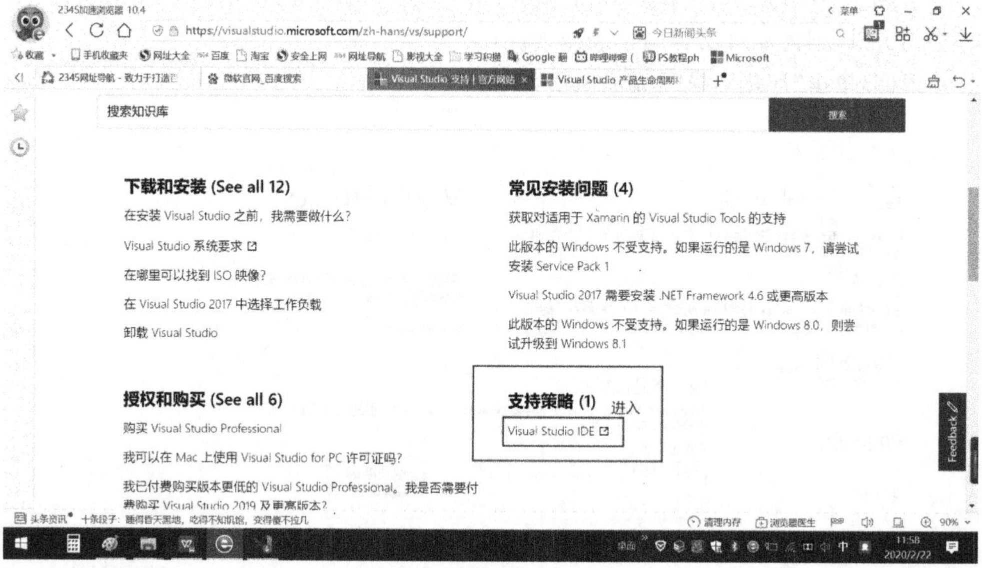

图 A.14　其他版本 VS(2)

进入之后，单击左侧 Visual Studio，在下拉列表中可选择不同版本的 VS 软件，如图 A.15 所示。

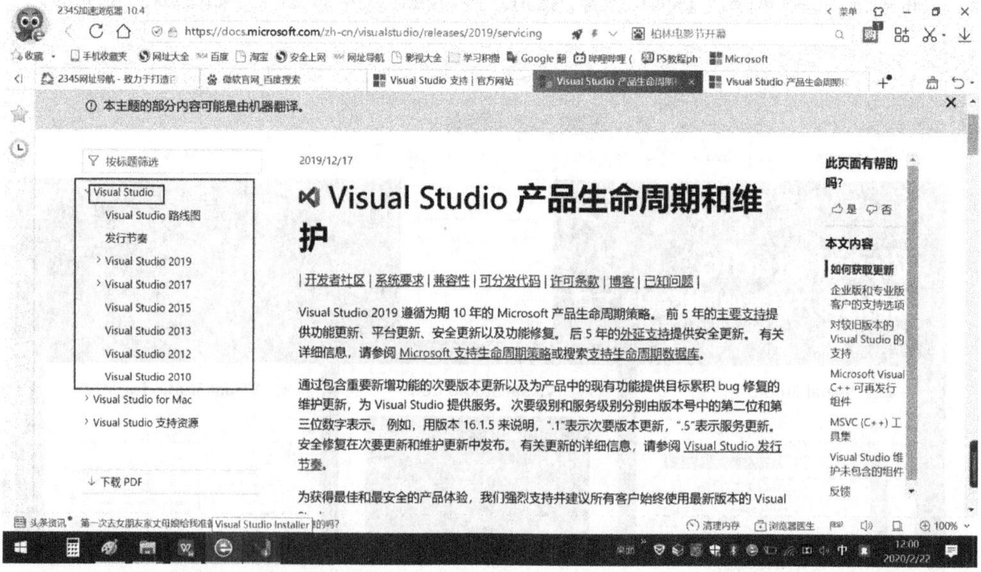

图 A.15　其他版本 VS(3)

④ 回到 Visual Studio 首页，选择下载 Community 2019，如图 A.16 所示。

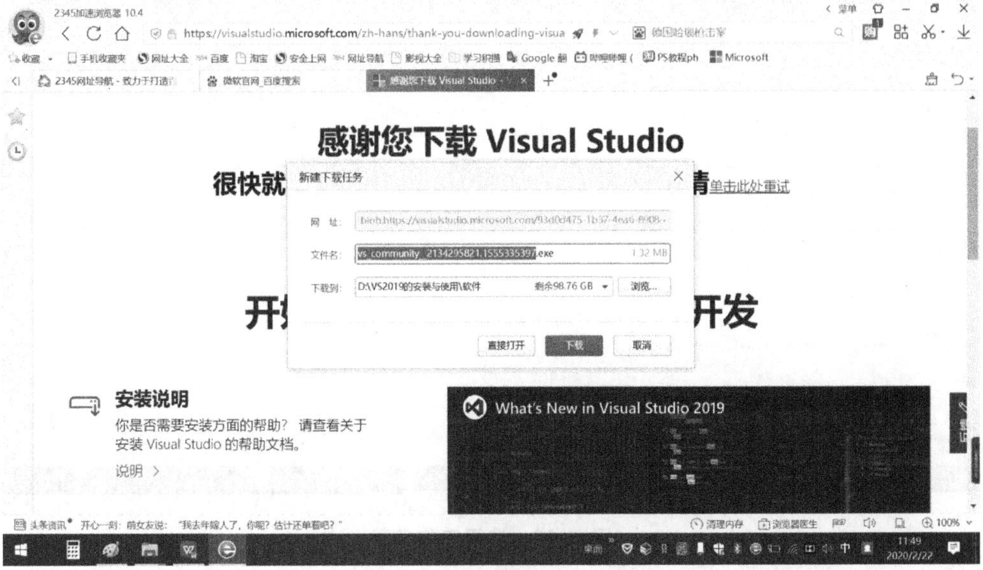

图 A.16　下载 Community 2019

下载完成之后，直接双击安装.exe 文件，如图 A.17 所示。

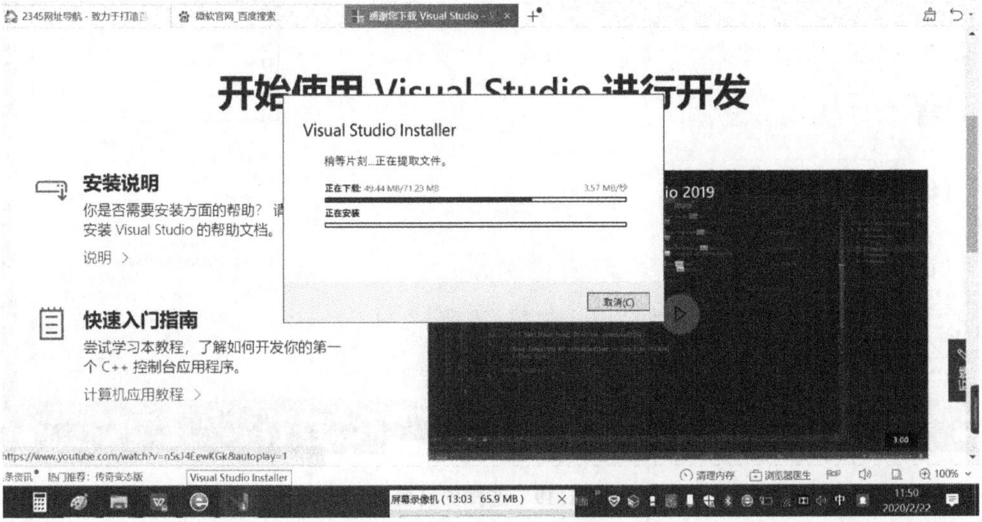

图 A.17　安装 Community 2019

⑤ 安装完成之后，进入设置界面，选择“工作负载”→“使用 C++的桌面开发”，如果需要安装其他工作负载，可自行选中，或者需要时再添加安装，如图 A.18 所示。

选择之后如图 A.19 所示。

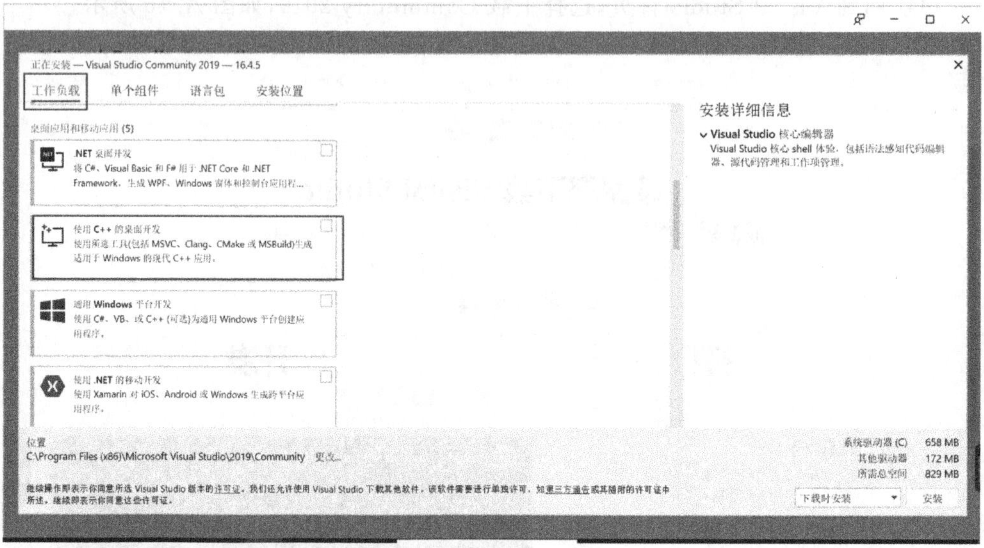

图 A.18　选择工作负载

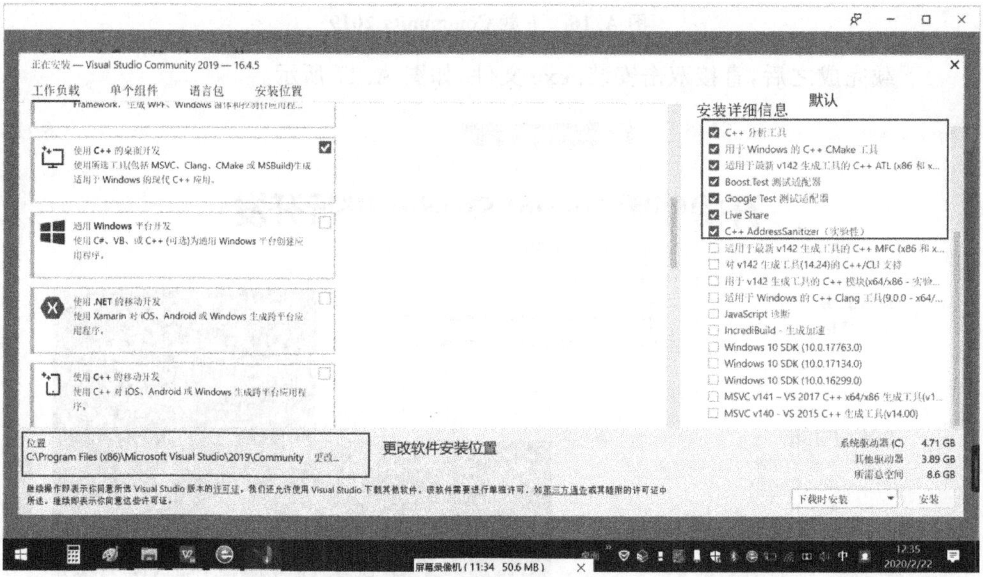

图 A.19　选择安装位置

选择满意的软件安装位置，然后选择“下载时安装”。因为软件所需空间较大，因此最好不要安装在 C 盘，且安装路径不要出现中文，如图 A.20 所示。

安装完成之后，根据要求，重启计算机，如图 A.21 所示。

⑥ 重启完成之后，在“开始”菜单中找到 Visual Studio 2019，将其拖拽到桌面，生成快捷方式，至此，VS2019 的安装完成，如图 A.22 所示。

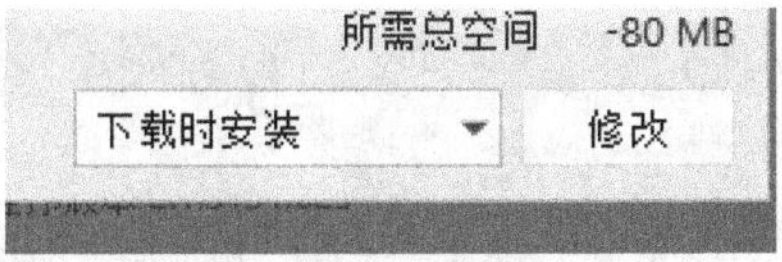

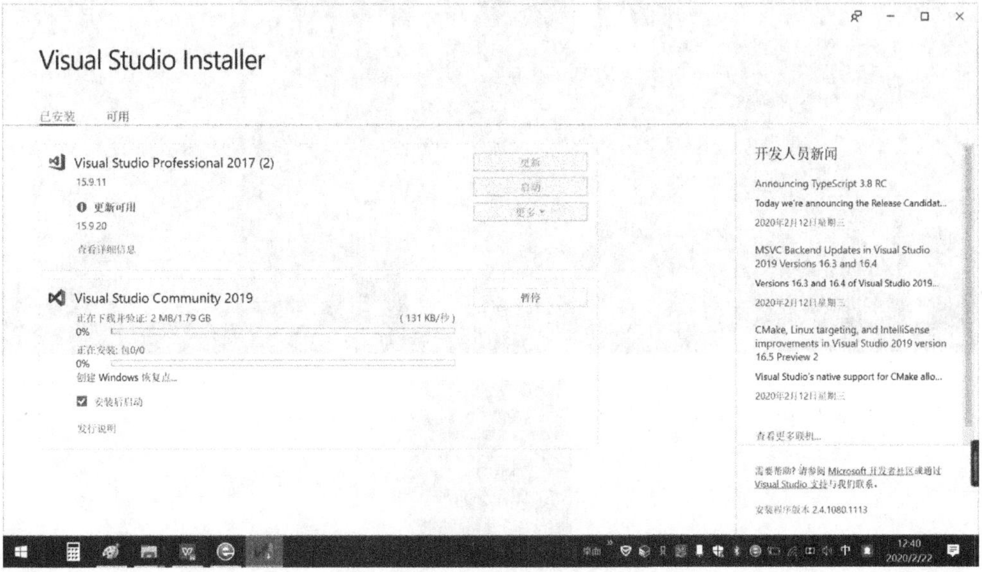

图 A.20　安装 VS(1)

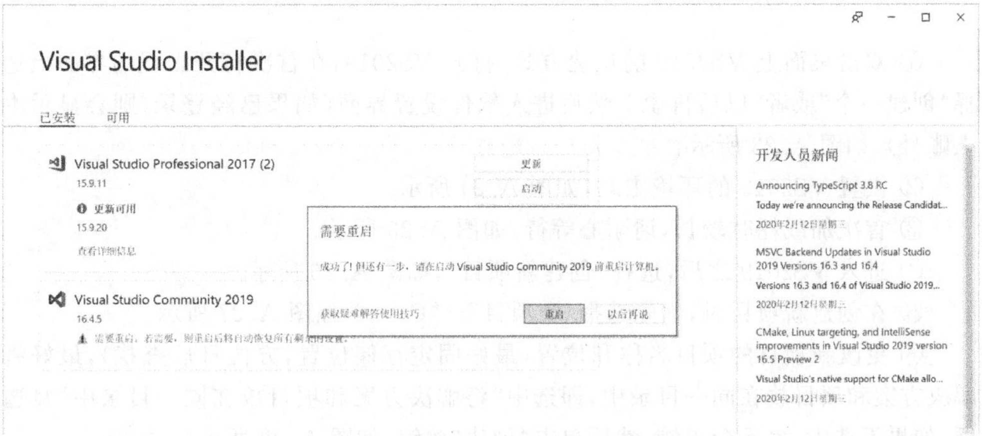

图 A.21　安装 VS(2)

图 A.22　快捷图标

A.3　新建 C/C++项目

① 双击桌面上 VS2019 的快捷方式，打开 VS2019，在首次打开出现的界面上选择“创建一个”或者“以后再说”，然后进入软件设置界面(如果已经登录，则会显示本人账号)，如图 A.23 所示。

② 设置 VS2019 的环境主题，如图 A.24 所示。

③ 首次加载耗时较长，请耐心等待，如图 A.25 所示。

④ 进入 VS2019 之后，选择“创建新项目”，如图 A.26 所示。

⑤ 在创建新项目时，优先选择“空项目”→“C++”，如图 A.27 所示。

⑥ 更改新项目的项目名称和位置(最好固定存储位置，方便日后查找)，最好将解决方案和项目放在同一目录中，即选中“将解决方案和项目放在同一目录中”复选框，如果不选中，也不会出错，然后单击“创建”按钮，如图 A.28 所示。

⑦ 选择“解决方案资源管理器”→源文件→“添加”→“新建项”，如图 A.29 所示。

⑧ 添加.cpp 源文件，如图 A.30 所示。

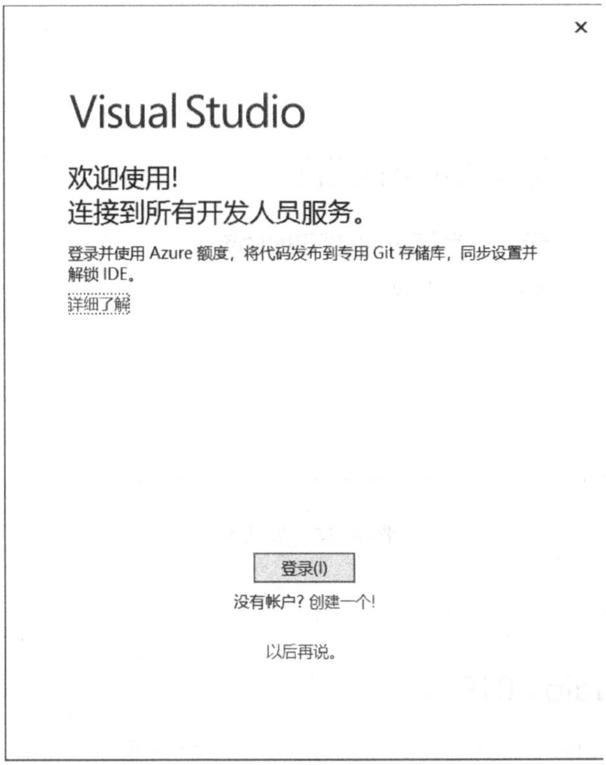

图 A.23　首次打开 VS

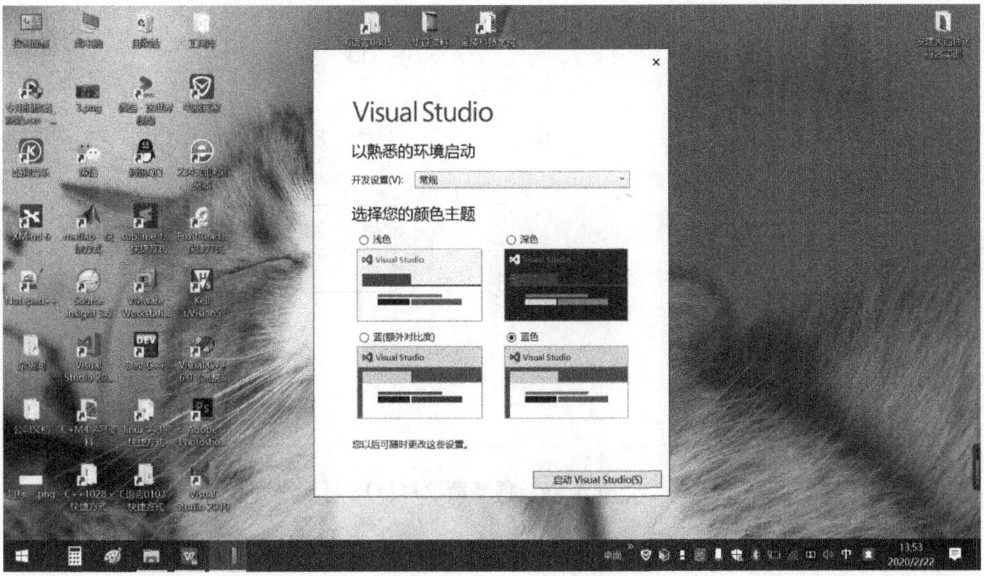

图 A.24　设置 VS2019 的环境主题

图 A.25 加载 VS

图 A.26 创建新项目(1)

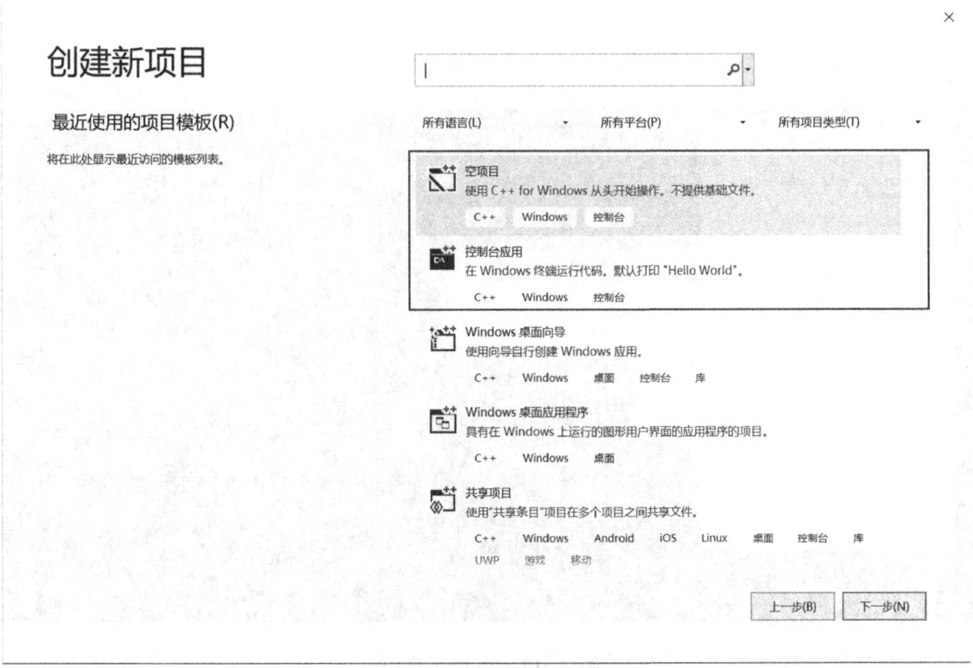

图 A.27　创建新项目(2)

图 A.28　配置新项目

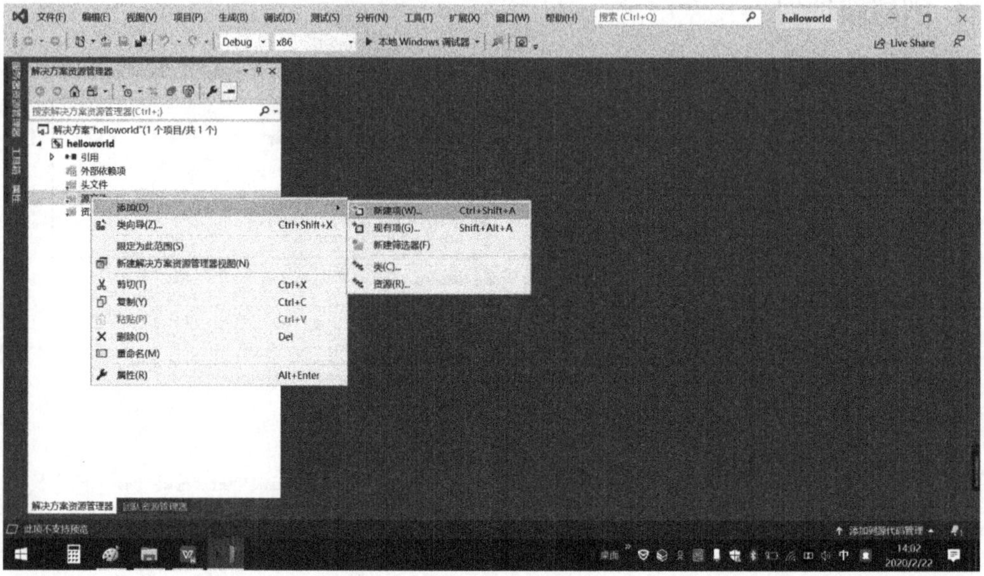

图 A.29　添加新建项

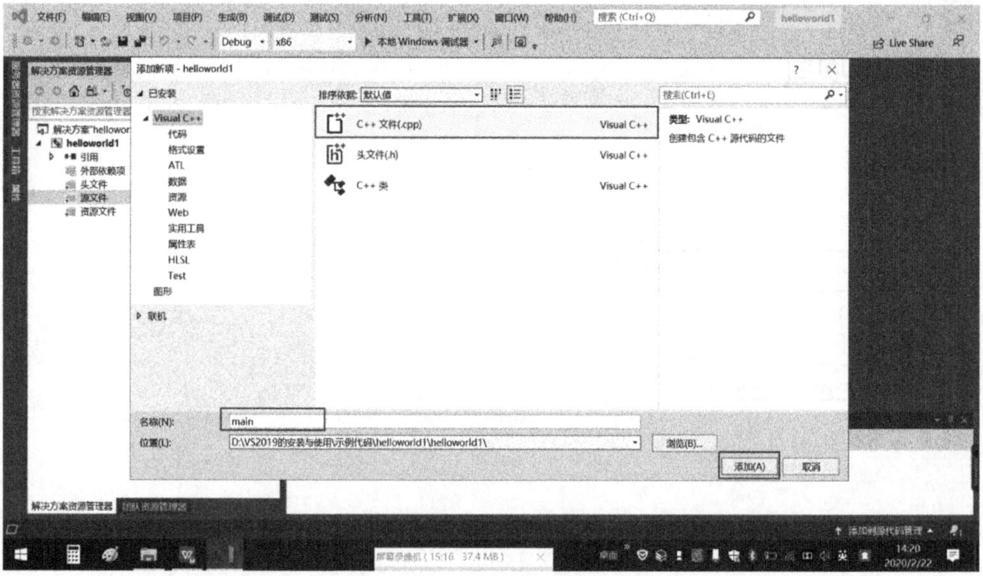

图 A.30　添加源文件

⑨ 在添加的 main. cpp 中编写 C++入门程序，如图 A. 31 所示。

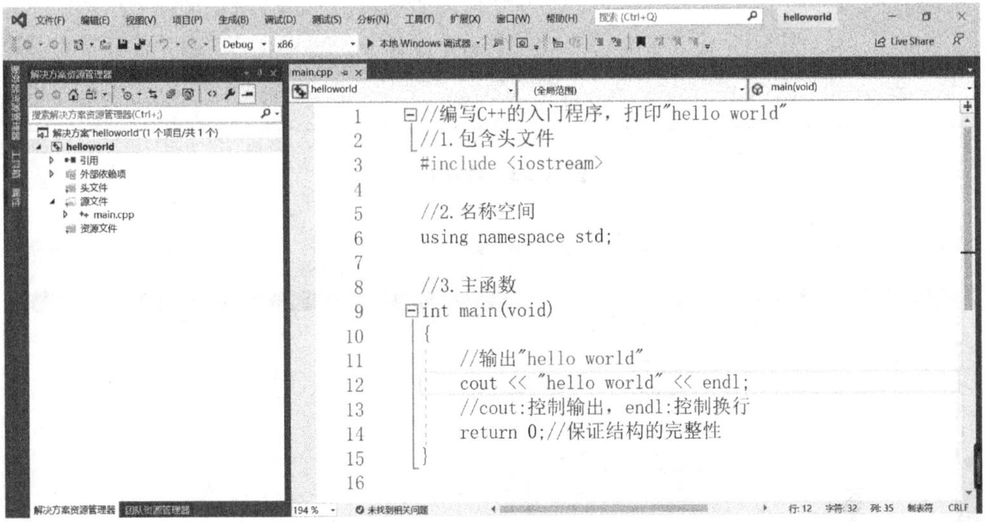

图 A. 31 C++入门程序

⑩ 编写完成之后，选择“生成”→“生成解决方案”，检查程序是否有错误，如图 A. 32 所示。

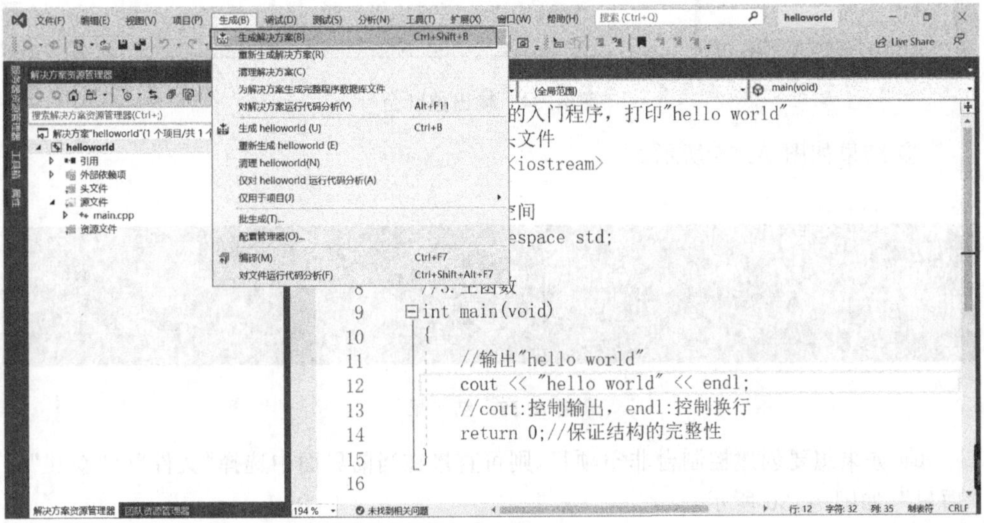

图 A. 32 生成解决方案

⑪ 程序无错误时，方可进行下一步，如图 A. 33 所示。

⑫ 选择“调试”→“开始执行(不调试)”，输出控制台，如图 A. 34 所示。

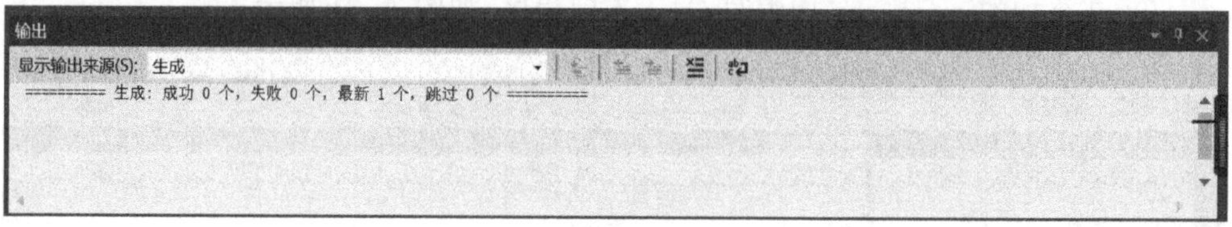

图 A.33　程序检错

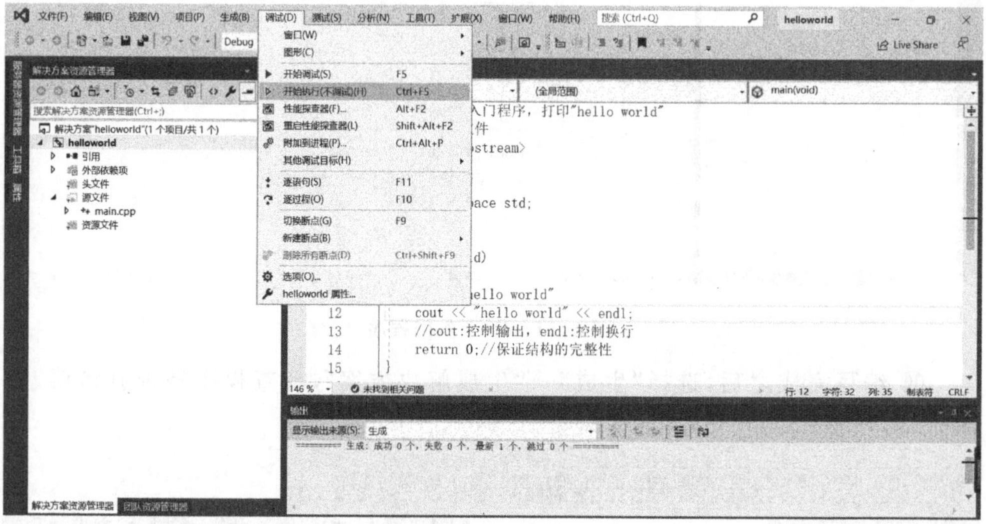

图 A.34　输出控制台

⑬ 结果如图 A.35 所示。

图 A.35　结　果

⑭ 如果想要创建控制台非空项目，则可直接在当前界面中选择"文件"→"新建"→"项目"，如图 A.36 所示。

⑮ 此时选择控制台应用，如图 A.37 所示。

注意： 此时创建新解决方案，使新建的项目独立，如图 A.38 所示。

⑯ 项目生成之后，自带.cpp 文件，文件中自带输出"Hello World!"，生成和调试同⑩～⑫，如图 A.39 所示。

⑰ 如果想要新建 C 程序，则仍然是新建项目，选择空项目，如图 A.40 所示。

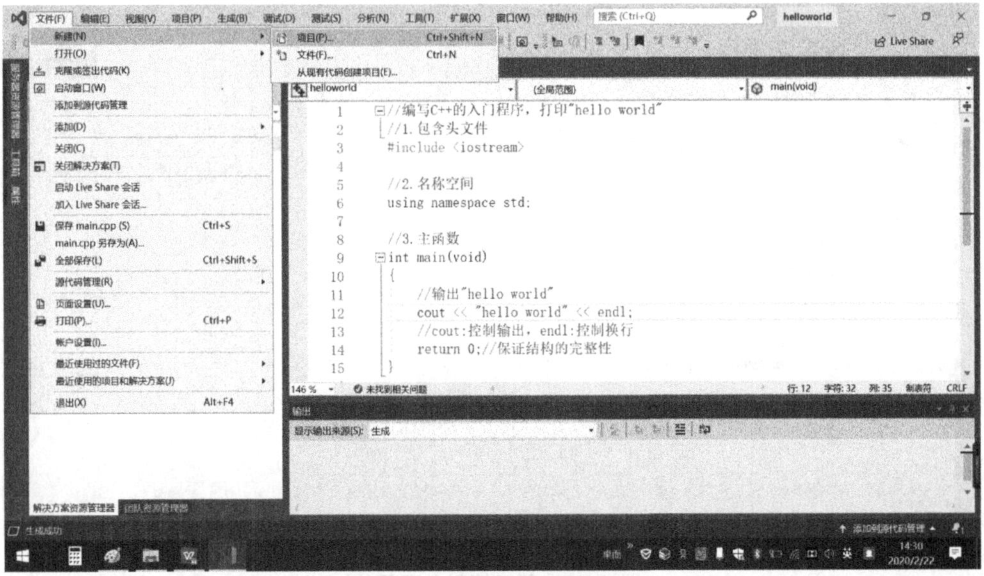

图 A.36　新建控制台项目(1)

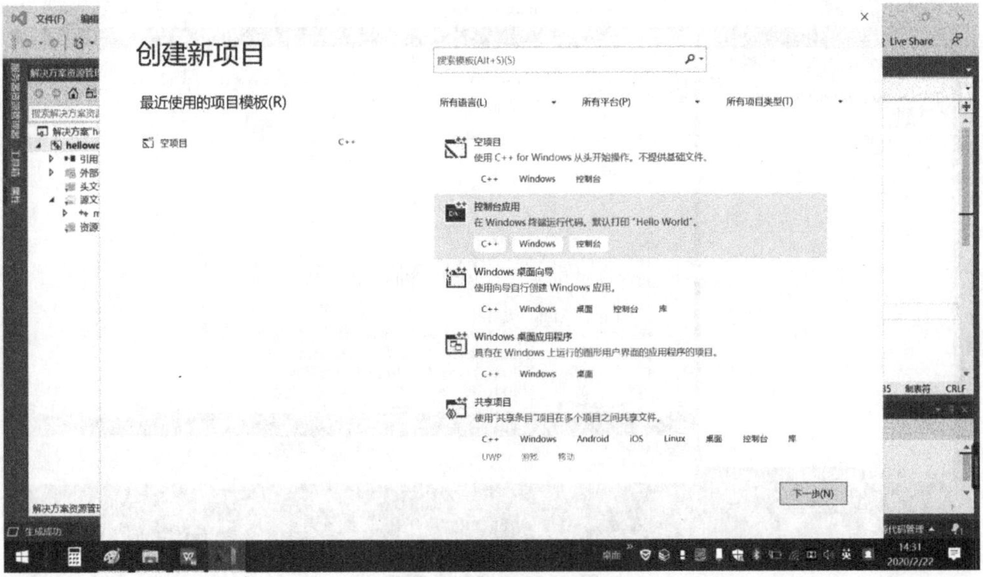

图 A.37　新建控制台项目(2)

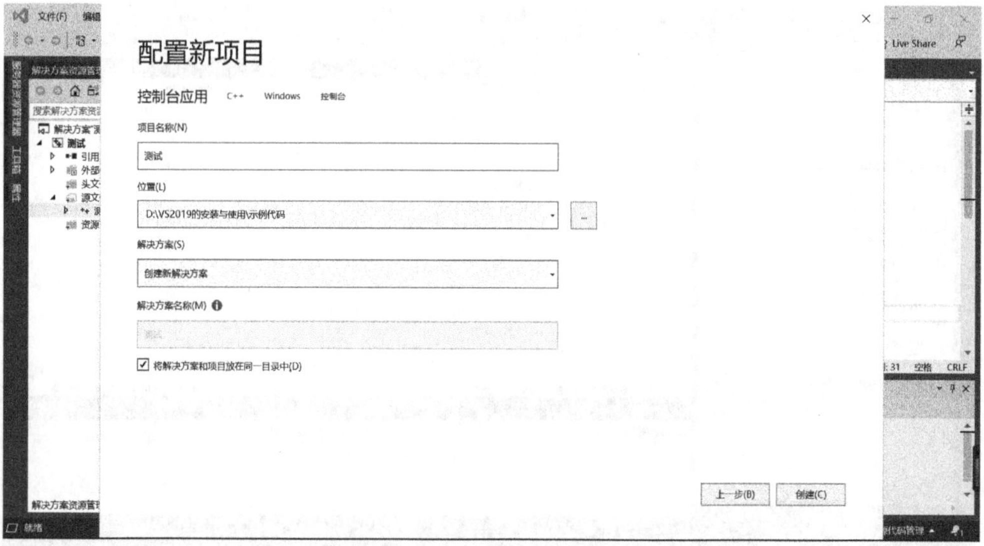

图 A.38　新建控制台项目(3)

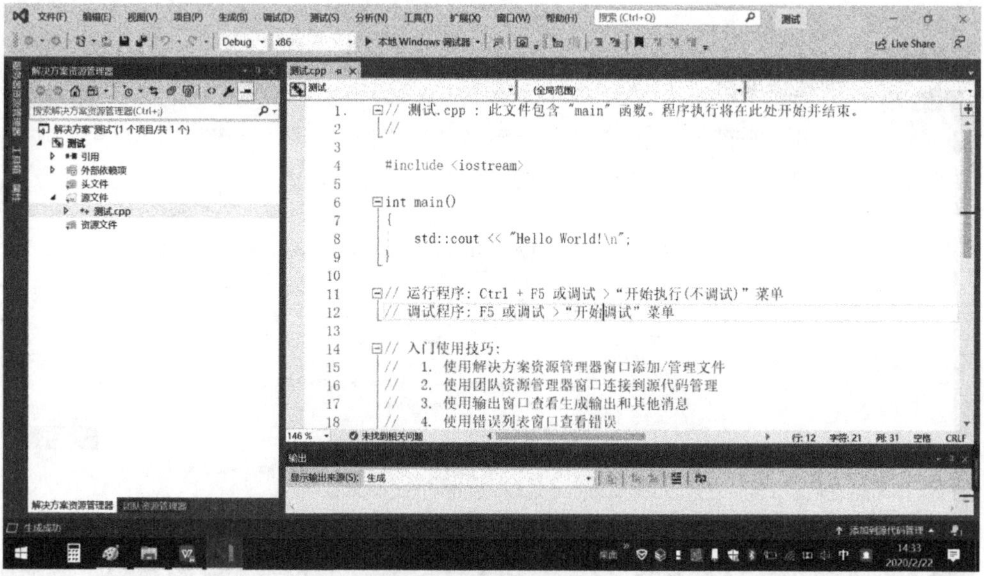

图 A.39　控制台项目

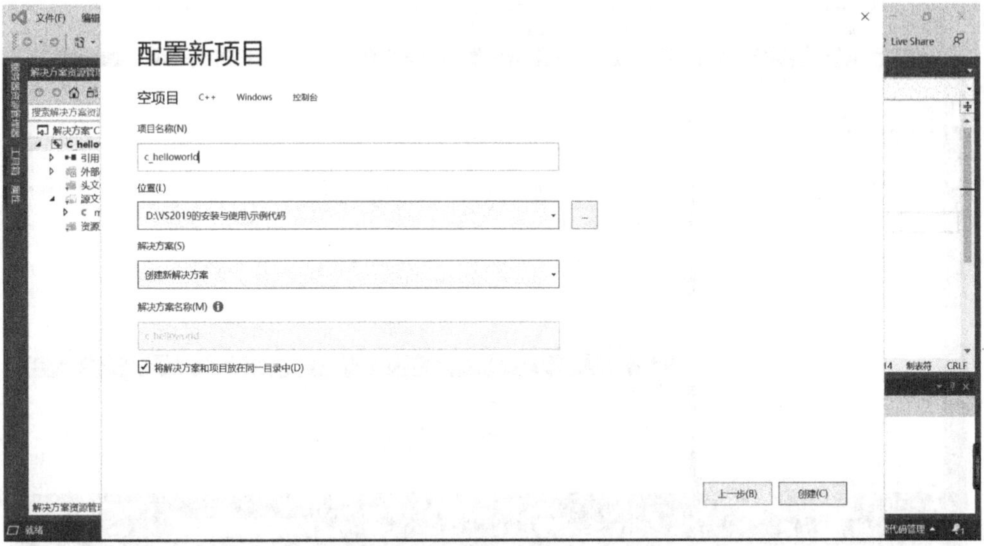

图 A.40 新建 C 语言项目

⑱ 添加源文件，此时源文件的后缀名要改为“.c”，如图 A.41 所示。

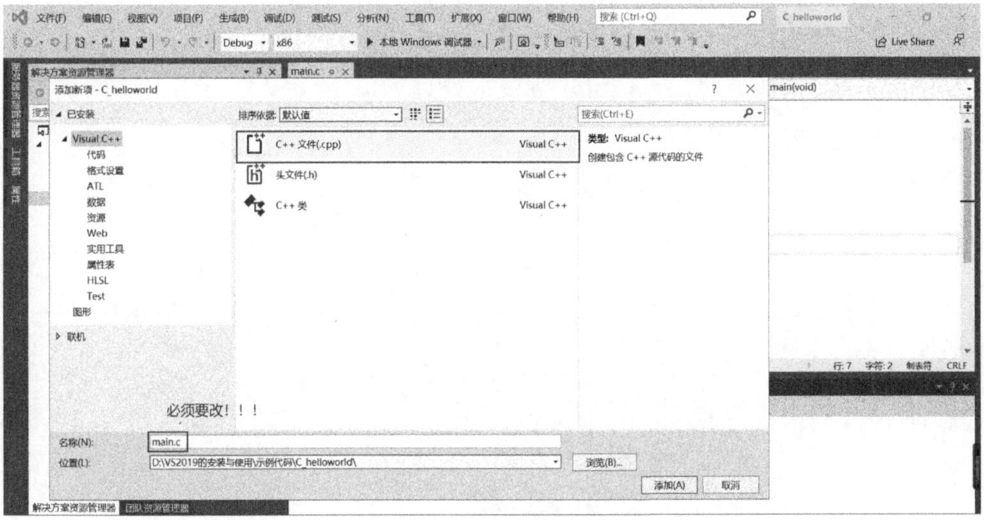

图 A.41 添加源文件

⑲ 编写 C 语言版本程序，输出“hello world”，生成和调试同⑩～⑫，如图 A.42 所示。

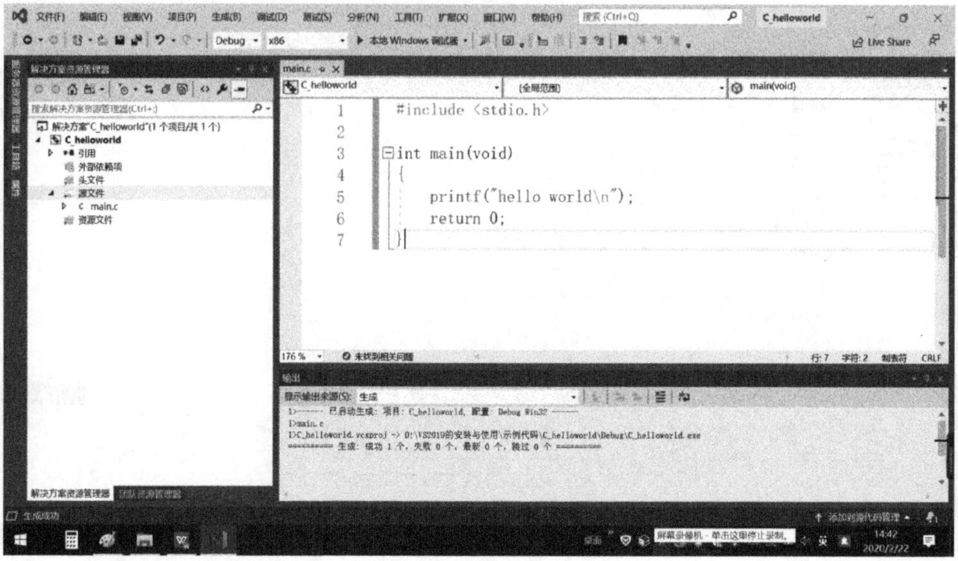

main.c
C_helloworld
main(void)
#include <stdio.h>
int main(void)
{
printf("hello world\n");
return 0;
}
解决方案资源管理器
解决方案"C_helloworld"(1 个项目/共 1 个)
C_helloworld
引用
外部依赖项
头文件
源文件
main.c
资源文件
输出
显示输出来源(S): 生成
Debug
x86
Live Share

图 A.42　编译输出

附录 B

VS2019 代码调试

利用 VS 集成开发环境进行代码调试时用到的快捷键主要有 F5、F9、F10 和 F11 等。下面就分别介绍其各自的调试功能。

1. 工　具

工具为 VS2019。

2. 步　骤

① 打开一个 VS2019 项目文件，如图 B.1 所示。

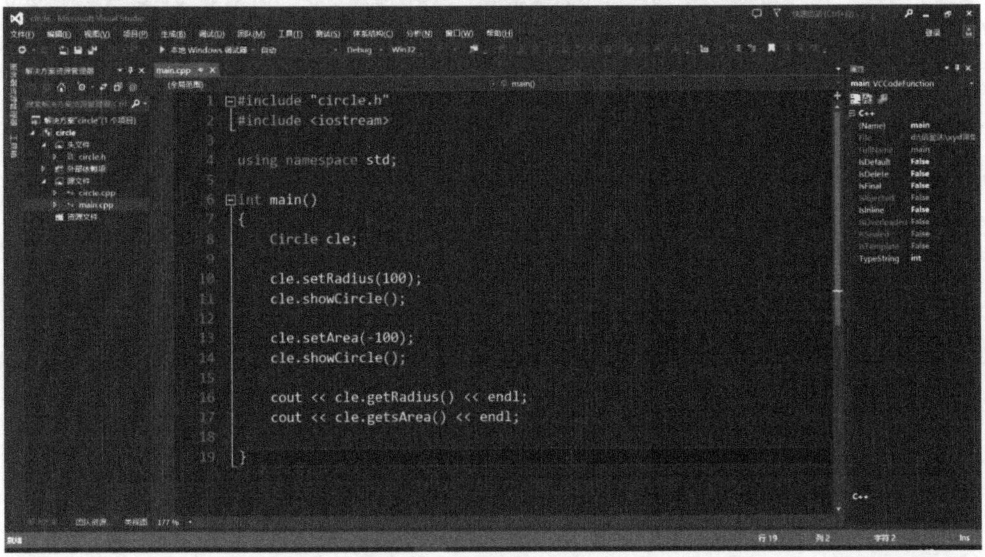

图 B.1　VS2019 项目文件

② 选择一行代码，按下 F9 键可以快速设定一个断点，或者直接单击需要设置断点的那一行的行首，如图 B.2 所示。

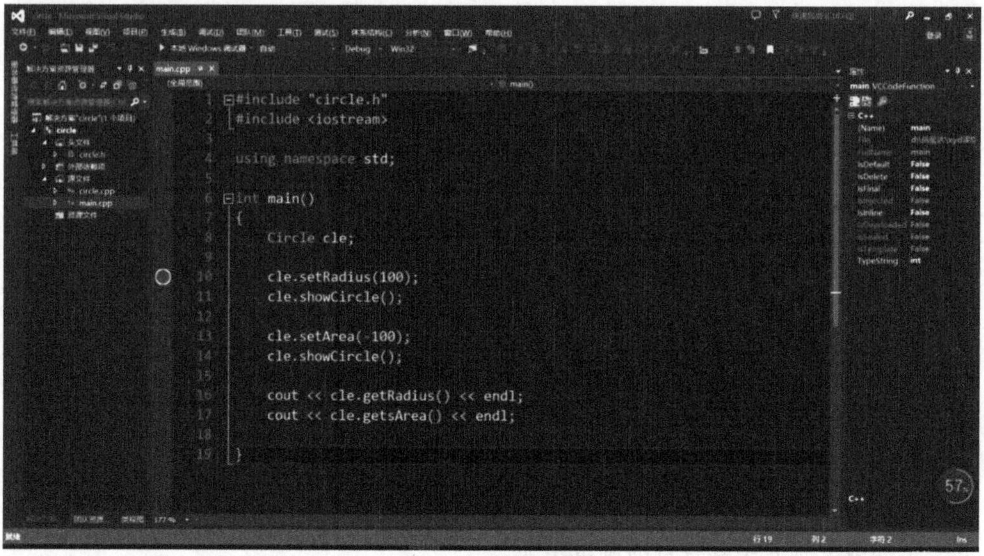

图 B.2　设置断点

③ 按下 F5 键进行调试状态。前提是编译无误，如图 B.3 所示。

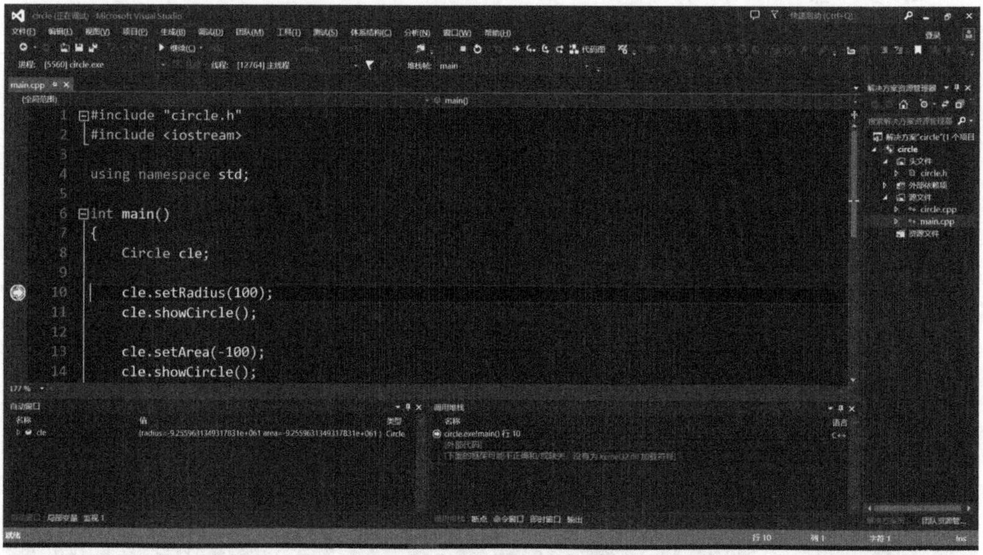

图 B.3　程序调试

④ 进入调试状态后可以在工具栏中发现图 B.4 中的 3 个图标，它们使用的快捷键分别为 F10、F11 和 Shift＋F11 键，将光标停留在相应图标上也会显示出快捷键，如图 B.4 所示。

其中，F11 为逐语句调试，如果遇到调用函数，则在调用函数内部逐语句执行；

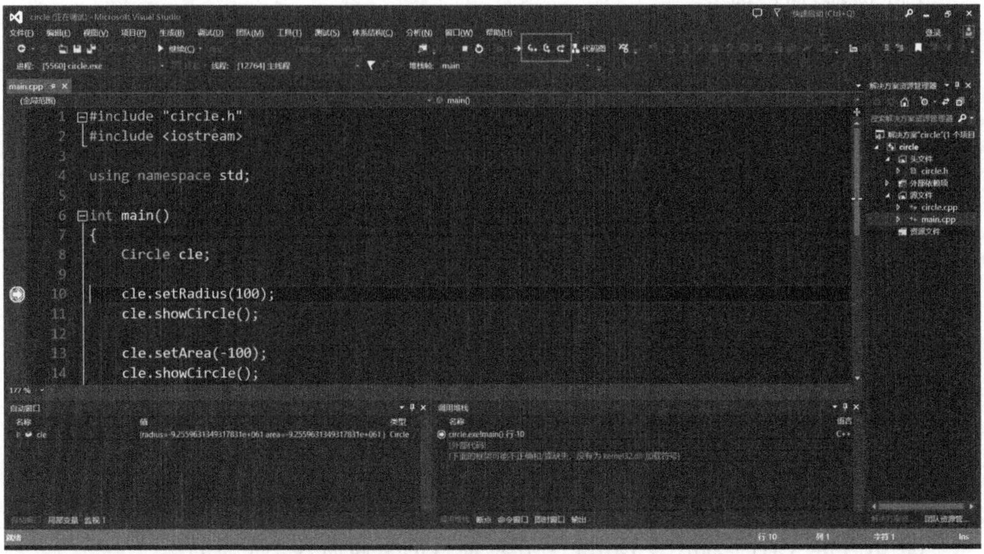

图 B.4　调试语句快捷键

F10 为逐过程调试，不进入调用函数内部，如果已进入函数内部，则此时也会变成逐语句；Shift+F11 为跳出调试，即执行当前执行点所在函数的剩下所有行。

3. 调试说明

可借助 https://www.cnblogs.com/wangsai/p/4113242.html 网站查看相关调试说明。

4. VS2019 调试技巧及快捷键

VS2019 的快捷键很多，灵活使用常用快捷键及各项技巧可以使我们事半功倍。下面将介绍 Visual Studio 2019 的快捷键。

(1) 回到上一个光标位置/前进到下一个光标位置

① 回到上一个光标位置：使用组合键"Ctrl + -"；

② 前进到下一个光标位置：使用组合键"Ctrl + Shift + - "。

(2) 复制/剪切/删除整行代码

① 如果想复制一整行代码，则只需将光标移至该行，再使用组合键"Ctrl+C"来完成复制操作即可，无需选择整行；

② 如果想剪切一整行代码，则只需将光标移至该行，再使用组合键"Ctrl+X"来完成剪切操作即可，无需选择整行；

③ 如果想删除一整行代码，则只需将光标移至该行，再使用组合键"Ctrl+L"来完成删除操作即可，无需选择整行。

(3) 撤销/反撤销

① 撤销：使用组合键"Ctrl+Z"进行撤销操作；

② 反撤销：使用组合键"Ctrl+Y"进行反撤销操作。

(4) 向前/向后搜索

① 使用组合键“Ctrl+I”;

② 输入待搜索文本(将光标移至搜索词输入文本框位置即可开始输入);

③ 输入搜索文本后,可以使用组合键“Ctrl+I”及“Ctrl+Shift+I”前后定位搜索结果,搜索结果会被高亮显示;

④ 结束搜索可按 Esc 键或者单击查找文本框右侧的关闭按钮。

补充: 选择一个单词后,按组合键“Ctrl+F”也可调出查找文本框,且搜索结果也会被高亮显示。

(5) 框式选择

使用组合键“Shift+Alt+方向键(或鼠标)”即可完成框式选择。框式选择允许同时对代码行和列进行选择。这对批量删除某些代码很方便。

(6) 在光标所在行的上面或下面插入一行

① 组合键“Ctrl+Enter”: 在当前行的上面插入一个空行;

② 组合键“Ctrl+Shift+Enter”: 在当前行的下面插入一个空行。

(7) 定位到行首与行尾

① home 键: 定位到当前行的行首;

② end 键: 定位到当前行的行尾。

(8) 选中从光标起到行首(尾)间的代码

① 选中从光标起到行首间的代码: 使用组合键“Shift + Home”;

② 选中从光标起到行尾间的代码: 使用组合键“Shift + End”。

(9) 调用智能提示

① 使用组合键“Ctrl+J”;

② 使用组合键“Alt+→”。

(10) 调用参数信息提示

对于某些函数体较大的函数来说,想轻松地确认参数在函数内部的使用情况是件比较麻烦的事情。这时可以将光标置于参数名上,再按组合键“Ctrl+Shif+空格”,那么参数被使用的地方就会高亮显示。

(11) 快速切换窗口

使用组合键“Ctrl+Tab”(此时可以打开 IDE 的导航,获得鸟瞰视图)。

(12) 快速隐藏或显示当前代码段

使用组合键“Ctrl+M,M”(记住: 要按两次 M 键)。

(13) 生成解决方案

使用组合键“Ctrl+Shift+B”。

(14) 跳转到指定的某一行

① 使用组合键“Ctrl+G”;

② 单击状态栏中的行号。

(15) 注释/取消注释

① 注释：使用组合键“Ctrl+K+C”；

② 取消注释：使用组合键“Ctrl+K+U”。

(16) 全屏显示/退出全屏显示

使用组合键“Shift+Alt+Enter”。

(17) 定义与引用

① 跳转到定义：F12；

② 查找所有引用：使用组合键“Shift+F12”。

(18) 查找和替换

① 查找：使用组合键“Ctrl+F”；

② 替换：使用组合键“Ctrl+H”。

(19) 大小写转换

① 转小写：使用组合键“Ctrl+ U”；

② 转大写：使用组合键“Ctrl+Shift+U”。

(20) 与调试相关的快捷键

① 调试(启动)：F5；

② 调试(重新启动)：使用组合键“Ctrl+Shift+F5”；

③ 调试(开始执行不调试)：使用组合键“Ctrl+F5”；

④ 调试(逐语句)：F11；

⑤ 调试(逐过程)：F10；

⑥ 设置断点：F9。

附录 C

EasyX 库

C.1 基本说明

EasyX 是针对 C++ 的图形库，可以帮助 C/C++ 初学者快速上手图形和游戏编程。比如，可以基于 EasyX 图形库很快地用几何图形画一个房子或一辆移动的小车，可以编写俄罗斯方块、贪吃蛇、黑白棋等小游戏，可以练习图形学的各种算法，等等。

许多人学编程都是从 C 语言入门的，而现状是：

① 有些学校以 Turbo C 为环境学习 C 语言，只是 Turbo C 实在太老了，复制粘贴都很不方便。

② 有些学校直接用 VC 来讲 C 语言，因为 VC 的编辑和调试环境都很优秀，并且 VC 有适合教学的免费版本。但是，VC 中只能做一些文字性的练习题，想画直线或圆都很难，例如需要注册窗口类、建消息循环等，初学者会受到严重打击。初学编程想要绘图就得用 TC，这很是无奈。

③ 还有计算机图形学，这门课程的重点是绘图算法，而不是 Windows 编程。所以，许多老师不得不用 TC 教学，因为 Windows 绘图太复杂了，会偏离教学的重点。新的图形学的书籍有不少是用的 OpenGL，可是门槛依然很高。

所以，我们想给大家一个更好的学习平台，兼具 VC 方便的开发平台和 TC 简单的绘图功能，于是就有了 EasyX 库。

C.2 绘图语句

C.2.1 常用的绘图语句

EasyX 在使用上非常简单，比如启动 Visual C++，创建一个空的控制台项目

(Win32 Console Application),然后添加一个新的代码文件(.cpp),并引用 graphics.h 头文件就可以了。

常用的绘图语句如:

```
line(x1,y1,x2,y2);        //画直线 (x1,y1)-(x2,y2),都是整型
circle(x,y,r);            //画圆,圆心为(x,y),半径为 r
putpixel(x,y,c);          //画点(x,y),颜色为 c
```

还有很多,如画椭圆、圆弧、矩形、多边形等,请参考绘图帮助文件。

例 C.1 所示为一个画圆的例子。

【例 C.1】用图形库画圆。

```
#include <easyx.h>              //引用图形库头文件
#include <conio.h>
int main()
{
    initgraph(640,480);         //创建绘图窗口,大小为 640×480 像素
    circle(200,200,100);        //画圆,圆心(200,200),半径 100
    line(100,200,300,200);      //画直线,从坐标[100,200]到[300,200]
    _getch();                   //按任意键继续
    closegraph();               //关闭绘图窗口
    return 0;
}
```

程序运行结果如图 C.1 所示。

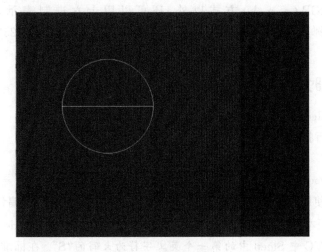

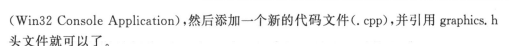

图 C.1　图形库画圆

C.2.2　设置颜色

设置画线颜色可以使用函数"setlinecolor(c);",如 setlinecolor(RED)设置画线颜色为红色。常用的颜色常量如表 C.1 所列。

表 C.1　常用颜色常量

颜色常量	对应颜色	颜色常量	对应颜色
BLACK	黑	DARKGRAY	深灰
BLUE	蓝	LIGHTBLUE	亮蓝
GREEN	绿	LIGHTGREEN	亮绿
CYAN	青	LIGHTCYAN	亮青
RED	红	LIGHTRED	亮红
MAGENTA	紫	LIGHTMAGENTA	亮紫
BROWN	棕	YELLOW	黄
LIGHTGRAY	浅灰	WHITE	白

除了表 C.1 所列的 16 种颜色以外，还可以自由配色，使用格式为“RGB(r,g,b);”，其中 r、g、b 分别表示红色、绿色、蓝色 3 种颜色的分量，范围都是 0～255。例如，RGB(255,0,0) 表示纯红色。

例如，画两条红色浓度为 200 的直线，代码如下：

```
setlinecolor(RGB(200,0,0));
line(100,100,200,100);
line(100,120,200,120);
```

除了用 RGB(r, g, b) 方式以外，还可以用十六进制表示颜色，格式如“0xbbggrr”。例如，setlinecolor(0x0000ff) 和 setlinecolor(RGB(255,0,0)) 是等效的。

C.2.3　延时函数

函数名：sleep。

功能：执行挂起一段时间。

用法：

```
unsigned sleep(unsigned seconds);
```

在 VC 中使用带上头文件“#include <windows.h>”；在 gcc 编译器中，使用的头文件因 gcc 版本的不同而不同；Linux 系统需要添加头文件“#include <unistd.h>”。

注意：在 VC 中 Sleep 中的第一个英文字符为大写的“S”。在标准 C 中是 sleep，不要大写。下面来学习一下在 VC 中的函数，具体用什么看使用的是什么样的编译器。简单地说，VC 用 Sleep，别的一律使用 sleep。

Sleep 函数的一般形式：

```
Sleep(unisgned long);
```

其中，Sleep() 里面的单位是毫秒，所以如果想让函数滞留 1 s，应为“Sleep(1000);”。

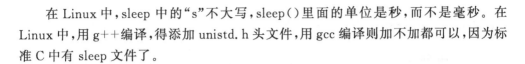

在 Linux 中，sleep 中的“s”不大写，sleep()里面的单位是秒，而不是毫秒。在 Linux 中，用 g++编译，得添加 unistd. h 头文件，用 gcc 编译则加不加都可以，因为标准 C 中有 sleep 文件了。

C. 3　结合流程控制语句来绘图

【例 C. 2】画 10 条直线。

```
#include <graphics.h>
#include <conio.h>
void main()
{
    initgraph(640,480);
    for (int y = 100; y <200; y += 10)
        line(100,y,300,y);
    _getch();
    closegraph();
}
```

程序运行结果如图 C. 2 所示。

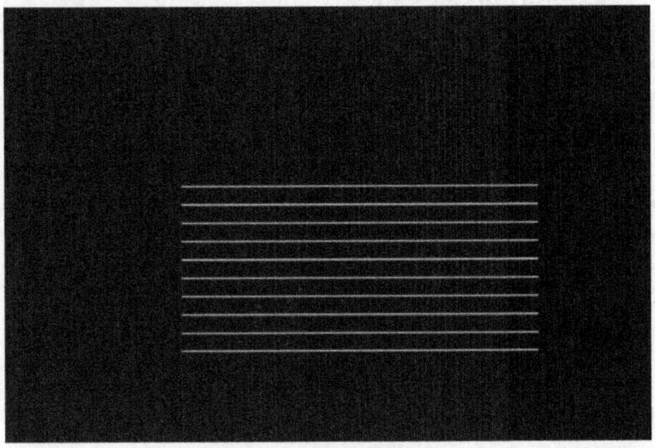

图 C. 2　画 10 条直线

【例 C. 3】绘制网格。

```
#include <graphics.h>
#include <conio.h>
int main(void)
{
    initgraph(800,600);
    int x = 100;
    int y = 100;
    for (int i = 0; i <= 10; i++)
    {
        line(100,y,300,y);
        line(x,100,x,300);
```

```
        x += 20;
        y += 20;
    }
    _getch();
    closegraph();
    return 0;
}
```

可封装成函数(画网格),此时需要左上角坐标、网格的边长及网格的个数。

【例 C.4】画网格——函数。

```
#include <graphics.h>
#include <conio.h>
void drawGrid(int x,int y,int c,int g);
int main(void)
{
    initgraph(800,600);
    drawGrid(100,100,50,6);
    _getch();
    closegraph();
    return 0;
}
void drawGrid(int x,int y,int c,int g)
{
    int rx = x;//rx:100
    int ry = y;//ry:100
    for (int i = 0; i <= g; i++)
    {
        line(x,ry,x + c * g,ry);
        line(rx,y,rx,y + c * g);
        ry += c;
        rx += c;
    }
}
```

程序运行结果如图 C.3 所示。

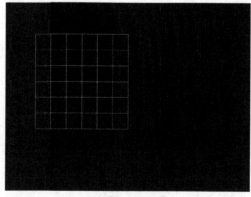

图 C.3　画网格

【例 C.5】设置颜色。

```
#include <graphics.h>
#include <conio.h>
void main()
{
    initgraph(640,480);
    for (int y = 0; y <256; y++)
    {
        setcolor(RGB(0,0,y));
        line(100,y,300,y);
        Sleep(50);
    }
    _getch();
    closegraph();
}
```

进一步,加入绿色的渐变色:

```
for(int y = 256;y <512;y++)
{
    setcolor(RGB(0,y % 256,255));
    line(100,y,300,y);
    Sleep(50);
}
```

【例 C.6】实现红色、蓝色交替画线。

```
#include <graphics.h>
#include <conio.h>
void main()
{
    initgraph(640,480);
    for (int y = 100; y <200; y += 10)
    {
        if (y / 10 % 2 == 1)                          //判断奇数行偶数行
            setcolor(RGB(255,0,0));
        else
            setcolor(RGB(0,0,255));
        setlinestyle(PS_DASH | PS_ENDCAP_FLAT,3);  //设置实线,端点为平坦,线宽为 2 像素
        line(100,y,300,y);
    }
    _getch();
    closegraph();
}
```

程序运行结果如图 C.4 所示。

作业:画中国象棋的棋盘。

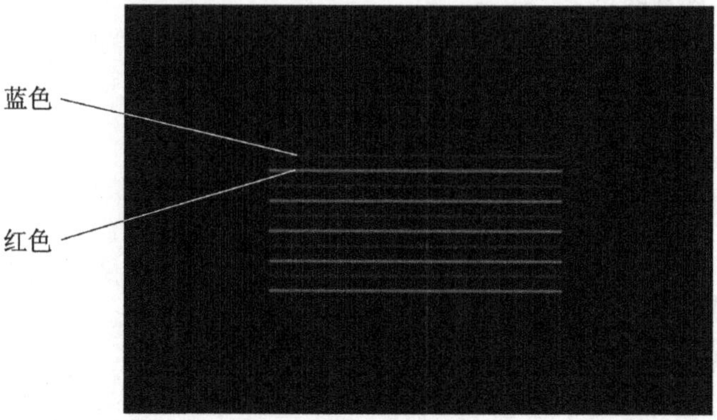

图 C.4　红蓝交替画线

【例 C.7】中国象棋棋盘。

```
#include <iostream>
#include <graphics.h>
#include <conio.h>
void drawChess();                        //画棋盘
void drawCross(int x,int y);             //画十字
int main()
{
    initgraph(500,560);
    drawChess();
    for (int x = 10; x <= 490; x+=2*60)
    {
        drawCross(x,10 + 3 * 60);
        drawCross(x,10 + 6 * 60);
    }
    for (int x = 10 + 60; x <= 10 + 60 * 7; x += 60 * 6)
    {
        drawCross(x,10 + 2 * 60);
        drawCross(x,10 + 7 * 60);
    }
    _getch();
    closegraph();
    return 0;
}
void drawChess()
{
    for (int i = 0; i <10; i++)
```

```
    {
        //横向
        line(10,10 + i * 60,490,10 + i * 60);
    }
    for (int i = 0; i <9; i++)
    {
        if (i == 0 || i == 8)
        {
            //两条全的纵线
            line(10 + i * 60,10,10 + i * 60,550);
        }
        else
        {
            //中间缺的纵线
            line(10 + i * 60,10,10 + i * 60,10 + 60 * 4);
            line(10 + i * 60,10 + 60 * 5,10 + i * 60,550);
        }
    }
    //对×
    line(10 + 60 * 3,10,10 + 60 * 5,10 + 60 * 2);
    line(10 + 60 * 3,10 + 60 * 2,10 + 60 * 5,10);
    line(10 + 60 * 3,10 + 60 * 7,10 + 60 * 5,10 + 60 * 9);
    line(10 + 60 * 3,10 + 60 * 9,10 + 60 * 5,10 + 60 * 7);
}
void drawCross(int x,int y)
{
    if (x - 18 > 10)
    {
        //左上
        line(x - 18,y - 6,x - 6,y - 6);
        line(x - 6,y - 18,x - 6,y - 6);
        //左下
        line(x - 18,y + 6,x - 6,y + 6);
        line(x - 6,y + 6,x - 6,y + 18);
    }
    if(x + 18 <490)
    {
        //右上
        line(x + 6,y - 6,x + 18,y - 6);
        line(x + 6,y - 6,x + 6,y - 18);
        //右下
        line(x + 6,y + 6,x + 18,y + 6);
        line(x + 6,y + 6,x + 6,y + 18);
    }
}
```

程序运行结果如图 C.5 所示。

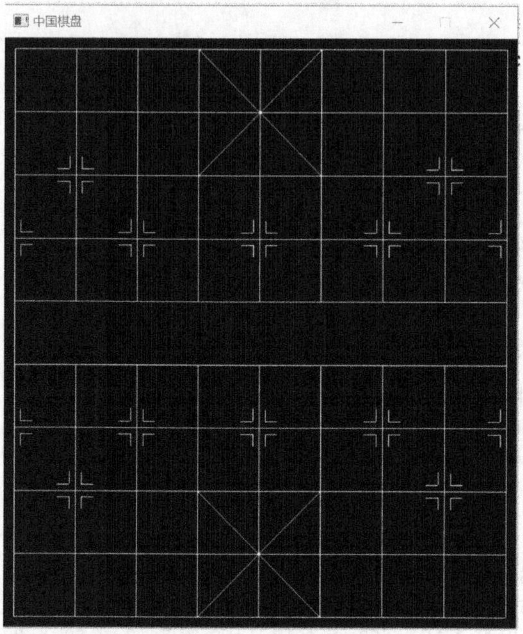

图 C.5　中国象棋棋盘

C.4　数学知识在绘图中的运用

最简单的，绘制全屏的渐变色，这是上一部分的扩展，就是需要将 0～255 的颜色与 0～479 的 y 轴对应起来。如果使用 c 表示颜色，则范围为 0～255；用 y 表示 y 轴，则范围为 0～479，故

```
c / 255 = y / 479;
c = y / 479 * 255 = y * 255 / 479;      //先算乘法再算除法可以提高精度
```

【例 C.8】渐变色。

```
#include <graphics.h>
#include <conio.h>
void main()
{
    initgraph(640,480);
    int c;
    for (int y = 0; y <480; y++)
    {
        c = y * 255 / 479;
        setlinecolor(RGB(0,0,c));
        line(0,y,639,y);
    }
```

```
    _getch();
    closegraph();
}
```

运行之后会看到对应颜色发生变化。

C.5 实现简单动画

所谓动画，就是连续显示一系列图形。结合到程序上，需要以下几个步骤：

① 绘制图像；

② 延时；

③ 擦掉图像。

循环以上步骤即可实现动画，下面看几个简单的示例。

【例 C.9】直线的上下移动。

```
#include <graphics.h>
#include <conio.h>
void main()
{
    initgraph(640,480);
    for (int y = 0; y <480; y++ )
    {
        //绘制绿色直线
        setlinecolor(GREEN);
        line(0,y,639,y);
        //延时
        Sleep(10);
        //绘制黑色直线，即擦掉之前画的绿线
        setlinecolor(BLACK);
        line(0,y,639,y);
    }
    closegraph();
}
```

【例 C.10】圆的左右移动。

```
#include <graphics.h>
#include <conio.h>
void main()
{
    initgraph(640,480);
    for (int x = 100; x <540; x += 20)
    {
        //绘制黄线、绿色填充的圆
        setlinecolor(YELLOW);
        setfillcolor(GREEN);
        fillcircle(x,100,20);
```

```
        //延时
        Sleep(500);
        //绘制黑线、黑色填充的圆
        setlinecolor(BLACK);
        setfillcolor(BLACK);
        fillcircle(x,100,20);
    }
    closegraph();
}
```

也就是说，移动的间距越小，延时越短，动画就会越细腻。但当画面较复杂时，会使画面闪烁（怎样消除闪烁是以后的话题）。

作业：绘制一个沿45°移动的球，碰到窗口边界后反弹。

【例C.11】小球反弹。

```
#include <graphics.h>
#include <conio.h>
void main()
{
    initgraph(800,600);
    int x = 21,y = 21,a = 1,b = 1;
    while (1)
    {
        setcolor(GREEN);
        setfillcolor(GREEN);
        fillcircle(x,y,20);
    if (x <= 20 || x >= 780)a *= -1;
        if (y <= 20 || y >= 580)b *= -1;
        x += a; y += b;
        Sleep(4);
        cleardevice();
    }
    closegraph();
}
```

C.6 位运算和绘图的关系

先通过一个例子来进行感性认识。使用XOR运算可以实现擦除图形后不破坏背景，这在时钟程序中绘制表针是很有用的。后面会给出这样的例子。

C.6.1 位运算的运算法则

位运算主要分4种：NOT、AND、OR和XOR，位运算的运算对象是二进制数（十进制要转换为二进制，计算机会自动转换），运算法则如下：

(1) NOT

NOT表示“取反”，将二进制位的1变0、0变1。C语言用符号 ~ 表示。例如，用二进制表示就是～1101 = 0010，用十进制表示就是～13 = 2。

(2) AND

AND 表示“并且”，只有两数的对应二进制位都为 1，结果的二进制位才为 1；否则，结果的二进制位为 0。C 语言用符号 & 表示，例如，用二进制表示就是 1101 & 0110 = 0100，用十进制表示就是 13 & 6 = 4。

(3) OR

OR 表示“或者”，两数的对应二进制位只要有一个是 1，结果的二进制位就是 1；否则，结果的二进制位为 0。C 语言用符号 | 表示，例如，用二进制表示就是 0101 | 0110 = 0111，用十进制表示就是 5 | 6 = 7。

(4) XOR

XOR 表示“异或”，两数的对应二进制位不同，结果的二进制位为 1；相同，结果的二进制位为 0。C 语言用符号 ∧ 表示，例如，用二进制表示就是 0101∧1110=1011。

C.6.2　位运算的应用

位运算的应用很多，例如 AND 和 OR 在获取和设置标志位时经常使用。更多的，以后大家会逐渐遇到，暂时先记下有这么回事。这里着重说一下 XOR 运算，它有一个重要的特性，即(a∧b)∧b = a，也就是说，a∧b 之后可能是某些其他数字，但是只要再进行∧b 操作，就又成了 a。一些简单的加密用的就是 XOR 的这个特性。

至于绘图，假如 a 是背景图案，b 是将要绘制的图案，则只要用 XOR 方式连续绘两次，背景是不变的。

下面是一个简单的绘图 XOR 运算演示。

【例 C.12】绘图 XOR 运算演示。

```
#include <graphics.h>
#include <conio.h>
void main()
{
    initgraph(640,480);                 //初始化 640×480 的绘图窗口
    setlinestyle(PS_SOLID,10);          //设置线宽为 10,这样效果明显
    setlinecolor(GREEN);                //设置画线颜色为绿色
    rectangle(100,100,200,200);         //画一个矩形,当作背景图案
    setwritemode(R2_XORPEN);            //设置 XOR 绘图模式
    setlinecolor(RED);                  //设置画线颜色为红色
    line(50,0,200,300);                 //画线
    _getch();                           //等待按任意键
    line(50,0,200,300);                 //画线(XOR 方式重复画线会恢复背景图案)
    _getch();                           //等待按任意键
    closegraph();                       //关闭绘图窗口
}
```

运行一下,看到第一次画线后,矩形与直线相交的部分颜色变成了黄色,黄色就是绿色和红色进行 XOR 操作后的值。当再次以红色画线进行 XOR 运算时,黄色部分消失了,还原为完整的绿色矩形框。

程序运行结果如图 C.6 和图 C.7 所示。

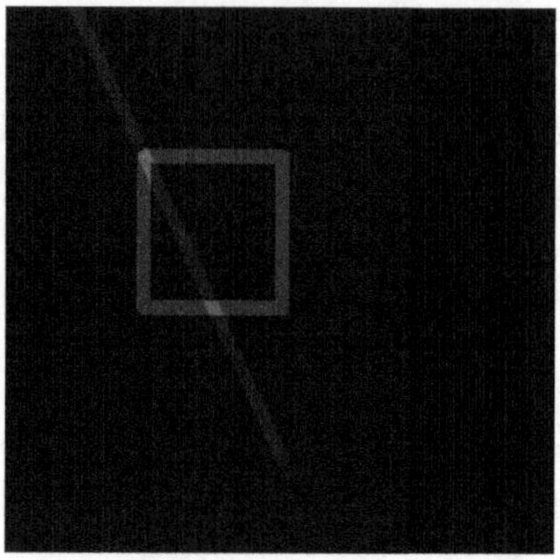

图 C.6 按下按键前

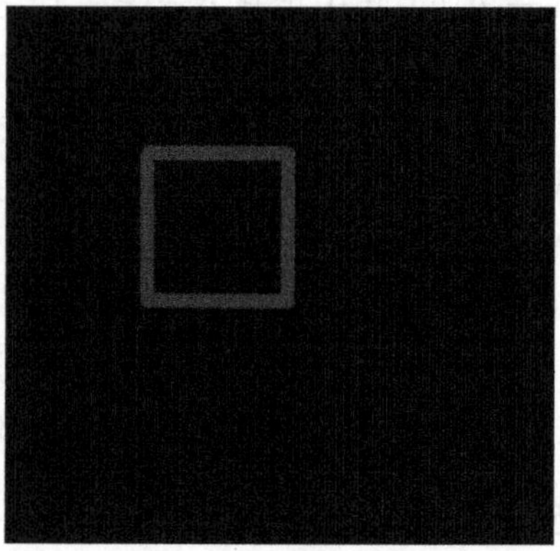

图 C.7 按下按键后

例 C.13 所示为钟表程序,3 个表针用的都是用 XOR 方式进行绘制,请大家运行体会一下 XOR 的作用。

【例 C.13】用 XOR 方式绘制钟表。

```
#include <graphics.h>
#include <conio.h>
#include <math.h>
#define PI 3.14159265359
void Draw(int hour,int minute,int second)
{
    double a_hour,a_min,a_sec;                      //时、分、秒针的弧度值
    int x_hour,y_hour,x_min,y_min,x_sec,y_sec;      //时、分、秒针的末端位置
    //计算时、分、秒针的弧度值
    //1° = 2π/360 = π/180
    a_sec = second * 2 * PI / 60;                   //一圈一共 2×PI,一圈 60 s,1 s 秒针
                                                    //走过的角度为 2×PI/60
    a_min = minute * 2 * PI / 60 + a_sec / 60;      //一圈一共 2×PI,一圈 60 min,1 min
                                                    //分针走过的角度为 2×PI/60
    a_hour = hour * 2 * PI / 12 + a_min / 12;       //一圈一共 2×PI,一圈 12 h,1 h 时针
                                                    //走过的角度为 2×PI/12
    //计算时、分、秒针的末端位置
    //(320,240):圆心位置
    x_sec = 320 + (int)(120 * sin(a_sec));
    y_sec = 240 - (int)(120 * cos(a_sec));          //秒
```

```
    x_min = 320 + (int)(100 * sin(a_min));
    y_min = 240 - (int)(100 * cos(a_min));    //分
    x_hour = 320 + (int)(70 * sin(a_hour));
    y_hour = 240 - (int)(70 * cos(a_hour));   //时
    //画时针
    setlinestyle(PS_SOLID,10,NULL);
    setlinecolor(WHITE);
    line(320,240,x_hour,y_hour);
    //画分针
    setlinestyle(PS_SOLID,6,NULL);
    setlinecolor(LIGHTGRAY);
    line(320,240,x_min,y_min);
    //画秒针
    setlinestyle(PS_SOLID,2,NULL);
    setlinecolor(RED);
    line(320,240,x_sec,y_sec);
}
void main()
{
    initgraph(640,480);                       //初始化 640×480 的绘图窗口
    //绘制一个简单的表盘
    circle(320,240,2);
    circle(320,240,60);
    circle(320,240,160);
    outtextxy(296,310,_T("BestAns"));
    //设置 XOR 绘图模式
    setwritemode(R2_XORPEN);                  //设置 XOR 绘图模式
    //绘制表针
    SYSTEMTIME ti;                            //定义变量保存当前时间
    while (! _kbhit())                        //按任意键退出钟表程序
    {
        GetLocalTime(&ti);                    //获取当前时间
        Draw(ti.wHour,ti.wMinute,ti.wSecond); //画表针
        Sleep(1000);                          //延时 1 s
        Draw(ti.wHour,ti.wMinute,ti.wSecond); //擦表针(擦表针和画表针的过程
                                              //是一样的)
    }
    closegraph();                             //关闭绘图窗口
}
```

程序运行结果如图 C.8 所示。

最后给出的绘制时钟的例子很不完善，有不少问题，请完善该程序。例如样式上，表盘上没有刻度，没有数字，指针靠中心的一端应该长出来一点点，表盘太简单，还有就是尝试发现并改进功能实现上的问题。

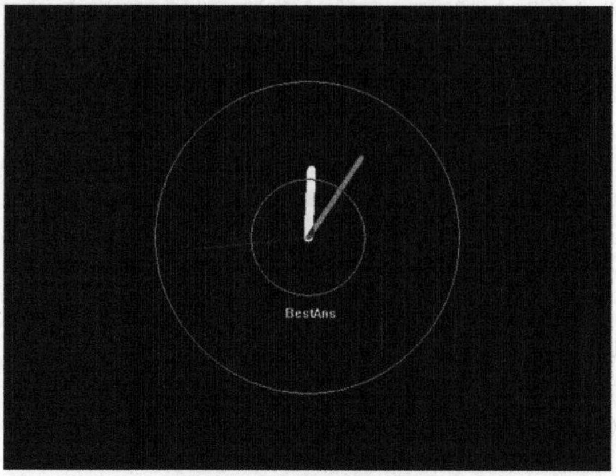

图 C.8　钟表的绘制

附录D

C++常见错误分析

接下来分析 C++中常见的几种错误以及它们的解决方法。

1. error LNK2005:“已经在 *.obj 中定义”

解决方法:

变量或者函数的定义放到.cpp 文件中,不要放到.h 中。头文件内容如下:

```
#ifndef   MY_H_FILE             //如果没有定义这个宏
#define   MY_H_FILE             //定义这个宏
……                              //头文件主体内容
#endif
```

使用“#pragma once”。

2. error LNK1169: 找到一个或多个多重定义的符号

假设有 3 个源文件,即 A.h、B.cpp 和 C.cpp,其中 A.h 是头文件,其中声明了 3 个变量 a1、a2 和 a3;B.cpp 是 A.h 中所声明的类的实现源代码;C.cpp 是主程序文件。B.cpp 和 C.cpp 中均包含头文件 A.h。

现在在 a.cpp 中定义了一个函数:

```
void func()
{
}
```

如果希望在 b.cpp 中调用,则调用前就需要进行声明,格式如下:

```
extren void func();             //extren 后面跟的形式和函数定义形式要完全相同
void mian()
{
    func();
}
```

如果在 a.cpp 中定义了一个变量“int a;”且希望在 b.cpp 中使用,则使用前就需要进行声明,格式如下:

```
extren int a;          //extren 后面跟的形式和变量定义形式要完全相同
void main()
{
    int b = a;
}
```

3. #pragma warning(disable:4996)

这种微软的警告主要是因为那些 C 库的函数。很多函数内部是不进行参数检测的(包括越界类的),微软担心使用这些会造成内存异常,所以就改写了同样功能的函数,改写了的函数进行了参数的检测,使用这些新的函数会更安全和便捷。

如果执意要用,则请在程序开头添加:

```
#pragma warning(disable:4996)      //全部关掉
```

或者可以在"项目"→"属性"→"配置属性"→"C/C++"→"预处理器"→"预处理器定义"中加上一句:_CRT_SECURE_NO_WARNINGS,如图 D.1 所示。

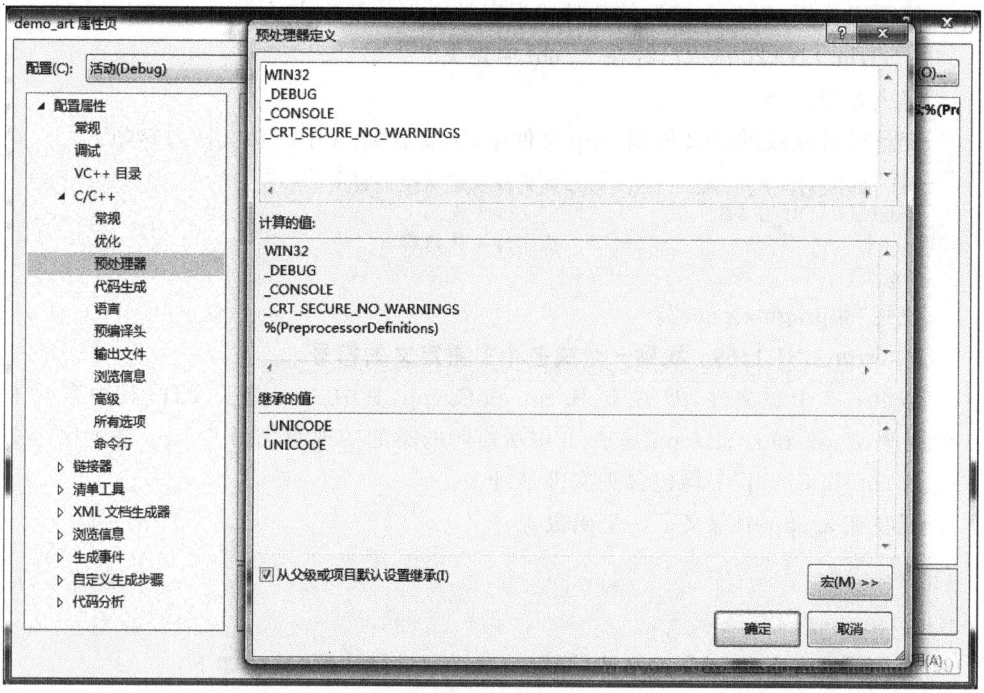

图 D.1　函数不兼容解决方式

4. 编号:C2001

error C2001: newline in constant

直译:在常量中出现了换行。

错误分析:

① 字符串常量、字符常量中是否有换行。

② 在这条语句中，某个字符串常量的尾部是否漏掉了双引号。

③ 在这条语句中，某个字符串常量中是否出现了双引号字符“"”，却没有使用转义符“\"”。

④ 在这条语句中，某个字符常量的尾部是否漏掉了单引号。

⑤ 是否在某条语句的尾部或语句的中间误输入了一个单引号或双引号。

5. 编号：C2015

error C2015：too many characters in constant

直译：字符常量中的字符太多了。

错误分析：

① 单引号表示字符型常量。一般地，单引号中必须有，也只能有一个字符（使用转义符时，转义符所表示的字符当作一个字符看待），如果单引号中的字符数多于4个，就会引发该错误。

② 如果语句中某个字符常量缺少右边的单引号，也会引发该错误。例如：

```
if (x == 'x || x == 'y')
{ …… }
```

值得注意的是，如果单引号中的字符数是2～4个，则编译不报错，输出结果是这几个字母的ASCII码作为一个整数（int，4B）整体看待的数字。两个单引号之间不加任何内容会引发如下错误：

error C2137：empty character constant

拓展：

① The value of an integer character constant containing more than one character (e. g. ,'ab'),or containing a character or escape sequence that does not map to a single-byteexecution character,is implementation-defined.

它的意义是由编译器决定的（或者更严格的，实现定义），在很多情况下解释为两个字符的值（注意，不一定是ASCII码）放置于连续的两个字节中得到的4个字节。

② 比如“char a='1234';”，C++会认为单引号里的每一个数值都是一个字符字面值，也就是说，1、2、3、4各占一个字节，“1234”共占4个字节，然而char变量a却只占一个字节，初始化它的值却有4个字节，系统要从“1234”中截取一个字节的内容给a，然而是截取“1”给a吗？不是，是把“4”给a。因为在x86平台（http://baike.baidu.com/view/339142.htm）上，数据是以little-endian（http://baike.baidu.com/view/2368412.htm）的形式排列的，低位字节放在内存的低地址，高位字节放在内存的高地址。例如“1234”，从左到右为从1到4，然而在计算机中存放的格式是从0x04到0x01，也就是说“1234”的低位“4”存放在计算机的内存低地址位，“1234”的高位“1”存放在内存的高地址位，所以当把“1234”给变量a时，系统把内存地址中存放的“4”给a，其余的全部不要。

6. 编号：C2018

error C2018：unknown character '0x##'

直译：未知字符“0x＃＃”。

错误分析：

0x＃＃是字符 ASCII 码的十六进制表示法。这里说的未知字符通常是指全角符号、字母和数字，或者直接输入了汉字。如果全角字符和汉字用双引号包含起来，则成为字符串常量的一部分，是不会引发这个错误的。

7. 编号：C2141

error C2041：illegal digit '＃' for base '8'

直译：在八进制中出现了非法的数字“＃”（这个数字“＃”通常是 8 或者 9）。

错误分析：

如果某个数字常量以“0”开头（单纯的数字 0 除外），那么编译器会认为这是一个八进制数字。例如，“089”“078”“093”都是非法的，而“071”是合法的，等同于十进制中的“57”。

8. 编号：C2374

error C2086：'xxxx'：redefinition

直译：“xxxx”重复声明。

错误分析：

变量“xxxx”在同一作用域中定义了多次。检查“xxxx”的每一次定义，只保留一个，或者更改变量名。

9. 编号：C2143

C2143：syntax error：missing ';' before (identifier) 'xxxx'

直译：在（标志符）“xxxx”前缺少分号。

错误分析：

这是 VC6 的编译期最常见的误报，当出现这个错误时，往往所指的语句并没有错误，而是它的上一条语句发生了错误。其实，更合适的做法是编译器报告在上一条语句的尾部缺少分号。

上一条语句的很多种错误都会导致编译器报出这个错误：

① 上一条语句的末尾真的缺少分号，那么补上就可以了。

② 上一条语句不完整，或者有明显的语法错误，或者根本不能算上一条语句（有时是无意中按到键盘所致）。

③ 如果发现发生错误的语句是.cpp 文件的第一行语句，在本文件中检查没有错误，而且这个文件使用双引号包含了某个头文件，那么检查这个头文件，因为在这个头文件的尾部可能有错误。例如：

```
var cpro_psid = "u2572954";
var cpro_pswidth = 966;
var cpro_psheight = 120;
```

10. 编号：C2137

error C2137：empty character constant

直译：空的字符定义。

错误分析：

原因是连用了两个单引号，而中间没有任何字符。一般地，单引号表示字符型常量，单引号中必须有，也只能有一个字符(使用转义符时，转义符所表示的字符当作一个字符看待)。两个单引号之间不加任何内容是不允许的。

需要注意的是：如果单引号中的字符数是 2～4 个，则编译不报错，输出结果是这几个字母的 ASCII 码作为一个整数(int，4B)整体看待的数字；如果单引号中的字符数多于 4 个，则会引发 2015 错误：error C2015：too many characters in constant。

11. 编号：C2166

error C2166：l-value specifies const object

错误分析：

在 const 类型的函数中改变了类的非静态数据成员，这时需要使用 mutable 来修饰要在 const 成员函数中改变的非静态数据成员。

如果是一个被声明为 const 类型的函数，则表示该函数不会改变对象的状态，也就是说，该函数不会修改类的非静态数据成员，这时就需要用到 mutable 关键字了，对要在常量函数中改变的值进行定义时，其前面要加 mutable，例如“mutable int m_iX”。

12. 编号：C2248

error C2248：'m_strName' ：cannot access private member declared in class 'Person'

错误分析：

调用了 Person 类中的私有成员。去检查调用数据 m_strName 是不是 private 下的成员。

13. 编号：C2259

error C2259：'Person' ：cannot instantiate abstract class due to following members：

错误分析：

不能实例化抽象类。

14. 编号：C1004

fatal error C1004：unexpected end of file found

错误分析：

不能实例化抽象类。检查括号是否匹配，函数调用参数是否匹配，在类定义后要有分号，检查注释标记是否匹配，检查条件编译符号(＃IF…＃ENDIF 是否匹配)，另再检查磁盘空间是否够大，空间不够时，也不能正常编译。

15. error：invalid use of incomplete type 'QScrollBar'

解决方法：.h 文件添加：＃include <QScrollBar>。

16. error: cannot call member function without object

解决方法:找到.h 文件,在方法前加上 static 修饰。

17. g++编译报错原因分析 expected type-specifier before

原因:因为没有引入相应的头文件,加入相应的.h 文件可以解决。

18. error: conversion from ‘std::__cxx11::list <rcsc::PlayerObject > ::const_iterator {aka std::_List_const_iterator <rcsc::PlayerObject > }’ to non-scalar type ‘std::vector <rcsc::PlayerObject * > ::const_iterator {aka __gnu_cxx::__normal_iterator <rcsc::PlayerObject * const * ,std::vector <rcsc::PlayerObject * > > }’ requested

原因:迭代类型返回的对象不一致,如“:t = wm.teammates.begin()”应换成“t = wm.teammatesFromBall().begin()”。

19. warning: ‘' [-Wreorder]

产生这种问题是类成员初始化顺序不对,调整顺序即可。

20. error:[Error] '' was not declared in this scope

原因:没有引入相应的头文件,加入相应的.h 文件就可以解决,或者函数定义没有放在使用此函数的前面,调整位置或者在使用此函数前面加上声明即可。

21. error: make: * * * No rule to make target `../1.c', needed by `1.o'.

解决方法:找到 1.c 文件,1.o 文件需要 1.c 文件来生成,应该是 1.c 文件的配置路径写错了,修改一下路径就可以了。

22. error: reference to ‘FieldAnalyzer’ is ambiguous

解决方法:加上命名空间前缀即可。

23. error: invalid new—expression of abstract class type

原因:对抽象类进行了 new 操作,或派生类中未完全实现基类中定义的纯虚函数。

解决方法:一般编译器会检查并提示基类中的哪些纯虚函数未实现,按提示将纯虚函数实现即可。

24. error undefined reference to "class::方法"

原因:文件中存在某方法的声明,但没有与它对应的实现。

参考文献

[1] Marshall P Cline, Greg A Lomow. C++ FAQs[M]. Addison-Wesley,1995.
[2] Bruce Eckel. C++ 编程思想[M]. 刘宗田,等译. 北京:机械工业出版社,2000.
[3] Steve Maguire. 编程精粹[M]. 姜静波,等译. 北京:电子工业出版社,1993.
[4] Scott Meyers. Effective C++[M]. Addison-Wesley,1992.
[5] Robert B Murry. C++ Strategies and Tactics[M]. Addison-Wesley,1993.
[6] Steve Summit. C Programming FAQs[M]. Addison-Wesley,1996.

参考文献

[1] Marshall P. [illegible], Greg A. Lomow. C++ FAQs[M]. Addison-Wesley, 1995.
[2] Bruce Eckel. C++编程思想[M]. 刘宗田 等译. 北京: 机械工业出版社, 2000.
[3] [illegible][M]. [illegible] 等译. 北京: [illegible]出版社, 1998.
[4] Scott Meyers. Effective C++[M]. Addison-Wesley, 1992.
[5] Robert B. Murray. C++ Strategies and Tactics[M]. Addison-Wesley, 1993.
[6] Steve Summit. C Programming FAQs[M]. Addison-Wesley, 1996.